"国家示范性高等职业院校建设计划项目"中央财政支持重点建设专业

杨凌职业技术学院水利水电建筑工程专业课程改革系列教材

水利工程施工测量

《水利工程施工测量》课程建设团队　主编

中国水利水电出版社
www.waterpub.com.cn

内 容 提 要

本书为"国家示范性高等职业院校建设计划项目"中央财政支持重点建设专业 杨凌职业技术学院水利水电建筑工程专业课程改革系列教材之一。

本书内容包括：施工点的测设，全站仪的使用，厂房的施工测设，渠道的施工测设，施工道路与桥梁的施工测设，管道的施工测设，输电线路的施工测设，水利枢纽施工控制网测设，大坝的施工测设，设备安装的施工测设，隧洞的施工测设，污水处理构筑物的施工测设，施工测量管理等内容。

本书可作为高职高专水利水电工程建筑专业以及专业岗位（群）的教材或参考书，也可供施工一线的施工技术人员学习与参考。

图书在版编目（CIP）数据

水利工程施工测量 / 《水利工程施工测量》课程建
设团队主编. -- 北京 ： 中国水利水电出版社，2010.8(2024.7重印).
"国家示范性高等职业院校建设计划项目"中央财政
支持重点建设专业、杨凌职业技术学院水利水电建筑工程
专业课程改革系列教材
ISBN 978-7-5084-7811-1

Ⅰ．①水… Ⅱ．①水… Ⅲ．①水利工程测量－高等学
校：技术学校－教材 Ⅳ．①TV221

中国版本图书馆CIP数据核字(2010)第166404号

书　　名	"国家示范性高等职业院校建设计划项目"中央财政支持重点建设专业 杨凌职业技术学院水利水电建筑工程专业课程改革系列教材 **水利工程施工测量**
作　　者	《水利工程施工测量》课程建设团队　主编
出版发行	中国水利水电出版社 （北京市海淀区玉渊潭南路 1 号 D 座　100038） 网址：www.waterpub.com.cn E - mail：sales@mwr.gov.cn 电话：(010) 68545888（营销中心）
经　　售	北京科水图书销售有限公司 电话：(010) 68545874、63202643 全国各地新华书店和相关出版物销售网点
排　　版	中国水利水电出版社微机排版中心
印　　刷	天津嘉恒印务有限公司
规　　格	184mm×260mm　16 开本　17.25 印张　409 千字
版　　次	2010 年 8 月第 1 版　2024 年 7 月第 5 次印刷
印　　数	12001—14000 册
定　　价	**56.00 元**

"国家示范性高等职业院校建设计划项目"
教材编写委员会

主　任：张朝晖

副主任：陈登文

委　员：刘永亮　祝战斌　拜存有　张　迪　史康立

　　　　解建军　段智毅　张宗民　邹　剑　张宏辉

　　　　赵建民　刘玉凤　张　周

《水利工程施工测量》
教材编写团队

主　编：杨凌职业技术学院　穆创国

副主编：杨凌职业技术学院　杨旭江

　　　　杨凌职业技术学院　王稳江

参　编：杨凌职业技术学院　杜旭斌

　　　　杨凌职业技术学院　朱显歌

　　　　杨凌职业技术学院　芦　琴

　　　　陕西广播电视大学　赵燕华

　　　　西北农林科技大学　张增林

　　2006 年 11 月，教育部、财政部联合启动了"国家示范性高等职业院校建设计划项目"，杨凌职业技术学院是国家首批批准立项建设的 28 所国家示范性高等职业院校之一。在示范院校建设过程中，学院坚持以人为本，以服务为宗旨，以就业为导向，紧密围绕行业和地方经济发展的实际需求，致力于积极探索和构建行业、企业和学院共同参与的高职教育运行机制，在此基础上，以"工学结合"的人才培养模式创新为改革的切入点，推动专业建设，引导课程改革。

　　课程改革是专业教学改革的主要落脚点，课程体系和教学内容的改革是教学改革的重点和难点，教材是实施人才培养方案的有效载体，也是专业建设和课程改革成果的具体体现。在课程建设与改革中，我们坚持以职业岗位（群）核心能力（典型工作任务）为基础，以课程教学内容和教学方法改革为切入点，坚持将行业标准和职业岗位要求融入到课程教学之中，使课程教学内容与职业岗位能力融通、与生产实际融通、与行业标准融通、与职业资格证书融通，同时，强化课程教学内容的系统化设计，协调基础知识培养与实践动手能力培养的关系，增强学生的可持续发展能力。

　　通过示范院校建设与实践，我院重点建设专业初步形成了"工学结合"特色较为明显的人才培养模式和较为科学合理的课程体系，制定了课程标准，进行了课程总体教学设计和单元教学设计，并在教学中予以实施，收到了良好的效果。为了进一步巩固扩大教学改革成果，发挥示范、辐射、带动作用，我们在课程实施的基础上，组织由专业课教师及合作企业的专业技术人员组成的课程改革团队编写了这套工学结合特色教材。本套教材突出体现了以下几个特点：一是在整体内容构架上，以实际工作任务为引领，以项目为基础，以实际工作流程为依据，打破了传统的学科知识体系，形成了特色鲜明的项目化教材内容体系；二是按照有关行业标准、国家职业资格证书要求以及毕业生面向职业岗位的具体要求编排教学内容，充分体现教材内容与生产实际相融通，与岗位技术标准相对接，增强了实用性；三是以技术应用能力（操作技能）为核心，以基本理论知识为支撑，以拓展性知识为延伸，将理论知识学习与能力培养置于实际情境之中，突出工作过程技术能力的培养和经验性知识的积累。

　　本套特色教材的出版，既是我院国家示范性高等职业院校建设成果的集中反映，也是带动高等职业院校课程改革、发挥示范辐射带动作用的有效途径。希望本套教材能对我院人才培养质量的提高发挥积极作用，同时，为相关兄弟院校提供良好借鉴。

杨凌职业技术学院院长：

2010 年 2 月 5 日于杨凌

　　教材事关国家和民族的前途命运，教材建设必须坚持正确的政治方向和价值导向。本书坚持党的二十大精神，全面贯彻党的教育方针，落实立德树人根本任务，为党育人，为国育才，弘扬劳动光荣、技能宝贵、创造伟大的时代风尚。

　　水利水电建筑工程专业是杨凌职业技术学院"国家示范性高等职业院校建设计划项目"中央财政重点支持的 4 个专业之一，项目编号为 062302。按照子项目建设方案，在广泛调研的基础上，与行业企业专家共同研讨，在原国家教改试点成果的基础上不断创新"合格＋特长"的人才培养模式，以水利水电工程建设一线的主要技术岗位核心能力为主线，兼顾学生职业迁移和可持续发展需要，构建工学结合的课程体系，优化课程内容，进行专业平台课与优质专业核心课的建设。经过三年的探索实践取得了一系列的成果，2009年 9 月 23 日顺利通过省级验收。为了固化示范建设成果，进一步将其应用到教学之中，实现最终让学生受益，在同类院校中形成示范与辐射，经学院专门会议审核，决定正式出版系列课程教材，包括优质专业核心课程、工学结合一般课程等，共计 16 部。

　　根据改革实施方案和课程改革的基本思想，本教材注重结合水利水电工程行业的实际，体现行业的人才需求特点，重点突出基本知识和基本技能的培养及质量标准的熟悉，力求做到"简、实、新"。在内容编排上讲解施工点的测设，全站仪的使用，厂房的施工测设，渠道的施工测设，施工道路与桥梁的施工测设，管道的施工测设，输电线路的施工测设，水利枢纽施工控制网测设，大坝的施工测设，设备安装的施工测设，隧洞的施工测设，污水处理构筑物的施工测设，施工测量管理等内容。

　　在编写过程中，突出了"以就业为导向、以岗位为依据、以能力为本位"的思想；体现两个育人主体、两个育人环境的本质特征，明确了在课堂、校内实训基地和校外实训基地的基本学时，依托仿真或真实的学习情境；注重职业能力的训练和个性培养，坚持学生知识、能力、素质协调发展，力求实现学生由"学会"向"会学"转变、教学过程"以教师为主"向"以学生为主"转变、理论和实践分开教学向两者融于工作过程的教学转变。

　　本教材由杨凌职业技术学院穆创国主编并统稿，全书共 13 个学习单元，由以下人员完成：杨凌职业技术学院穆创国编写学习单元 1～3、9～11，杜旭斌编写学习单元 8，王稳江编写学习单元 5；赵燕华编写学习单元 4，杨旭江编写学习单元 12，朱显歌编写学习单元 6，芦琴编写学习单元 13，西北农林科技大学张增林编写学习单元 7。

　　在本教材的编写过程中，课程建设团队的领导和全体老师提出了许多宝贵意见，学院及教务处领导也给予了大力支持，在此表示最诚挚的感谢。

　　本教材在编写中引用了大量的规范、专业文献和资料，恕未在书中一一注明。在此，对有关作者表示诚挚的谢意。

本书的内容体系在国内尚属首次尝试，限于水平，不足之处在所难免，恳请广大师生和读者对书中存在的缺点和疏漏提出批评指正，编者不胜感激。

本课程建设团队

2024 年 3 月

课　程　标　准

一、前言

（一）课程基本信息

课程名称：水利工程施工测量

课程类别：专业核心课

学时：40

适用专业：水利水电建筑工程专业及专业群

（二）课程性质

本课程是高职水利水电建筑工程专业的一门核心课程、专业必修课程。

本课程以"水利水电工程制图与识图"和"工程测量"的学习为基础，同时与"水工建筑物"、"水利水电工程施工技术"、"施工组织以及造价"、"施工质量控制与验收"等课程相衔接，共同打造学生的专业核心技能。

本课程的功能是培养学生熟练阅读工程图纸、布设施工控制网、渠道测量、施工道路测量、水闸、大坝、隧道和厂房的施工测量的能力，还要初步培养作业现场基本的管理与控制能力。

（三）课程标准的设计思路

1．课程设置的依据

本课程是根据教育部有关指导精神和意见，结合高职高专国家级重点建设专业水利水电建筑工程专业的人才培养模式和课程体系的要求，在与校外企业专家共同制定了"水利水电建筑工程专业"人才培养方案的基础上而编写。

2．课程改革的基本理念

以市场需求为出发点，以职业能力培养为核心，以工作过程为导向，以工作任务为载体，遵循教学基本原则，汲取先进的职教理念和方法，开发适合中国西部生产力相适应的人才培养模式。课程教学力求体现高职高专教学改革的特点，根据课程岗位目标训练的需要，突出针对性、适用性、实践性。教学过程采用工学结合的模式，边学边干，以实践活动为核心，辅以理论教学，强调学生的职业岗位能力的训练。

3．课程目标、内容制定的依据

本课程旨在为水利水电建筑工程专业提供一部符合人才培养方案要求、实用性强、特色鲜明的课程教材，培养学生掌握施工放样的理论和方法，具有从事工程建设的施工放样知识，具有进行施工放样的能力，以及具有有关其他工程实践的能力。

本课程坚持以高职教育培养目标为依据，遵循"以应用为目的，以必须、够用为度"的原则，以"掌握概念、强化应用、培养技能"为重点，力图做到"精选内容、降低理论、加强基础、突出应用"，符合学生的认识过程和接受能力，符合由浅入深、由易到难、循序渐进的认识规律；把创新素质的培养贯穿于教学中，采用行之有效的教学方法，注重发展学生思维、应用能力；强调以学生发展为中心，帮助学生学会学习；注意与相关的专业技术"接口"。因此对课程内容的选择标准作了根本性改革，打破以知识传授为主要特征的传统学科课程模式，转变为以工作任务为中心组织课程内容和课程教学，让学生在完成具体项目的过程中来构建相关理论知识，并发展职业能力。经过行业、企业专家深入、细致、系统的分析，本课程最终确定了以下工作任务：培养学生熟练阅读工程图纸，布设施工控制网，渠道测设，施工道路测设，水闸、大坝、隧道和厂房的施工测设几个学习项目。这些项目将主要突出对学生职业能力的训练，其理论知识的选取紧紧围绕工作任务完成的需要来进行，同时又充分考虑了高等职业教育对理论知识学习的需要，及工作以后的可持续发展，并融合了相关职业资格证书对知识、技能和素质的要求。例如，施工测量员证书考试内容包含的知识。但在实际工程中，作为施工员，不仅应具备多方面的知识，更应该懂得如何阅读工程图纸，如何编制合理的施工方案，如何指导放样施工等。所以，本课程所确定的某些学习项目具有一定的综合性，以满足不同的要求。总之，通过以上课程内容的训练学习和证书考试，以工作任务为中心，将不同类型的知识综合起来，实现理论与实践的一体化，有利于培养学生的综合应用知识和技能，以便有效地完成建筑施工岗位上相应的工作任务。

在教学过程中，本课程以工作过程为导向组织教学，将工程所涉及的内容通过典型的项目体现，以工作任务引领知识、技能和态度，让学生在完成工作任务的过程中学习相关的知识；将知识目标、能力目标、素质目标培养三者有机结合，学生在完成学习型工作任务的过程之中自主地获得知识，习得技能，建构属于自己的知识体系，有利于学生职业能力的培养。

4. 课程目标实现的途径

本课程在课程结构上实行以工作过程为导向，即将知识和技能隐含在工作任务中，将课堂教学活动的逻辑主线定位在实践活动上，理论知识的组合按照实践训练工作任务的相关性进行，不同的任务按照不同特点，组合对应的技能训练和理论学习，让学生融入工作情景，经受实际工作的锻炼，提高他们的分析问题解决问题能力。

二、课程目标

（一）总目标

本课程的总体目标是：学生能够熟练、准确地进行水利水电工程中一般常见的建筑物施工放线并且会编制基本的施工测设方案的能力。即通过学习，学生应能够利用工程资料进行工程建设中施工测设的基本方法、全站仪的使用、施工控制网布设、水工建筑物的测设（渠道、土石坝、混凝土坝、水闸、设备安装、桥梁、道路、隧洞施工测设）；培养学生利用相关原理、概念、规范、标准等知识，结合有关方面的知识进行分析和解决实际工程中常见的测量问题的能力，以进一步培养学生树立独立思考、吃苦耐劳、勤奋工作的意识以及诚实、守信的优秀品质，为今后从事施工生产一线的工作奠定良好的基础。

（二）具体目标

1. 知识目标

➤ 能够知道坐标法、交会法的特点，并能够准确地选择坐标法、交会法，和准确的进行计算。

- ➤ 能够进行一般的距离、高程、坡度、坐标点位的测设。
- ➤ 能够熟练地使用全站仪，会利用全站仪测量角度、距离，并进行数据计算。
- ➤ 能熟练陈述建立局部施工控制网的原则与方法。
- ➤ 能够阐述水工建筑物施工测设的方法、内容和步骤。
- ➤ 能够陈述水工建筑物施工测设质量检查与验收标准等。
- ➤ 能陈述水工建筑物施工测设技术和安全管理内容。

2. 能力目标

- ➤ 能熟练运用全站仪进行施工测设的基本方法。
- ➤ 能够知道 GPS 测量技术基本知识。
- ➤ 能正确记录测量数据，能正确计算测设时所需的测设数据。
- ➤ 能够建立局部施工控制网。
- ➤ 能进行水工建筑物施工测设。
- ➤ 能编制水工建筑物施工测量方案。
- ➤ 能自主学习新知识、新技术。
- ➤ 能通过各种媒体资源查找所需信息。
- ➤ 具有独立解决实际问题的思路。
- ➤ 能独立制定工作计划并进行实施。
- ➤ 具有决策、规划能力。
- ➤ 具备整体与创新思维能力。
- ➤ 不断积累维修经验，从个案中寻找共性。

3. 素质目标

- ➤ 社会能力。
- ➤ 具有较强的口头与书面表达能力、人际沟通能力。
- ➤ 具有团队精神、协作精神及集体意识。
- ➤ 具有良好职业道德。
- ➤ 具有良好的心理素质和克服困难的能力。
- ➤ 能与客户建立良好、持久的关系。

三、内容标准

学习单元 1：施 工 点 的 测 设

知识内容要求	技能与态度要求
1. 能够运用极坐标和直角坐标法放样点位； 2. 能够运用方向线交会法放样点位； 3. 能够运用前方交会法放样点位； 4. 能够运用角线交会辅助点法； 5. 能够运用距离交会法放样点位	1. 学会使用各种施工测量方法和其中的计算； 2. 能够根据实际工程情况合理选择其施工测量方法进行放样

学习单元 2：全 站 仪 的 使 用

知识内容要求	技能与态度要求
1. 能够运用全站仪进行角度测量； 2. 能够运用全站仪进行距离测量； 3. 能够运用全站仪进行坐标测量； 4. 能够运用全站仪进行数据采集； 5. GPS 在工程测量中的应用	1. 学会使用全站仪进行距离、角度、高程、高差及坐标的测量及数据处理等有关功能； 2. 知道使用及操作时应注意的事项； 3. 能够结合实际工程情况使用全站仪进行放样

学习单元 3：厂 房 的 施 工 测 设

知识内容要求	技能与态度要求
1. 建筑物的定位测量； 2. 砌筑工程放线； 3. 厂房结构安装放线及校正测量； 4. 变形观测	1. 会各种建筑物的定位测量放样； 2. 会进行墙体轴线和边线放样； 3. 会进行安装（柱、梁、屋顶等）放样

学习单元 4：渠 道 的 施 工 测 设

知识内容要求	技能与态度要求
1. 前期测量； 2. 土方量计算； 3. 路线恢复； 4. 渠堤边坡放样	1. 能够进行实际工程中道路设置中线里程桩，边桩的能力，斜边坡的放样； 2. 会测绘纵、横断面图； 3. 能计算出工程中各部位的工程量； 4. 会进行施工各阶段的测量放样

学习单元 5：施工道路与桥梁的施工测设

知识内容要求	技能与态度要求
1. 曲线的放样； 2. 施工道路的施工放样； 3. 施工桥梁的施工放样	1. 会曲线主点和细部点的计算； 2. 会曲线主点和细部点的放样； 3. 能够进行实际工程中道路设置中线里程桩，边桩的能力，斜边坡的放样； 4. 能够进行实际工程中施工桥梁的桩基础、柱、梁的放样

学习单元 6：管 道 的 施 工 测 设

知识内容要求	技能与态度要求
1. 地下管道施工的放样； 2. 顶管的施工放样	1. 会施工前准备工作； 2. 会定位测量； 3. 能够进行中线测理； 4. 能够进行管道安装测量

学习单元 7：输电线路的施工测设

知识内容要求	技能与态度要求
1. 施工控制网测量； 2. 施工测量	1. 会控制点的出来； 2. 会定位测量； 3. 能够进行基坑、拉线测量； 4. 能够进行输线弧垂的测量

学习单元 8：水利枢纽施工控制网测设

知识内容要求	技能与态度要求
1. 水工建筑物放样的顺序和精度要求； 2. 水利枢纽施工控制网的布设原则； 3. 引水式电站施工控制网布设； 4. 丘陵和平原地区水利枢纽施工控制网布设； 5. 山区水利枢纽施工控制网布设	1. 能够进行布设小型施工控制网的能力； 2. 让学生能够利用已有的施工控制网进行施工放样，并保证其精度要求

学习单元 9：大坝的施工测设

知识内容要求	技能与态度要求
1. 土石坝的施工放样； 2. 混凝土坝体施工放样； 3. 水闸的施工放样	1. 能够进行土石坝坝身控制测量，坡脚线测量，坝体边坡放样； 2. 能够进行重力坝坝身的放样线测设，拱坝坝身的测设放样，溢流面的放样，及其模板支设放样； 3. 能够进行水闸轴线的放样、底板、闸墩的放样

学习单元 10：设备安装的施工测设

知识内容要求	技能与态度要求
1. 设备基础的定位放线； 2. 平面闸门的安装测量； 3. 弧形闸门的安装测量； 4. 人字闸门的安装测量； 5. 水力发电机组安装测量	1. 能够进行各种闸门预埋件、结构安装测量； 2. 能够进行发电机组安装测量； 3. 能够进行设备基础的定位放样

学习单元 11：隧洞的施工测设

知识内容要求	技能与态度要求
1. 洞口投点及线路进洞关系计算； 2. 隧道施工测量； 3. 隧道竣工测量	1. 能够进行洞关系的计算方法； 2. 能够进行掘进中高程测量、隧洞开挖断面的放样方法（支距法，极光交会法）； 3. 能够进行洞门倾坡计算； 4. 能够进行衬砌断面的放样； 5. 能够进行竣工测量

学习单元 12：污水处理构筑物的施工测设

知识内容要求	技能与态度要求
1. 场地平整测量； 2. 进水构筑物测量； 3. 沉淀构筑物测量； 4. 生物处理构筑物测量	1. 能够进行土方平衡计算 2. 能够进行掘进中高程测量、开挖断面的放样方法（支距法，极光交会法）； 3. 能够进行衬砌断面的放样； 4. 能够进行竣工测量

学习单元 13：施 工 测 量 管 理

知识内容要求	技能与态度要求
1. 水工建筑物放线精度； 2. 技术管理； 3. 安全管理； 4. 放线工的职责	1. 知道水工建筑物不同部位施工放线的精度要求和保证其精度的方法； 2. 能够编制施工测量方案； 3. 会预防和处理事故的能力

四、实施建议

（一）教学组织

（1）在教学过程中，应立足于加强学生实际操作能力的培养，采用项目教学，以工作任务引领提高学生学习兴趣，激发学生的成就动机。

（2）本课程教学的关键是通过典型的活动项目（活动项目是施工工地现场的一些施工活动内容，应选用一些具有典型的工程建设施工为载体），由教师提出要求、示范或回答，组织学生进行分组讨论、模拟训练活动、查阅相关资料、提问等活动，并请相关工程师指导相结合，使学生在"教"与"学"的互动过程中，对工程施工过程更加直观并学习到多种、简单的施工测量方法，在活动中加强团队合作意识、增强重合同守信用意识，会进行常规项目施工组织设计编制、现场施工的组织管理工作等职业能力。

（3）本课程要求打破纯粹讲述的教学方式，实施项目教学以改变学与教的行为。这是教学模式的一个重大转变，要有力地推动这一转变，需要以项目为载体来组织课程内容。在项目课程设计中，项目载体设计是一个关键环节。本课程确定的是以"水利水电施工测量"施工任务作为载体的项目设计思路，实际项目设计的典型性既要有在水利工程项目中普遍应用的含义，又有能最为有效地促进学生职业能力发展，达到本课程目标的含义，同时还要兼顾学生获取"双证书"的要求，当然，也要考虑学生毕业后可持续发展的需求。由于地质、地形条件千差万别，水利工程项目也是种类繁多，水利工程中建筑物无相同形式，导致不同水利水电施工测量方案各不相同，不同水利工程项目的施工测量施工（生产）过程有较大差异，因而必须选择不同类型的项目来保证知识与技能的完整性。所以，本课程设计的学习项目必须能够满足多方面的要求，而且每个学习项目都是以典型案例为载体设计的活动来进行，以工作任务为中心整合理论与实践，实现理论与实践的一体化。教学过程中，通过校企合作，校内外实训基地建设等多种途径，采取工学结合的培养模式，充分开发学习资源，给学生提供丰富的实践机会。在实践实操过程中，使学生学会水利水电施工测量的方法和技巧，提高学生的岗位适应能力。

（4）在教学过程中，要紧密结合职业技能证书的考证，加强考证的实操项目的训练。

（5）在教学过程中，要应用多媒体、投影、网络等教学资源辅助教学，帮助学生更加直观理解工程性质与分类、测量施工的过程及工序交接质量控制的要点。

（6）在教学过程中，要重视本专业领域新技术、新工艺、新设备发展趋势，项目贴近真实的施工现场或直接到施工现场。为学生提供职业生涯发展的空间，努力培养学生参与社会实践的创新精神和职业能力。

（7）注重标准、规范、规程的应用，给学生大量课程所需的国家标准、规范、规程，使学生自己熟悉有关规定，懂得有关法律法规，自觉遵守，掌握技术。

（8）教学过程中教师应积极引导学生提升职业素养，提高职业道德。

（二）教材编写

（1）必须依据本课程标准编写教材，教材应充分体现以工作任务为中心组织课程内容和课程教学的设计思想。

（2）在整门课程内容编排上，要考虑到学生的认知水平，由浅入深的安排课程内容，实现能力的递进。能力的递进不是根据流程的先后关系确定，而是按工作任务的难易程度确定。主要是要考虑哪个项目需要的知识和技能是相对简单一些，就把哪个项目安排在前面。总体内容编排顺序设计为：施工测量的基本方法、全站仪的使用、施工控制网布设、水工建筑物的放样（渠道、土石坝、混凝土坝、水闸、设备安装、桥梁、道路、隧洞施工放样）、测量规范管理。

（3）教材应将本专业职业活动，分解成若干典型的工作项目，按完成工作项目的需要和岗位操作规程，结合职业技能证书考证组织教材内容。要通过水利枢纽建筑区的施工控制网、水工建筑物的施工放样、全站仪，引入必须的理论知识，增加实践实操内容，强调理论在实践过程中的应用。

（4）教材应图文并茂，提高学生的学习兴趣，加深学生对水利水电施工测量的认识和理解。教材表达必须精炼、准确、科学。

（5）教材内容应体现先进性、通用性、实用性，要将本专业新技术、新工艺、新设备及时地纳入教材，使教材更贴近本专业的发展和实际需要。

（6）教材中的活动设计的内容要具体，并具有可操作性。

（三）教学评价

（1）改革传统的学生评价手段和方法，采用阶段评价、目标评价、过程评价，理论与实践一体化评价模式。

（2）关注评价的多元性，结合课堂提问、学生作业、平时测验、实验实训、学生工地实践教学体会、技能竞赛及考试情况，综合评价学生成绩。

（3）应注重学生动手能力和在实践中分析问题、解决问题能力的考核，对在学习和应用上有创新的学生应予特别鼓励，全面综合评价学生能力。

（四）教学资源

（1）注重实验实训指导书和实验实训教材的开发和应用。

（2）注重课程资源和现代化教学资源的开发和利用，这些资源有利于创设形象生动的工作情景，激发学生的学习兴趣，促进学生对知识的理解和掌握。同时，建议加强课程资源的开发，建立多媒体课程资源的数据库，努力实现跨学院多媒体资源的共享，以提高课程资源利用效率。

（3）积极开发和利用网络课程资源，充分利用诸如电子书籍、电子期刊、数据库、数字图书馆、教育网站和电子论坛等网上信息资源，使教学从单一媒体向多种媒体转变；教学活动从信息的单向传递向双向交换转变；学生单独学习向合作学习转变。同时应积极创造条件搭建远程教学平台，扩大课程资源的交互空间。

（4）产学合作开发实验实训课程资源，充分利用本行业典型的生产企业的资源，进行产学合作，建立实习实训基地，实践"做中学、学中做、边做边学"的育人理念，满足学生的实习实训，同时为学生的就业创造机会。

（5）建立本专业开放实验室及实训基地，使之具备现场教学、实验实训、职业技能证书考证的功能，实现教学与实训合一、教学与培训合一、教学与考证合一，满足学生综合职业能力培养的要求。

（6）建立一支适应本专业的、稳定的、开放性的、具有丰富实践施工经验的兼职教师，实现理论教学与实践教学合一、专职教师与兼职教师合一、课堂教学与工地现场教学合一，满足学生综合职业能力培养的要求。

五、附录

（1）本课程标准主要适用于高职高专学生。

（2）编写依据水利水电建筑工程专业的人才培养模式和课程体系的要求。

（3）教学方法建议：课堂讲解与实践操作相结合，辅以随堂测量实训，加强辅导。课程结束后再安排1周实践教学周。为保证效果，实训中尽量做到每组以4人为宜，最多不超过6人。

（4）两个体系相辅相成：本科程是一门实践性很强的相关专业技能课程，从职业教育的角度，甚至可以说，实践能力是检验该课程教学与学习效果的唯一标准。所以，理论教学体系和实践教学体系并重、相辅相成、交叉进行。通过课堂实训既锻炼和培养测量实操技能，又深化了测量基本理论和知识的学习。

序

前言

课程标准

学习单元1 施 工 点 的 测 设

学习任务 1.1 放 样 的 基 本 知 识

1.1.1 施工放样的概念

把图纸上设计的建（构）筑物的平面位置和高程，按照设计要求以一定的精度在地面上标定出来，作为施工的依据，这一工作称为施工放样。测图工作是以地面控制点为基础，测量出控制点周围各地形特征点的平面位置和高程，将地形按规定的符号和一定比例缩绘成图。施工放样则与此相反，是根据图纸上建筑物的设计尺寸，找出建筑物各部分特征点与控制点之间位置的几何关系，算得距离、角度、高程等放样数据，然后利用控制点在实地上定出建筑物的特征点，据以施工。施工放样为施工提供依据，是直接为施工服务的，施工测量工作中任何一点差错，都将直接影响着工程的质量和施工进度。因此，要求施工测量人员要具有高度的责任心，认真熟悉设计文件、掌握施工计划，结合现场条件，精心放样，并随时检查、校核，以确保工程质量和施工的顺利进行。

1.1.2 施工放样与测图工作的异同点比较

施工放样是测量工作的另一种形式，是通常测量的逆过程。通常意义上的测量，是对实地上已埋设标志的未知点用测量仪器进行观测，从而得到角度、距离和高差等数据；放样则是根据设计点与已知点间的角度、距离和高差，用测量仪器测定出设计点的实地位置，并埋设标志。

1. 目的不同

简单地说，测图工作是将地面上的地物、地貌测绘到图纸上，而施工放样是将图纸上设计的建筑物或构筑物放样到实地。

2. 精度要求不同

施工放样的精度要求取决于工程的性质、规模、材料、施工方法等因素。例如，水利工程施工中，钢筋混凝土工程较土石方工程的放样精度高，而金属结构物安装放样的精度要求则更高。此外，由于建筑物、构筑物的各部位相对位置关系的精度要求较高，因而工程的细部放样精度往往高于整体放样精度。例如，测设水闸中心线（即主轴线）的误差不应超过 1cm，而闸门相对闸中心线的误差不应超过 3mm。但对大型水利枢纽，各主要工程主轴线间的相对位置精度要求较高，亦应精确测设。

3. 施工放样工序与工程施工的工序密切相关

某项工序还没有开工，就不能进行该项的施工放样。测量人员要了解设计的内容、性质及其对测量工作的精度要求，熟悉图纸上的标定数据，了解施工的全过程，并掌握施工现场的变动情况，使施工放样工作能够与工程施工密切配合。

4. 施工放样易受施工干扰

施工场地上工种多，交叉作业频繁，并要填挖大量土石方，地面变动很大，又有车辆等机械振动，因此，各种基准测量标志必须埋设在地基稳固且不易被破坏的位置。另外，各种测量标志还应做到妥善保护、经常检查，如有破坏，应及时恢复。

为了保证施工能满足设计要求，施工测量与一般测图工作一样，也必须遵循"由整体到局部、先控制后细部"的原则，即先在施工现场建立统一的施工控制网，然后以此为基础，再放样建筑物的细部位置。

放样与通常测量相比，有以下一些不利因素：

（1）通常测量时可做多测回重复观测；放样时不便做多测回操作。

（2）通常测量时标志是事先埋好的；放样时观测与设点同时进行，标桩埋设地点也不允许选择。

（3）通常测量时由观测者瞄准固定目标进行读数，一人观测能够眼手协调工作，有利于提高观测速度和精度；放样时往往由观测者指挥助手移动目标进行瞄准，操作时间较长，且观测者与助手间的配合质量直接影响定点精度。

1.1.3 施工放样的程序

施工放样贯穿于整个施工期间，特别是大型工程，建筑物多，结构复杂，要求施工放样按照一定程序有条不紊地进行。

在设计工程建筑物时，首先作出建筑物的总体布置，确定各建筑物的主轴线位置及其相互关系。然后在主轴线的基础上设计各辅助轴线。根据各轴线再设计建筑物的细部位置、形状和尺寸等。这就是工程建筑物由整体到局部的设计过程。

工程建筑物的放样，也遵循由整体到局部的原则。通常首先建立施工控制网，由施工控制网放样出各建筑物的主轴线，再根据建筑物的几何关系，由主轴线放样出辅助轴线，最后放样出建筑物的细部位置。采用这样的放样程序，就能保证放样的建筑物各元素间的几何关系，保证整个工程和各建筑物的整体性。同时还可避免对施工控制网提出过高的要求等。例如，飞机场场道放样中，首先根据场区施工控制网放样出场道主轴线，再由主轴线放样出停机坪、加油站及拖机道的轴线，最后由各轴线放样出各建筑物（构筑物）细部位置。又如工业厂房放样时，首先根据施工控制网放样出厂房主轴线，然后由主轴线定出厂房辅助轴线和设备安装轴线，最后定出厂房的细部位置和设备的安装位置。

1.1.4 施工放样的精度要求

在地形测量中，控制测量和地形、地物的测绘精度，主要取决于成图比例尺，比例尺越大，则精度要求越高。而在施工测量中，施工放样的精度，一般不是由设计图纸的比例尺来确定，而由下列因素来决定的。

1. 建筑物位置元素的确定方法

在设计建筑物时，建筑物的位置元素通常采用下列方法确定：①进行专门计算；②按标准图设计；③用图解方法设计。显然，由①、②两种方法确定的建筑物的位置元素精度高，而由方法③确定的建筑物位置元素精度较低。建筑物位置元素确定的精度高时，其放样的精度要求一般也高；反之，建筑物位置元素确定的精度低时，其放样精度要求也低。

2. 建筑物的建筑材料

建筑物的建筑材料不同，对施工放样的精度要求也不一样，一般情况下，金属结构和钢筋混凝土结构的建筑物要求放样精度高，而土结构和砖石结构建筑物要求放样精度较低。

3. 建筑物的规模和用途

建筑物规模的大小和用途的不同，对放样的精度要求也不一样。大型和高层建筑物要求放样精度较小型和低层建筑物要高；建筑物间有连续生产设备，如自动运输或传动设备等，其放样精度要求较没有连续生产设备的要高。此外，永久性建筑物放样精度要求较临时性建筑物要高。

4. 施工程序和施工方法

施工程序和施工方法也是确定放样精度要求的因素。如采用平行施工法比采用逐步施工法的放样精度要求高；采用机械法施工和预制件安装施工比人工和现场浇筑施工的放样精度要求高。

合理地确定放样精度要求是一项重要而复杂的工作，除了要掌握测量知识外，还需要掌握一定的工程知识和施工知识。

施工放样的精度可以分为两种：一种是建筑物主轴线的位置精度，或各建筑物主轴线之间的位置精度，这种精度又称绝对精度；另一种是建筑物本身各部分之间及其相对于主轴线的位置精度，这种精度又称相对精度。例如厂房主轴线相对于施工控制网的位置精度称为绝对精度。而厂房细部或设备轴线相对于厂房主轴线的位置精度称为相对精度。通常，施工放样的相对精度比放样的绝对精度要高。

学习任务 1.2　基本元素的放样

在测量工作中，不论采用哪种测量方法，都是通过测量角度（方向）、长度和高程来求得点的空间位置；而在放样工作中，同样，不论采用哪种放样方法，也都是通过放样角度（方向）、长度和高程来标定实地点位。因此，通常把角度、长度和高程称为放样的基本元素，把放样角度、长度和高程称为基本元素的放样。

1.2.1　放样角度

放样角度（水平角），又称拨角。它是通过某一顶点的固定方向为起始方向，再通过同一顶点设定另一方向线，使两方向线的夹角等于设计角度值。

1. 直接法放样角度

如图 1.1 所示，OA 是已知方向线，现要求过 O 点设置第二条方向线，使其与 OA 方向线的夹角等于 β（β 为设计角度值），直接放样角度的步骤是：于 O 点安置经纬仪，用盘左（正镜）位置以 OA 方向定向（后视方向），转动照准部，拨出设计角值 β，固定望远镜，在视准线内适当位置标定 B_1（要求 OB_1 尽量长些）。为消除仪器误差影响，用仪器盘右（倒镜）位置，以同样方法标定 B_2，且使 OB_2 和 OB_1 尽量相等。取 B_1、B_2 连线的中点 B_0，并将 B_0 用标志固定下来，得方向线 OB_0，则 $\angle AOB_0$ 即为测设于实地的设计角值。

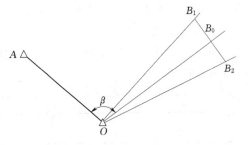

图 1.1　直接法放样角度

2. 归化法放样角度

当放样的角度精度要求较高时，可采用归化法进行放样，归化法放样角度的方法是，首先用直接法放样出角度$\angle AOB_0$，以 B_0 点作为过渡点（临时点）。然后根据精度要求，按一定的测回数，精确测量角度$\angle AOB_0 = \beta'$。

计算观测角值 β' 与设计角值 β 之差：

$$\Delta\beta = \beta - \beta'$$

根据 $\Delta\beta$ 就可在现场用三角板和直尺归化（改正）B_0 的位置。

由过渡点 B_0 作 OB_0 方向线的垂线，根据 d 的符号，在垂线上量取 $B_0B = d$。d 按下式计算：

$$d = \frac{\Delta\beta}{\rho''}\overline{OB}$$

式中，$\rho'' = 206265$。

用永久标志固定 B 点，则 OB 就是最后所求的方向线。

也可以根据 d 的大小和符号，在透明方格纸上绘制归化图，在现场将透明图上的 B_0 点与实地过渡标志重合，以 BOA 方向定向，在标志顶面刺下 B 点，并用永久标志固定。

测设水平角主要有下列误差影响：①仪器对中误差 $m_{中}$；②目标偏心误差 $m_{目}$；③仪器误差 $m_{仪}$；④观测误差 $m_{测}$；⑤外界条件影响误差 $m_{外}$；⑥第二条方向线的设定误差 $m_{设}$。则测设角度的总误差为：

$$m_\beta = \pm\sqrt{m_{中}^2 + m_{目}^2 + m_{仪}^2 + m_{测}^2 + m_{外}^2 + m_{设}^2}$$

1.2.2　放样长度

放样长度（水平距离），就是在给定的方向上标定两点，使两点间的长度等于设计长度。

1. 直接法放样长度

当放样长度的精度要求不高时，可采用直接法进行放样。若放样的长度不超过一尺段时，可自固定点标志起，沿设定方向拉平尺子，在尺上读取设计长度，并在实地作标志，按同法标定两次，取其中数作为最后标定的依据。

若设计长度超过一尺段时，应先进行定线，在给定的方向上定出各尺段的端点桩。在定线方向上量取整尺段长度，然后量取不足一尺段的长度值，一般量取两次，取其中数进行标定。

定线一般采用经纬仪，根据现场情况，可采用内插定线法或外插定线法。不论采用哪种定线方法，都要用正、倒镜取中数，定线的距离也不宜太长，以免影响定线的精度。

2. 归化法放样长度

如图 1.2 所示，设 A 为已知点，先用直接法在给定的方向上放样出设计长度 AB'，B' 点为过渡点。

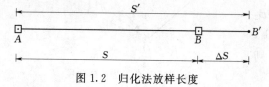

图 1.2　归化法放样长度

然后根据精度要求，先用丈量工具和仪器，按一定的测量方法和测回数，精确测量 AB' 的长度，同时测量温度、尺段间高差等。经尺长、温度和高差等各项改正后，得：

$$AB'=S'$$

将 S' 和设计长度 S 比较，得差数 $\triangle S$：

$$\triangle S=S'-S$$

归化 B' 点时，由 B' 点沿定线方向向前（$\triangle S>0$ 时）或向后（$\triangle AS<0$ 时）量取 $\triangle S$，标定 B 点，则 $AB=S$。

有时为了在设置永久标志 B 时不影响过渡点 B' 的稳定性，在直接放样长度时有意将 $\triangle S$ 值留得大些。

长度测设的误差来源及其影响规律，与长度丈量的误差来源及其影响规律基本相同。例如用普通钢尺测设长度时，其误差来源主要有：①尺长检定误差 $\triangle_{检}$；②定线误差 $\triangle_{定}$；③风力影响误差 $\triangle_{风}$；④温度系数误差 $\triangle_{温}$；⑤拉力误差 $m_{拉}$；⑥温度测定误差 m_t；⑦倾斜误差 m_h；⑧读数误差 $m_{读}$；⑨尺子刻画误差 $m_{刻}$；⑩长度端点的标定误差 $m_{标}$。

上述误差中，$\triangle_{检}$、$\triangle_{定}$、$\triangle_{风}$、$\triangle_{温}$ 虽然其产生是偶然性的，但是它们对长度的影响却表现为系统性。其他影响表现为偶然性的。

对于一个尺段来说，总的误差影响为：

$$m_1=\sqrt{\triangle_{检}{}^2(\triangle_{定}+\triangle_{风})^2+\triangle_{温}{}^2+m_{拉}{}^2+m_t{}^2+m_h{}^2+m_{读}{}^2+m_{刻}{}^2+m_{标}{}^2}$$

1.2.3　放样高程

在各种工程的施工过程中，都需要放样设计高程。放样高程的方法主要有几何水准测量法、钢卷尺直接丈量法和三角高程测量法等。用几何水准测量方法放样高程时，要求以必要的精度和密度引测高程控制点，要求设一个站就能放样出设计点的高程。下面介绍设一站测设高程的方法。

如图 1.3 所示，A 为水准点，其高程为 H_A，B 点为设计高程位置，其设计高程为 H_B。

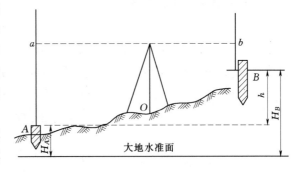

图 1.3　高程放样示意图

现在要用水准测量的方法，根据水准点 A 和 B 的设计高程，标定 B 的位置。在 A、B 之间安置水准仪，并在 A、B 点上设立水准标尺。若水准仪对 A 点上水准标尺上的读数为 a，则水准仪在 B 点上水准标尺上的读数应为 b。

$$b=H_A+a-H_B$$

这时观测员指挥 B 点标尺员上下移动标尺，当仪器在 B 点标尺上的读数正好为 b 时，标记标尺底面的位置，此即高程为 H_B 的 B 点位置。

若放样的高程与水准点高程相差较大时，例如，往高层建筑物或往坑道内放样高程等。可采用两台水准仪和借助悬挂钢尺的方法进行放样。

图 1.4 是向坑道内放样高程。设 A 点为水准点，其高程为 H_A，B 点的设计高程为 H_B。这时在坑道内悬挂一根经过检定过的钢尺 L，在地面 A 点和坑道内 B 点同时安置水

准仪。若地面上水准仪在 A 点标尺上读数为 a，在钢尺上的读数为 d；地下水准仪在钢尺上的读数为 b，则在 B 点标尺上的读数应为 c。

$$d = H_A + a - (c - d) - H_B$$

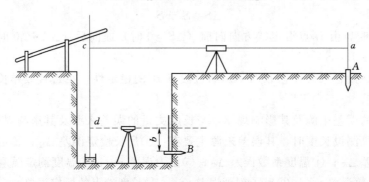

图 1.4 坑道放样高程示意图

这时 B 点标尺底面正是设计高程的位置。在高程放样精度要求较高或水准点高程与放样点高程相差较大时，观测结果加入钢尺的尺长、温度和拉力改正数。

为了测设高程，通常在建筑场地上加密有足够密度的临时水准点，安置一次仪器即可将高程从临时水准点上传递到待设点上。

设临时水准点的高程中误差为 m_a，由临时水准点传递到待设点上的高程测量误差为 m_b，则待设点的高程中误差为：

$$m_H = \sqrt{m_b{}^2 + m_a{}^2} \tag{1.1}$$

水准测量一站高差测定的误差主要有水准标尺误差 m_1，仪器水准气泡置中误差 m_2，以及望远镜内读数的误差 m_3。对于三、四等水准测量来说，这些误差一般为：

$$m_1 = \pm 0.75 \quad (\text{mm})$$

$$m_2 = \pm \frac{0.1\tau}{\rho''} S \quad (\text{mm})$$

$$m_3 = \pm \frac{60''}{V} \frac{S}{\rho''} \quad (\text{mm})$$

其中

$$\rho'' = \frac{180}{\pi} = 206265''$$

式中 τ ——水准管的分划值；

       S ——水准仪至标尺的距离；

       V ——望远镜的放大倍率。

于是对于后视（或前视）读数的中误差为：

$$m_b' = \pm \sqrt{m_1{}^2 + m_2{}^2 + m_3{}^2}$$

则一站的高差测定中误差为：

$$m_b' = \pm \sqrt{2} \cdot \sqrt{m_1{}^2 + m_2{}^2 + m_3{}^2} \tag{1.2}$$

例如，用 S_3 型水准仪和经检定过的 3m 木质标尺来测设高程时，因 $V = 28$，$\tau = 20'/2\text{mm}$，若视距 $S = 100\text{m}$ 时，则

$$m_1 = \pm 0.75 \ (\text{mm})$$

$$m_2 = \pm \frac{0.1 \times 20}{206265} \times 100000 = \pm 0.97 \ (\text{mm})$$

$$m_3 = \pm \frac{60''}{28} \frac{100000}{206265} \times 100000 = \pm 1.04 \ (\text{mm})$$

$$m_b' = \pm \sqrt{0.75^2 + 0.97^2 + 1.04^2} = \pm 1.61 \ (\text{mm})$$

$$m_b = \pm \sqrt{2} m_b' = \pm \sqrt{2} \times 1.61 = \pm 2.27 \ (\text{mm})$$

如果知道了临时水准点的高程中误差 m，则可按式（1.2）和式（1.1）估算测设点的高程中误差 m_H。

如果测设高层建筑物上或坑道底的高程，往往由于水准点高程和设计高程相差很大，需用钢尺来代替水准尺。这时，除按上述方法估算两站的测量误差外，还要考虑钢尺的长度误差 m_c。

$$m_H = \pm \sqrt{m_a{}^2 + m_b{}^2 + m_c{}^2}$$

钢尺长度误差主要有温度误差、悬锤重量误差以及刻划误差，对于普通钢尺而言，一般取 $m_c = \pm 1.2 \text{mm}$。

学习任务 1.3　直角坐标法放样点位

根据放样点位的程序和精度要求的不同，放样点位的方法又分为直接法和归化法。直接法是由控制点根据放样元素在外业现场直接标定出放样点，这种方法简单、作业速度快，但没有多余观测值，检核条件少，精度低。归化法是先用直接法放样一个过渡点（埋设临时标志），然后把过渡点与控制点构成适当图形，按照一定的精度测定过渡点的实际坐标。根据实际坐标与设计坐标之差，精确地把过渡点改正到设计位置上，这种方法有多余观测值和检核条件，精度较高，但工作量大，放样速度较慢。

如果施工控制网的边与施工坐标系（建筑坐标系）的坐标轴平行时，用直角坐标法放样点位是比较方便的。其放样元素就是设站点与待设点之间的坐标差。

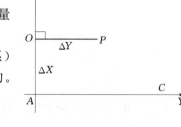

图 1.5　直角坐标直接法放样点位

1.3.1　直角坐标直接法放样点位

如图 1.5 所示，A、B、C 为控制点，且 AB 和 AC 分别平行施工坐标系的 X 轴和 Y 轴。P 为待设点。则在 A 点设站用直角坐标法放样 P 点的放样元素为：

$$\Delta X = X_P - X_A$$

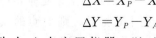

$$\Delta Y = Y_P - Y_A$$

具体放样步骤是：首先在 A 点安置仪器，以 AB 边定向，在定向方向上量取距离 ΔX，得垂足点（过渡点）O。然后在垂足点 O 安置仪器、以 OA（或 OB）定向，顺时针拨角 $270°$（或 $90°$）。自 O 点沿视准面方向量取距离 ΔY，即得放样点 P 的位置，用标志将

P 点标定下来，根据场地具体情况，也可沿 AC 方向设置垂足点放样 P。

直角坐标法放样点位，实质上是放样长度（AX，AY）和放样角度（90°或 270°）。

1.3.2　直角坐标归化法放样点位

为了检核和提高点位的精度，可采用直角坐标归化法放样点位，先用直角坐标直接法放样出 P' 点，并设置临时标志。然后选择测量工具、仪器和一定的测量方法，例如，直角坐标法、极坐标法、前方交会法等。按照一定的精度要求进行观测，再通过平差处理，便可求得临时标志（过渡点）的实际坐标 X' 和 Y'。

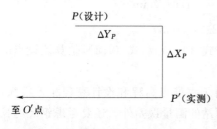

图 1.6　直角坐标归化法放样点位

设计坐标与实际坐标之差为：

$$\Delta X_P = X_{P设} - X_P'$$

$$\Delta X_P = X_{P设} - X_P'$$

根据 ΔX_P 和 ΔY_P，用透明纸绘制 P' 点的归化改正图（图 1.6）。将归化图上 P 点的实际位置 P' 与临时标志点重合，以 $P'O'$ 方向定向，再将归化图上 P 点的设计位置投影到实地上，用永久标志固定下来。因为 ΔX_P、ΔY_P 的值一般很小，也可以用三角板和直尺在临时标志上直接用坐标法作图改正。

1.3.3　直角坐标法测设点位的精度

用直角坐标法测设点位时，主要有下列误差影响：①测设长度 ΔX 和 ΔY 的误差 $m_{\Delta X}$、$m_{\Delta Y}$；②在垂足点 O 设置直角的误差 m_β；③在 A 点沿 OX 方向设定 O 点的方向误差，其值可认为等于 $\dfrac{m_\beta}{\sqrt{2}}$；④待设点 P 的标定误差 $m_{标}$；⑤起始点误差 m_0，由于起始点误差远远较其他误差小，所以在进行精度分析时，往往不顾及此项误差。

按图 1.6 的测设程序，P 点沿 OX 方向的纵向误差为：

$$m_X^2 = m_{\Delta X}^2 + \left(\frac{m_\beta}{\sqrt{2}\rho}\Delta Y\right)^2$$

P 点沿 OY 方向的横向误差为：

$$m_Y^2 = m_{\Delta Y}^2 + \left(\frac{m_\beta}{\sqrt{2}\rho}\Delta X\right)^2$$

若 ΔX 和 ΔY 以相同的精度测设，即 $\dfrac{m_{\Delta X}}{\Delta X} = \dfrac{m_{\Delta Y}}{\Delta Y} = \dfrac{m_s}{S}$，则 P 点的点位误差为：

$$m_P = \pm\sqrt{m_X^2 + m_Y^2 + m_{标}^2} = \pm\sqrt{\left(\frac{m_s}{S}\right)^2(\Delta X^2 + \Delta Y^2) + \left(\frac{m_\beta}{\rho}\right)^2\left(\frac{\Delta X^2}{2} + \Delta Y^2\right) + m_{标}^2} \qquad (1.3)$$

式中　$m_{标}$——点位 P 的标定误差。

如果 P 点沿 OY 方向测设，即先在 OY 轴方向上设定垂足 O'，然后在 O' 点设置 OY 的垂线 $O'P$，再沿 $O'P$ 方向设定 P 点。仿上式推导，则 P 点的点位误差为：

$$m_P = \pm\sqrt{\left(\frac{m_s}{S}\right)^2(\Delta X^2 + \Delta Y^2) + \left(\frac{m_\beta}{\rho}\right)^2\left(\frac{\Delta X^2}{2} + \Delta Y^2\right) + m_{标}^2} \qquad (1.4)$$

比较式（1.3）和式（1.4），当 $\Delta X \neq \Delta Y$ 时，P 点的点位误差将随 P 点的测设程序不

同而不同。不难看出,用直角坐标法测设点位时,对于大的坐标增量应在已知控制方向线上测设,而小的坐标增量应在设置的控制方向线的垂线上测设。这样,待设点的点位精度较高。

学习任务 1.4 极坐标法放样点位

极坐标法放样点位,是在一个控制点上设站,根据一已知方向,通过放样角度和放样长度来实现放样点位的。它要求设站点必须与另一个控制点和放样点通视。

1.4.1 极坐标直接放样点位

图 1.7 中,A、B 是彼此通视的两个控制点,P 为放样点,则可以根据控制点 A、B 和放样点 P 的坐标,按下式计算极坐标法放样元素。

$$\alpha_{BA} = \arctan \frac{(y_A - y_B)}{(x_A - x_B)}$$

$$\alpha_{BP} = \arctan \frac{(y_P - y_B)}{(x_P - x_B)}$$

$$\beta = \alpha_{BP} - \alpha_{BA}$$

$$S = \sqrt{(x_P - x_B)^2 + (y_P - y_B)^2}$$

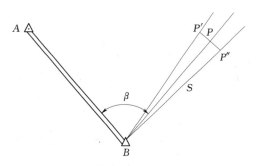

图 1.7 极坐标法直接放样点位

极坐标直接法放样点位的程序是:在 B 点安置经纬仪,正镜以 A 点方向,顺时针方向拨角 β,定 BP' 方向线,倒镜按上述方法定 BP'' 方向线,取两方向线的平均值 BP。自 B 点沿 BP 方向量取距离 S(量两次取中数)得 P 点。

1.4.2 极坐标归化法放样点位

极坐标归化法放样点位,首先按极坐标直接法放样出 P' 点(作为过渡点)。采用一定的测量方法测定 P' 的实际坐标,例如,直角坐标法、单三角形法和导线法等。再通过统一平差,求得 P' 的实际坐标值 X_P'、Y_P'。

于是便求得 P 点设计坐标与实际坐标之差值:

$$\Delta X = X_P - X_P'$$

$$\Delta Y = Y_P - Y_P'$$

根据坐标差 ΔX、ΔY 的大小和符号,在透明纸上绘制归化图,用归化图在现场归化改正的方法与直角坐标归化法相同。也可根据 ΔX、ΔY 用三角板和直尺直接进行归化。也可分别用归化法放样角度 β 和长度 S 来确定放样点的位置。

1.4.3 极坐标法测设点位的精度

极坐标法测设点位,实质上是测设一条水平距 S 和水平角度 β。因此,测设点位的主要误差影响有:测设水平距离的误差 m_s;测设水平角度的误差 m_β;点位的标定误差 $m_标$。设测站至待设点的坐标方位角 $\alpha_{BP} = \alpha$,则测设长度 S 的误差 m_s($m_s = \frac{m_s}{S} S$)对 P 点在坐标轴方向上的误差影响分别为:

$$m_{X1}^2 = \left(\frac{m_s}{S}\right)^2 S^2 \cos^2\alpha$$

$$m_{Y1}^2 = \left(\frac{m_s}{S}\right)^2 S^2 \sin^2\alpha$$

测设水平角 β 的误差对 m_β 对 P 点在坐标轴方向上的误差影响分别为：

$$m_{X2}^2 = \left(\frac{m_\beta}{S}\right)^2 S^2 \sin^2\alpha$$

$$m_{Y2}^2 = \left(\frac{m_\beta}{S}\right)^2 S^2 \cos^2\alpha$$

P 点在坐标轴方向上总的误差分别为：

$$m_X^2 = \left(\frac{m_s}{S}\right)^2 S^2 \cos^2\alpha + \left(\frac{m_\beta}{\rho}\right)^2 S^2 \sin^2\alpha$$

$$m_Y^2 = \left(\frac{m_s}{S}\right)^2 S^2 \sin^2\alpha + \left(\frac{m_\beta}{\rho}\right)^2 S^2 \cos^2\alpha$$

若不顾及起始误差影响，则 P 点的点位误差为：

$$m_P^2 = \left(\frac{m_s}{S}\right)^2 S^2 \cos^2\alpha + \left(\frac{m_\beta}{\rho}\right)^2 S^2 \sin^2\alpha + m_{标}^2$$

即

$$m_X = \sqrt{\left(\frac{m_s}{S}\right)^2 S^2 \cos^2\alpha + \left(\frac{m_\beta}{\rho}\right)^2 S^2 \sin^2\alpha}$$

式中　$m_{标}$——点位的标定误差。

学习任务 1.5　角度前方交会法放样点位

在通视良好而又不便于量距的情况下，例如，在桥梁施工中放样桥墩位置时，用角度前方交会法是方便的。角度前方交会法是从两个或两个以上的控制点上测设角度，利用所测设的方向线就可交会出放样点点位。

1.5.1　前方交会直接法放样点位

图 1.8 是从两个控制点进行前方交会的情况，图中 A、B 为控制点。

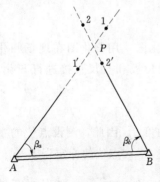

图 1.8　前方交会图直接放样点位

先用控制点坐标和放样点设计坐标计算方位角 α_{AP} 和 α_{BP}，再计算角度前方交会的放样元素 β_a 和 β_b。

$$\beta_a = \alpha_{AP} - \alpha_{BP}$$

$$\beta_b = \alpha_{BP} - \alpha_{AP}$$

具体放样的程序是，在 A 点安置经纬仪，以 B 点定向，顺时针方向转角（$360° - \beta_a$），得方向线 AP，倒镜再放样一次，取平均值，并在 P 点附近设置方向线 1—$1'$，同法在 B 点安置经纬仪，以 A 点定向，顺时针转角 β_b，在 P 点附近设置方向线 2—$2'$。用拉线法或骑马桩法定出两方向线的交点，这个交点就是放样点 P。

若条件许可，在 A、B 两点同时安置仪器，分别以 B、A 定向，拨出设计角度（$360°$ $-\beta_a$）和 β_b，两台仪器观测员同时指挥放样点处的工作人员移动标志，用逐渐趋近的方法，使标志位于两台仪器的视准轴线的交点上。

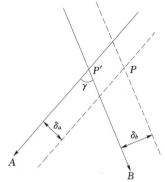

1.5.2 前方交会归化法放样点位

先用前方交会直接法放样出点位 P'，以此作为过渡点（临时点），然后用一定的测量方法进行精确测量，经过平差以后，就可求得放样角的实际值 β'_a 和 β'_b，或求得过渡点 P' 的实际坐标值 X'_P 和 Y'_P。

根据实测值和设计值的差值，可以采用多种方法进行归化，例如，坐标差法、极坐标法和交会角法等。下面介绍用交会角归化的方法。

图 1.9 交会角归化点位示意图

利用交会角归化点位，一般采用图解法，如图 1.9 所示，先在透明纸上画两条相交的方向线 $P'A$ 和 $P'B$，使两方位线的交角 $\gamma = 180° - \beta_a - \beta_b$。则两方向线的交点即为 P'。

计算平移值：

$$\delta_a = \frac{\Delta\beta_a}{\rho}S_a$$

$$\delta_b = \frac{\Delta\beta_b}{\rho}S_b$$

其中

$$\Delta\beta_a = \beta_a - \beta'_a$$

$$\Delta\beta_b = \beta_b - \beta'_b$$

$$S_a = AP$$

$$S_b = BP$$

根据 δ_a 和 δ_b 的大小和符号，作 $P'A$ 和 $P'B$ 的平行线，使其到 $P'A$ 和 $P'B$ 的距离分别为 δ_a 和 δ_b，当 δ_a 为正时，平行线在 $P'A$ 的右侧，反之，在左侧；当 δ_b 为正时，平行线在 $P'B$ 的左侧，反之，在右侧。两平行线的交点即为设计位置 P。

现场归化时，将归化图上的 P' 点与实地的过渡点 P' 重合，转动图纸，使图上的 $P'A$ 方向与实地的 $P'A$ 方向重合，并用 $P'B$ 方向进行校核。最后把图上的 P 点转到实地即得 P 点的设计位置。

当场地上有足够的控制点时，还可用三个控制点进行交会放样。三点交会的方法和计算与两点交会法相同。但由于交会方向线有误差，三个交会方向线往往不交于一点而产生一个示误三角形。这时可取示误三角形的重心为交会点的位置。

有时为了满足施工的要求，需要对一些放样点进行多次的、快速的定位。例如在桥梁施工测量中对围图、沉井等动态物的定位。这时常常采用角差图解法改正点位。

由于交会线方向误差 $\Delta\beta$ 一般很小，而交会边长 S 相对较大。则设计交会方向线与实际交会方向线在交会点处可以近似地认为是平行的，如图 1.10 所示。则由于交会方向线的误差 $\Delta\beta$ 的影响，交会方向线在 P 点处产生的横向位移 δ 为：

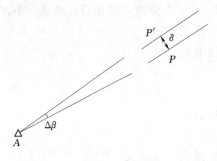

$$\delta = \frac{\Delta\beta}{\rho}S$$

某一测站对同一个放样点，$\frac{S}{\rho}$ 可以认为是一个常数，令

$$K = \frac{S}{\rho} \tag{1.5}$$

则

$$\delta = K\Delta\beta \tag{1.6}$$

图 1.10 交会方向误差影响示意图

于是，交会点的横向位移是交会方向线误差的线性函数。我们可以根据式（1.6），对每一个交会方向预先绘制角差位移图或编制角差位移表，一般一个测站的角差位移图绘在一张图上，如图 1.11 所示。

实际工作中应用角差图解法的步骤是：

（1）根据测站至放样点距离 S，按式（1.5）计算秒差值 K。

（2）以角差 $\Delta\beta$ 为横坐标，以位移值 δ 为纵坐标，按式（1.6）绘制角差位移图（图 1.11）。

（3）绘制各放样点的定位图，即按实际方位角将各测站及放样点的方向线绘在方格纸上，图 1.12 是放样点 P_1 的定位图。

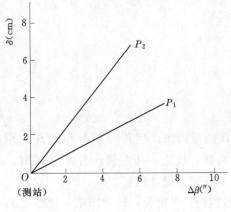

图 1.11 角差位移图

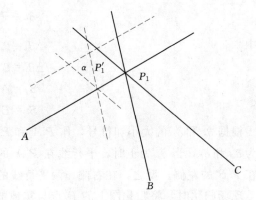

图 1.12 放样点 P_1 定位图

（4）根据各方向角差值 $\Delta\beta$ 的大小（观测方向角与设计方向角之差），在相应的秒差图中求得各方向线在交会点处的横向位移 δ，由 δ 的大小和方向（位移方向由 $\Delta\beta$ 的正负号决定），在定位图中绘出交会方向线的平行线（图 1.12），由于交会方向线观测有误差，三条平行线交会出一个示误三角形，取示误三角形的重心为放样的初步位置。在定位图上就可以图解量出初步放样点的改正元素，例如 ΔX 和 ΔY。

根据改正元素，在现场就能很快定出放样点的设计点位。

1.5.3 角度前方交会法的点位精度

用前方交会法测设点位，主要有测设角度 β_a 和 β_b 误差影响，现就对两点前方交会法的精度分析如下：由图 1.13 知，A、B 为已知点，P 为放样点。由于交会方向线 AP、

BP 有误差，使交会点 P 也产生了误差。由坐标和方位角的关系得：

$$\tan\alpha_{AB} = t\,\frac{Y_P - Y_A}{X_P - X_A}$$

$$m_P = \pm\frac{m}{\sin\gamma \cdot \rho}\sqrt{S_a^2 + S_b^2}$$

若以 $S_a = \dfrac{\sin\beta_b}{\sin\gamma}S_B^A$，$S_b = \dfrac{\sin\beta_a}{\sin\gamma}S_{AB}$ 代入上式

则 $m_P = \pm\dfrac{mS_{AB}}{\sin^2\gamma \cdot \rho}\sqrt{\sin^2\beta_a + \sin^2\beta_b}$

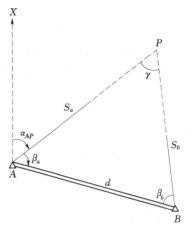

图 1.13　两点前方交会精度分析示意图

　　上式就是计算交会点因测设角度 α、β 的误差而引起的点位误差公式。由上式或不难看出，交会点点位精度，除了与测设角度 α、β 的误差 m 和两控制点边长 S_{AB} 的长短有关外，还与 α、β、γ 角的大小，即交会图形有关。所以交会时，尽量提高角度的测设精度和选择最佳交会图形。当交会角 $\gamma = 90°$ 时，交会点的精度最好，因此一般要求交会角 γ 不得小于 $30°$ 和大于 $150°$。

学习任务 1.6　距离交会法放样点位

　　距离交会法，又称长度交会法。当场地平坦、便于量距和控制点到待设点的距离不长时，用这种方法测设点位是方便的。

1.6.1　距离交会直接法放样点位

　　图 1.14 中 A、B 为控制点，P 为待设点。根据控制点和待设点的坐标，计算放样元素（两交会边长）a 和 b：

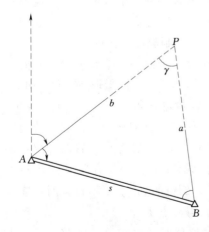

图 1.14　距离交会法放样点位

$$a = \sqrt{(X_P - X_B)^2 + (Y_P - Y_B)^2}$$

$$b = \sqrt{(X_P - X_A)^2 + (Y_P - Y_A)^2}$$

　　如果两交会边长不超过一尺段时，可分别以 A、B 为圆心，以 b、a 为半径，钢尺在实地画圆弧，两圆弧的交点即为待设点 P。如果两交会边较长和具有两台电磁波测距仪的条件下，可用电磁波测距仪直接测设 P 点，这时需在 A、B 点上同时设置测距仪，在 P 点附近设镜站，测距仪根据所测边长值，指挥镜站移动棱镜，用逐渐趋近的方法，使两台测距仪所测距离正好分别等于 b、a，这时棱镜位置即是放样点 P。

1.6.2　距离交会归化法放样点位

　　首先用距离交会直接法放样出 P 点，以 P 点为过渡点，精确测量边长 a 和 b（也可以测量角度或同时测量角度和边长等），根据观测结果，

例如 a 和 b，或根据观测结果所计算的 P 点的实际坐标与设计坐标的差值，绘制归化图在实地进行改正，也可直接用三角板和直尺在现场改正。

1.6.3 距离交会法的点位精度

用长度交会法放样点位，它是通过测设两条距离交会确定点位，点位误差由测设距离 a、b 的误差 m_a、m_b 和点位标定误差 m 标影响的结果。

用长度交会归化法放样点位时，由于归化元素很小，归化误差相对于距离测量误差可以忽略不计，所以点位精度要取决于测量距离 a、b 的精度和交会图形。

由图 1.14 可知：

$$a^2 = (X_P - X_B)^2 + (Y_P - Y_B)^2$$
$$b^2 = (X_P - X_A)^2 + (Y_P - Y_A)^2$$

将上式微分并化简后得：

$$da = \frac{(X_P - X_B)}{a}dX_P + \frac{(Y_P - Y_B)}{a}dY_P$$

$$db = \frac{(X_P - X_A)}{b}dX_P + \frac{(Y_P - Y_A)}{b}dY_P$$

学习任务 1.7 方向线交会法放样点位

1.7.1 方向线交会法测设点位的方法

方向线交会法测设点位，是根据两条互相垂直的方向线相交来定出待设点点位。这种方法的主要工作是设置两条互相垂直的方向线。由建筑方格网或厂房控制网测设点位时，用方向线交会法是方便的。

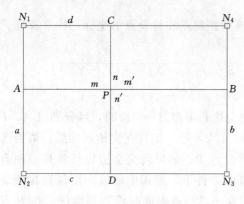

图 1.15 方向线交会法

如 1.15 所示，N_1、N_2、N_3、N_4 为形控制网，P 点为待设点。在实地测设前，首先根据 P 点的设计坐标和邻近的控制点（或距离指标桩）的坐标，计算出 a、b、c、d，以确定方向线的端点，并绘制放样工作图。

实地放样时，先由 N_2 点沿 N_2N_1 方向量取 a 得 A 点，沿 N_2N_3 方向量取 c 得 D；由 N_1 点沿 N_1N_4 方向量取 d 得 C；由 N_3 点沿 N_3N_4 方向量取 b 得 B 点。方向线 AB 及 CD 的两端点（定位点）标定后，在 A 点安置经纬仪，照准 B 点得方向线 AB，沿 AB 方向线在 P 点附近标定 m、m' 两点。倒镜以同样方法定出 m、m'。当正、倒镜的 m 与 m' 不重合时，应取其中数。按上述方法定出 n、n'（或直接 m、m' 上定点，得交点 P）。

如果 AB（或 CD）不通视，或者两端点不便于安置仪器时，可在 A、B（C、D）上设置标志，选择与 A、B（C、D）都能通视的地方安置经纬仪，以正倒镜点法，设定 m、m'（或 n、n'）。

当施工控制网不是矩形网而是导线网时（图 1.16），则方向线定位点的设置数据 a、b 按下式计算：

$$\begin{cases} a = \left| (X_P - X_{N_1}) \sec\alpha_{N_1 N_2} \right| \\ b = \left| (X_P - X_{N_5}) \sec\alpha_{N_5 N_6} \right| \\ c = \left| (X_P - X_{N_6}) \csc\alpha_{N_6 N_7} \right| \\ d = \left| (X_P - X_{N_4}) \csc\alpha_{N_4 N_3} \right| \end{cases}$$

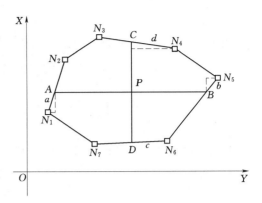

图 1.16　导线边定向交会

由上述可知，方向线交会法主要是确定方向线。而且这些设置的方向线使用频繁。因此，通常在方向线的端点埋设专用观测墩和观测标志。当由于地形和施工条件的限制，不可能在方向线上两端都埋设标志时，则应至少设置一个端点和一个后视方向。观测时可以将仪器置于端点上，根据后视方向，转一固定角，即得所需方向线。

1.7.2　方向线交会的点位精度

用方向线交会法放样点位，是根据控制方向上的定向点，设置两条方向线，用这两条方向线交会确定点位，这种方法的主要误差影响有：设置定向点误差、设置方向线误差及点位确定误差。

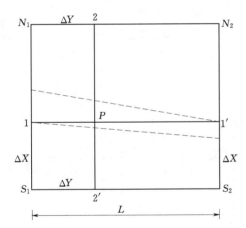

图 1.17　设置定向点的误差影响示意图

1. 设置定向点误差影响

如图 1.17 所示定向点的设定，一般采用丈量距离的方法，设置定向点 1 和 $1'$ 的误差为 $m_{\Delta X}$，则它对放样点的影响分别为 X_a 和 X_b，即

$$X_a = \frac{m_{\Delta X}}{L}(L - \Delta Y)$$

$$X_b = \frac{m_{\Delta X}}{L}\Delta Y$$

由于两定点是独立完成的，它们对放样点的综合影响为：

$$m_{定1} = \pm \sqrt{X_a{}^2 + X_b{}^2}$$

2. 设置方向线误差影响

设置方向线的误差包括仪器对中误差影响 Δe、目标偏心误差影响 Δe_1 和望远镜调准误差影响 Δf_0。

设置一条方向线的误差对放样点的影响为：

$$m_{方1} = \pm \sqrt{m_e{}^2 + m_{e1}{}^2 + m_f{}^2}$$

第一条方向线对放样点的总的误差影响为：

$$m_1 = \pm \sqrt{m_{定1}{}^2 + m_{方1}{}^2}$$

同样第二条方向线对放样点的总的误差影响为：

$$m_2 = \pm \sqrt{m_{定2}{}^2 + m_{方2}{}^2}$$

顾及标定误差影响，方向线交会法放样点位的总误差为：

$$m_P = \pm \sqrt{m_1{}^2 + m_2{}^2 + m_{标}{}^2}$$

学习任务 1.8 轴线交会法放样点位

轴线交会法实质上是侧方交会法，它适用于测设坐标轴上或与坐标轴相平行的轴线

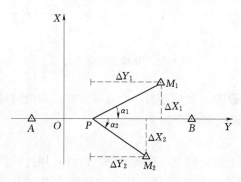

图 1.18 轴线交会法

（如建筑物轴线等）上的点位。如果轴线不与坐标轴平行时，可先将控制点坐标值和待设点坐标值，换算成以轴线为坐标轴的坐标值，然后用轴线交会法测设点位。

如图 1.18 所示，P 点位于 AB 轴线上，若在 P 点安置经纬仪，测得角度 α_1 和 α_2，求得 P 点的两组坐标值。

由 M_1 点可求得：

$$\left.\begin{array}{l} X'_P = 0 \\ Y'_P = Y_{M_1} \pm |\Delta X_1| \cot\alpha_1 \end{array}\right\} \tag{1.7}$$

其中

$$\Delta X_1 = X_{M_1} - X_P$$

由 M_2 点可求得：

$$\left.\begin{array}{l} X''_P = 0 \\ Y'_P = Y_{M_1} \pm |\Delta X_2| \cot\alpha_1 \end{array}\right\} \tag{1.8}$$

其中

$$\Delta X_2 = X_{M_2} - X_P$$

P 点坐标的平均值为：

$$\left.\begin{array}{l} X_P = 0 \\ Y_P = \frac{1}{2}(Y'_P + Y''_P) \end{array}\right\}$$

此为 P 点的实测坐标值，将其与设计值进行比较，求得坐标差值：

$$\left.\begin{array}{l} \Delta X = 0 \\ \Delta Y = Y_{P设} - Y_{P测} \end{array}\right\}$$

然后沿轴线方向量取 ΔY，即得 P 点的设计位置。当 ΔY 为正号时，由 P 点向 A 端量取 ΔY，反之，应由 P 点向 B 端量取 ΔY。

用轴线交会法测设点位时，应根据轴线和放样点的位置选择控制点。并将控制点、轴线、放样点绘制出示意图，在图中注明点名、坐标值和坐标差值。

注意：当 $Y_P > Y_{M_1}$（或 Y_{M_2}）时，式中 $|\Delta X|$ 前取"一"，反之取"＋"号。

如图 1.19 所示，$N_1 - N'_1$ 是平行于坐标轴 Y 的一条轴线，并距坐标 Y 轴 15.000m。$M_1 M_2$ 是位于轴线 $N_1 - N'_1$ 两侧的控制点。P_0 为轴线 $N_1 - N'_1$ 上的一个待设点，控制点和待设点的有关数据，均注于图 1.19 中。

现场测设 P 点时，首先在 N_1 点上安置仪器，照准 N'_1 点定出轴线方向，在 $N_1 - N'_1$ 轴

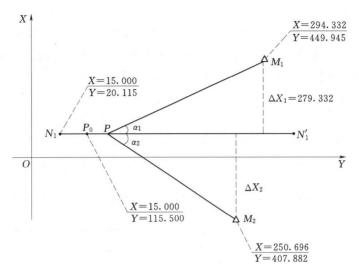

图 1.19　计算图

线上概略地定出 P 点。将仪器搬至 P 点，观测 M_1、N'_1 和 M_2，得角度 α_1、α_2：

$$\alpha_1 = 39°45'12''$$
$$\alpha_2 = 42°07'42''$$

按式（1.7）和式（1.8），分别由 M_1、M_2 点计算 P 点坐标。

由 M_1 点计算 P 点坐标得：

$$\left. \begin{aligned} X'_P &= 0 \\ Y'_P &= 449.944 - 279.332\cot 39°45'12'' = 114.124 \ (\mathrm{m}) \end{aligned} \right\}$$

由 M_2 点计算 P 点坐标得：

$$\left. \begin{aligned} X''_P &= 0 \\ Y''_P &= 407.885 - 265.696\cot 42°07'42'' = 114.126 \ (\mathrm{m}) \end{aligned} \right\}$$

取 P 点坐标平均值：

$$\left. \begin{aligned} X_P &= 0 \\ Y_P &= 114.125 \ (\mathrm{m}) \end{aligned} \right\}$$

计算 P 点坐标与其设计坐标之差：

$$\left. \begin{aligned} \Delta X &= 0 \\ \Delta Y &= 115.500 - 114.125 = 1.375 \ (\mathrm{m}) \end{aligned} \right\}$$

由 P 点沿轴线方向向 N_1 点量取 1.375m，即得 P 点的设计位置。

学习任务 1.9　正倒镜投点法放样点位

在施工放样测量中，有时常常需要恢复已知方向线，例如在两控制点连线上或其延长线上设点，如果两控制点间彼此不通视或控制点上无法安置仪器时，用正倒镜法进行投点是方便的。现将这种方法的基本原理和操作方法介绍如下。

如图 1.20 所示，A、O、B 为已知直线上的三点。经纬仪安置于 O 点上，正镜（盘左）照准 A 点后，纵转望远镜前视 B 点，由于仪器视准轴不垂直于横轴，或者横轴不垂直于纵轴等误差，则十字丝交点不通过 B 点而落于 B_1 点。然后用倒镜（盘右）再照准 A 点，纵转望远镜，则十字丝交点也不通过 B 点，而落于 B_2 点，这时，$BB_1 = BB_2 = 0.5B_1B_2$，若经纬仪事先经过细致的检验和校正，这时，$BB_1 = BB_2 = 0$，则十字丝交点通过 B 点。

若仪器安置在 O' 点上，如图 1.21 所示，并按上述操作，即可定出 B' 点。由图 1.21 可以看出 $O'O = \dfrac{AO}{AB} = BB'$，若 $AO = \dfrac{1}{2}AB$ 时，则 $O'O = \dfrac{1}{2}BB'$。如果将仪器向 O 点移动 $O'O$ 的距离，这时仪器就安置在 AB 直线上 O 点了。这就是正倒镜的基本原理。

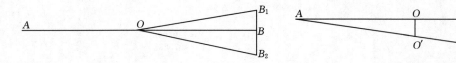

图 1.20　正倒镜投点　　　　　　　　　图 1.21　仪器在基线中间的正倒镜投点

1.9.1　操作方法

首先将仪器大概地安置在 AB 直线上，然后按如下步骤操作。

（1）粗略地整置仪器，正镜（盘左）瞄准 A 点（一般先后视远点），然后纵转望远镜，在一般情况下，十字丝交点不会正好落在 B 点上。这时可估计其差距，按前述原理移动仪器，使之接近 AB 线。

（2）当第一次仪器位置偏离 AB 线较远时，往往按上述方法移动一次后，仪器位置还不接近 AB 线。因此，还须第二次粗略整平仪器，按上述方法操作，直至使仪器位置接近在 AB 线上（一般 2cm 以内）时，再精密整置仪器，继续按上述方法操作（每次均以正镜照准 A 点），直至照准 A 点，纵转望远镜后，十字丝交点恰好落于 B 点上为止。

（3）当正镜照准 A 点，纵转望远镜后，十字丝恰好照准 B 点时，并不等于仪器就在 AB 线上了。这是因为仪器有误差。因此，还需要用倒镜（盘右）照准 A 点，再纵转望远镜，如果十字丝交点落于 B 点，则说明仪器正倒镜无误差，而且仪器已位于 AB 线上了。如果十字丝不落于 B 点，说明仪器正倒镜有误差。这时，松开仪器中心螺旋，将仪器沿 AB 的垂直方向上轻微移动，使正镜和倒镜观测时，十字丝交点分别落于 B 点的两侧，并对称于 B 点，这时，仪器就位于 AB 线上了。然后即可进行投点。

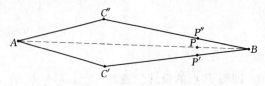

图 1.22　正倒镜误差较大的投点示意图

在生产实践中，如果仪器正倒镜误差较大或仪器来不及检验校正时，可用下述方法进行投点。如图 1.22 所示，先用正镜照准 A 点，再纵转望远镜，这时十字丝一般不落在 B 点上，移动仪器，使正镜照准 A 点，纵转望远镜后十字丝正好落在 B 点上，由于仪器有误差，即使望远镜十字丝都通过 A、B，但仪器位置并不在 AB 线上，而在 C' 上，这时投点得 P'，P' 亦不在 AB 线上。然后用倒镜照准 A 点，按上述方法使望远镜十字丝

都通过 A、B，这时仪器位置位于 C'' 点，投点得 P''，取 $P'P''$ 的中心，即得所需投点 P。

如果仪器设在 AB 延长线上时，仍仿上述操作方法，仪器大致设在 AB 的延长线上，粗略地整置仪器，用正镜照准 A 点，这时十字丝不一定通过 B 点，移动仪器，使正镜照准 A 点后，十字丝通过 B 点。由于仪器有误差，以及 A、B 两标志一般不等高，此时仪器不在 AB 线上，所以应以倒镜照准 A 点，此时十字丝一般也不通过 B 点。松开仪器中心螺旋，沿 AB 垂直方向移动仪器，使正倒镜照准 A 点时，十字丝分别对称地落在 B 点两侧。这时，仪器位于 AB 的延长线上了。便可进行投点。

1.9.2　注意事项

用正倒镜进行投点时，应注意以下几点。

（1）施测前要仔细检验和校正仪器，使视准轴垂直于望远镜旋转轴；望远镜旋转轴垂直于仪器的纵轴；水准管轴垂直于仪器纵轴。

（2）为了减少趋近（移动仪器）的次数，第一次安置仪器时，应先用目估方法，使仪器尽量靠近 AB 直线上。

（3）操作时，仪器尽可能安置在点的中点，如仪器设置在中点有困难时，应以距离仪器较远的点作为后视点。

（4）投点时须用正、倒镜各测一次，取其中点为最后投点位置。

学习单元 2 全 站 仪 的 使 用

学习任务 2.1 全 站 仪 操 作

2.1.1 仪器外观和功能说明

1. 仪器外观

仪器外观如图 2.1 所示。

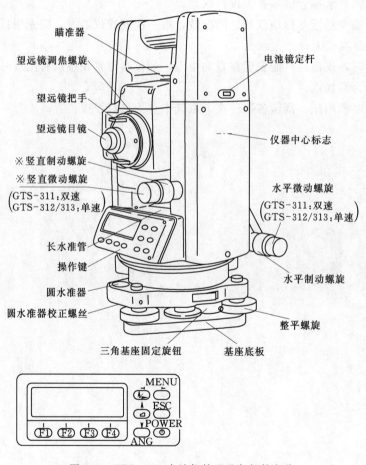

图 2.1 GTS-312 全站仪外观及各部件名称

2. 面板上按键功能

↗——进入坐标测量模式键;◢——进入距离测量模式键;ANG——进入角度测量模式键;MENU——进入主菜单测量模式键;ESC——用于中断正在进行的操作,退回到上一级菜单;POWER——电源开关键;◀▶——光标左右移动键;▲▼——光标上下移动、翻屏键；F1、F2、F3、F4——软功能键，分别对应显示屏上相应位置显示的命令。

3. 显示屏上显示符号的含义

V——竖盘读数；HR——水平读盘读数（右向计数）；HL——水平读盘读数（左向计数）；HD——水平距离；VD——仪器望远镜至棱镜间高差；SD——斜距；＊——正在测距；N——北坐标，相当于 X；E——东坐标，相当于 Y；Z——天顶方向坐标，相当于高程 H。

2.1.2　角度测量模式

功能：按"ANG"键进入，可进行水平角、竖直角测量，倾斜改正开关设置，见表 2.1。

表 2.1　　　　　　　　　　　　　　角 度 测 量 模 式

第 1 页	F1 OSET：设置水平读数为 0°； F2 HOLD：锁定水平读数； F3 HSET：设置任意大小的水平读数； F4 P1↓：进入第 2 页
第 2 页	F1 TILT：设置倾斜改正开关； F2 REP：复测法； F3 V%：竖直角用百分数显示； F4 P2↓：进入第 3 页
第 3 页	F1 H−BZ：仪器每转动水平角 90°时，是否要蜂鸣声； F2 R/L：右向水平读数 HR/左向水平读数 HL 切换，一般用 HR； F3 CMPS：天顶距 V/竖直角 CMPS 的切换，一般取 V； F4 P3↓：进入第 1 页

2.1.3　距离测量模式

功能：先按 ◢ 键进入，可进行水平角、竖直角、斜距、平距、高差测量及 PSM、PPM、距离单位等设置，见表 2.2。

表 2.2　　　　　　　　　　　　　　距 离 测 量 模 式

第 1 页	F1 MEAS：进行测量； F2 MODE：设置测量模式，Fine/coarse/tragcking（精测/粗测/跟踪）； F3 S/A：设置棱镜常数改正值（PSM）、大气改正值（PPM）； F4 P1↓：进入第 2 页
第 2 页	F1 OFSET：偏心测量方式； F2 SO：距离放样测量方式； F3 m/f/i：距离单位米/英尺/英寸的切换； F4 P2↓：进入第 1 页

2.1.4　坐标测量模式

功能：按 ↗ 进入，可进行坐标（N，E，H）、水平角、竖直角、斜距测量及 PSM、PPM、距离单位等设置，见表 2.3。

表 2.3 **坐 标 测 量 模 式**

第1页	F1 MEAS：进行测量； F2 MODE：设置测量模式，Fine/Coarse/Tracking； F3 S/A：设置棱镜改正值（PSM），大气改正值（PPM）常数； F4 P1↓：进入第2页
第2页	F1 R. HT：输入棱镜高； F2 INS. HT：输入仪器高； F3 OCC：输入测站坐标； F4 P2↓：进入第3页
第3页	F1 OFSET：偏心测量方式； F2 —— F3 m/f/i：距离单位 米/英尺/英寸切换； F4 P3↓：进入第1页

2.1.5 主菜单模式

功能：按 MENU 进入，可进行数据采集、坐标放样、程序执行、内存管理、参数设置等，见表2.4～表2.7。

表 2.4 **主 菜 单 模 式**

第1页	DATA COLLECT（数据采集）； LAY OUT（点的放样）； MEMORY MGR.（内存管理）
第2页	PROGRAM（程序）； GRID FACTOR（坐标格网因子）； ILLUMINATION（照明）
第3页	PARAMETRERS（参数设置）； CONTRAST ADJ.（显示屏对比度调整）

1. MEMORY MGR.（存储管理）

表 2.5 **存 储 管 理**

第1页	FILE STATUS（显示测量数据、坐标数据文件总数）； SEARCH（查找测量数据、坐标数据、编码库）； FILE MAINTAIN（文件更名、查找数据、删除文件）
第2页	COORD. INPUT（坐标数据文件的数据输入）； DELETE COORD.（删除文件中的坐标数据）； PCODE INPUT（编码数据输入）
第3页	DATA TRANSFER（向微机发送数据、接收微机数据、设置通信参数）； INITIALIZE（初始化数据文件）

2. PROGRAM（程序）

3. PARAMETRERS（参数设置）

表 2.6	程　序
第1页	REM（悬高测量）； MLM（对边测量）； Z COORD.（设置测站点 Z 坐标）
第2页	AREA（计算面积）； POINT TO LINE（相对于直线的目标点测量）

表 2.7	参　数　设　置
第1页	MINIMUM READING（最小读数）； AUTO POWER OFF（自动关机）； TILT ON/OFF（垂直角和水平角倾斜改正）
第2页	ERROR CORRECTION（系统误差改正） （注：仪器检校后必须进行此项设置）

存储管理菜单操作可参见图 2.2。

2.1.6　全站仪的主要功能介绍

说明：测量前，要进行如下设置——按 ◢ 或 ◣，进入距离测量或坐标测量模式，再按第 1 页的 S/A（F3）。

（1）棱镜常数 PRISM 的设置——原配棱镜设置为 0，国产棱镜设置为 −30mm（具体见说明书）。

（2）大气改正值 PPM 的设置——按"T − P"，分别在"TEMP."和"PRES."栏，输入测量时的气温、气压（或者按照说明书中的公式计算出 PPM 值后，按"PPM"直接输入）。

（3）PSM、PPM 设置后，在没有新设置前，仪器将保存现有设置。

2.1.6.1　角度测量

按"ANG"键，进入测角模式（开机后默认的模式），其水平角、竖直角的测量方法与经纬仪操作方法基本相同。照准目标后，仪器即可显示水平度盘读数和竖直度盘读数。

2.1.6.2　距离测量

先按 ◢ 键，进入测距模式，瞄准棱镜后，按 F1（MEAS），即可。

2.1.6.3　坐标测量

图 2.3 按键步骤：

（1）ANG 键，进入测角模式，瞄准后视点 A。

（2）HSET，输入测站 O 至后视点 A 的坐标方位角 α_{OA}。如输入 65.4839，即输入了 65°48′39″。

存储管理菜单操作
按[MENU]键，仪器进入菜单 MENU1/3 模式
按[F3](MEMORY MCR)键,显示存储管理菜单 1/3

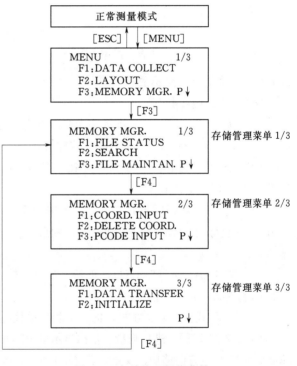

图 2.2　存储管理操作菜单

(3) ⟅键，进入坐标测量模式。P1↓，进入第2页。

(4) OCC，分别在 N、E、Z 输入测站坐标（X_0，Y_0，H_0）。

(5) P1↓，进入第2页。INS. HT：输入仪器高。

(6) P1↓，进入第2页。R. HT：输入 B 点处的棱镜高。

(7) 瞄准待测量点 B，按"MEAS"，得 B 点的（X_B，Y_B，H_B）。

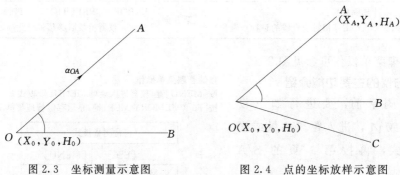

图 2.3　坐标测量示意图　　　　图 2.4　点的坐标放样示意图

2.1.6.4　零星点的坐标放样

图 2-4 按键步骤为：

(1) 按"MENU"——进入主菜单测量模式。

(2) 按"LAYOUT"——进入放样程序，再按 SKP——略过选择文件。

(3) 按"OOC.PT"（F1），再按 NEZ，输入测站 O 点坐标（X_0，Y_0，H_0）；并在 INS. HT 一栏，输入仪器高。

(4) 按"BACKSIGHT"（F2），再按 NE/AZ，输入后视点 A 的坐标（X_A，Y_A）；若不知 A 点坐标而已知坐标方位角 α_{OA}，则可再按 AZ，在 HR 项输入 α_{OA} 的值。瞄准 A 点，按 YES。

(5) 按"LAYOUT"（F3），再按"NEZ"输入待放样点 B 的坐标（X_B，Y_B，H_B）及测杆单棱镜的镜高后，按"ANGLE"（F1）。使用水平制动和水平微动螺旋，使显示的 dHR＝0°00′00″，即找到了 OB 方向，指挥持测杆单棱镜者移动位置，使棱镜位于 OB 方向上。

(6) 按"DIST"，进行测量，根据显示的 dHD 来指挥持棱镜者沿 OB 方向移动，若 dHD 为正，则向 O 点方向移动；反之，若 dHD 为负，则向远处移动，直至 dHD＝0 时，立棱镜点即为 B 点的平面位置。其所显示的 dZ 值即为立棱镜点处的填挖高度，正为挖，负为填。

(7) 按"NEXT"——反复（5）、（6）两步，放样下一个点 C。

2.1.6.5　TOPCON 全站仪与电脑的数据通信

1. 电脑中数据文件的上载

(1) 在电脑上用文本编辑软件（如 Windows 附件的"写字板"程序），输入点的坐标数据，格式为"点名，Y，X，H"；保存类型为"文本文档"。具体如图 2-5 所示。

(2) 用"写字板"程序打开文本格式坐标数据文件，并打开 T-COM 程序，将坐标数据文件复制到 T-COM 的编辑栏中。

(3) 用通信电缆将全站仪的"SIG"口与电脑的串口（如 COM1）相连，按 MENU——

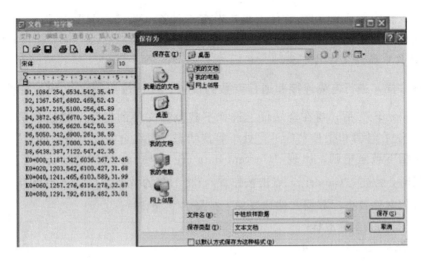

图 2.5 编辑上载的数据文件

MEMORY MGR.—DATA TRANSFER，进入数据传输，先在"COMM. PARAMETER"（通信参数）中分别设置"PROTOCOL"（议协）为"ACK/NAK"；"BAUD RATE"（波特率）"9600"；"CHAR./PARITY"（校检位）"8/NONE"；"STOPBITS"（停止位）"1"。

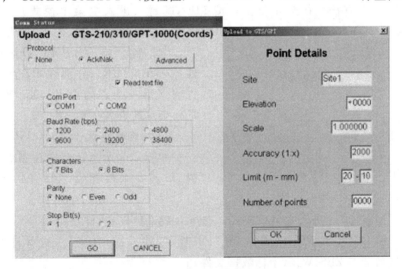

图 2.6 上载的数据文件

（4）点击按钮，出现"Current data are saved as：030624.pts"对话框时，点"OK"，出现如图 2.6 所示的通信参数设置对话框。按全站仪上的相同配置进行设置并选择"Read text file"后，点"GO"将刚保存的文件"030624.pts"打开，出现"Point Details"（点描述）对话框。

（5）回到全站仪主菜单"MENU"中的 MEMORY MGR.—DATA TRANSFER—LOAD DATA—COORD. DATA。用 INPUT 为上传的坐标数据文件输入一个文件名后，点"YES"使全站仪处于等待数据状态（Waiting Data），再在"Point Details"对话框中点"OK"。

注：可以直接在 T‐COM 软件编辑栏中按"点名，Y，X，H"的格式编辑待上载的坐标数据文件。

2. 全站仪中数据文件的下载

同上载一样，进行电缆连接和通信参数的设置。点击按钮 [图标]，设置通信参数并选择"Write text file"后，再在全站仪上选择下载数据文件的类型（测量数据文件或坐标数据文件）。先在计算机上按"GO"，处于等待状态，再在全站仪上按"确定"，即可将全站仪中的数据下载至电脑。出现"Current data are saved as 03062501. gt 6"及"是否转换"对话框时，点击"Cancel"。点击按钮 [图标]，将下载的数据文件取名后保存（保存时下载的测量数据文件及坐标数据文件均要加上扩展名".gt6"）。

2.1.6.6 批量点的坐标放样

1. 放样坐标数据文件的编辑及上载

可采用以下两种方法来实现：

（1）数据通信方法。按 TOPCON 全站仪与计算机的数据通信中"电脑中数据文件的上载（UPLOAD）"的方法将控制点及待放样点的坐标数据文件［如 ZBSJWJ（坐标数据文件）］上载至全站仪。

（2）坐标输入方法。在全站仪上，按 MENU 键（进入主菜单模式）—MEMORY MGR.（内存管理）—P↓（翻页）—COORD. INPUT（坐标输入）—INPUT［建立一个文件名，如 ZBSJWJ（坐标数据文件）］—ENTER—分别在 PT♯、N、E、Z 栏输入第一个点的点名、X、Y、H—输入下一个点的点名、X、Y、H。

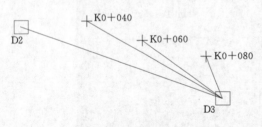

图 2.7 坐标放样示意图

2. 实地放样操作

如图 2.7 所示，要在控制点 D3 架仪后视 D2 点，来放样点 K0＋040、K0＋060、K0＋080 三点。

（1）按"MENU"，进入主菜单模式，选择 LAYOUT（放样）。

（2）在"SELECT A FILE"中，用"INPUT"输入或"LIST"选择计算机上载的坐标数据文件名［如 ZBSJWJ（坐标数据文件）］。

（3）在"OCC. PT INPUT"中用"INPUT"输入或"LIST"选择测站点的点号 D3，并输入 INS. HT（仪器高）。

（4）在"BACKSIGHT"中同样用"INPUT"输入或"LIST"选择后视点的点号 D2。

（5）瞄准后视点 D2，按"YES"。

（6）在"LAYOUT"中同样用"INPUT"输入或"LIST"选择待放样点号 K0＋040，并输入棱镜高，则计算出要仪器旋转的水平角值 HR 及平距 HD。

（7）按"ANGLE"（F1）。使用水平制动和水平微动螺旋，使显示的 dHR＝0°00′00″，即找到了 D3 至 K0＋040 连线方向，指挥持测杆单棱镜者移动位置，使棱镜位于 D3 至

K0＋040 连线方向上。

（8）按 "DIST"，进行测量，根据显示的 dHD 来指挥持棱镜者沿 D3 至 K0＋040 连线方向移动，若 dHD 为正，则向 D3 点方向移动；反之若 dHD 为负，则向远处移动，直至 dHD＝0 时，立棱镜点即为 K0＋040 点的平面位置。其所显示的 dZ 值即为立棱镜点处的填挖高度，正为挖，负为填。

（9）按 "NEXT"，放样下一点。放样操作菜单如图 2.8 所示。

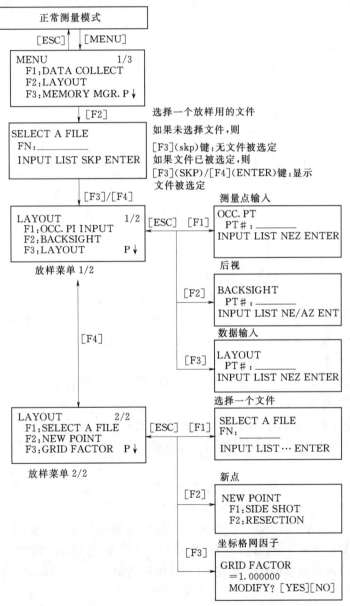

图 2.8 放样操作菜单

2.1.6.7 数据采集（略）

2.1.6.8 面积测量及单位换算

面积测量的按键顺序是：

（1）按 MENU——P1↓——程序（F1）——P↓（F4）——F1（面积）——F2（测量）——F2（不使用格网因子）或 F1（使用格网因子）。

（2）照准 1 号点的棱镜，按测量（F1），再照准 2 号点的棱镜，按测量（F1）……，当测量了 3 个点以上时，这些点所围成的面积就显示在屏幕上。如"100.00m.sq"，表示面积是 100.00m²。

（3）按单位（F3）——再按 F1 至 F4，可选择所测面积的单位。其中，m.sq 表示平方米，ha 表示公顷，ft.sq 表示平方英尺，acre 表示亩。

2.1.6.9 悬高测量

为了得到不能放置棱镜的目标点高度，只须将棱镜架设于目标点所在铅垂线上的任一点，然后测量出目标点高度 VD，如图 2.9 所示。悬高测量可以采用"输入棱镜高"和"不输入棱镜高"两种方法。

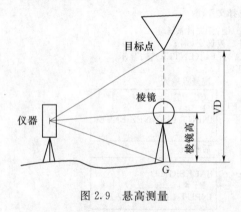

图 2.9 悬高测量

1. 输入棱镜高

（1）按 MENU——P1↓——F1（程序）——F1（悬高测量）——F1（输入棱镜高），如 1.3m。

（2）照准棱镜，按测量（F1），显示仪器至棱镜间的平距 HD——SET（设置）。

（3）照准高处的目标点，仪器显示的 VD，即目标点的高度。

2. 不输入棱镜高

（1）按 MENU——P1↓——F1（程序）——F1（悬高测量）——F2（不输入棱镜高）。

（2）照准棱镜，按测量（F1），显示仪器至棱镜间的平距 HD——SET（设置）。

（3）照准地面点 G，按 SET（设置）

（4）照准高处的目标点，仪器显示的 VD，即目标点的高度。

2.1.6.10 对边测量

对边测量功能，即测量两个目标棱镜之间的水平距离（dHD）、斜距（dSD）、高差（dVD）和水平角（HR）。也可以调用坐标数据文件进行计算。对边测量 MLM 有两个功能，即

MLM－1（A－B，A－C）：即测量 A－B，A－C，A－D，…和 MLM－2（A－B，B－C）：即测量 A－B，B－C，C－D，…

以 MLM－1（A－B，A－C）为例，如图 2.10 所示，其按键顺序是：

（1）按 MENU——P1↓——程序（F1）——对边测量（F2）——不使用文件（F2）——F2（不使用格网因子）或 F1（使用格网因子）——MLM－1（A－B，A－C）（F1）。

（2）照准 A 点的棱镜，按测量（F1），显示仪器至 A 点的平距 HD——SET（设置）。

（3）照准 B 点的棱镜，按测量（F1），显示 A 与 B 点间的平距 dHD 和高差 dVD。

（4）照准 C 点的棱镜，按测量（F1），显示 A 与 C 点间的平距 dHD 和高差 dVD…按 ▲，可显示斜距。

2.1.6.11　后方交会法（全站仪自由设站）

全站仪后方交会法，即在任意位置安置全站仪，通过对几个已知点的观测，得到测站点的坐标。其分为距离后方交会（观测 2 个或更多的已知点）和角度后方交会（观测 3 个或更多的已知点）。

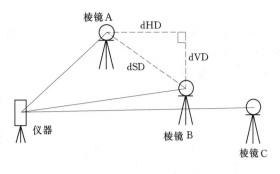

图 2.10　对边测量

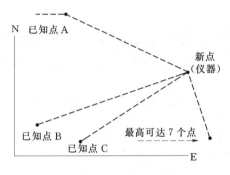

图 2.11　后方交会法

其按键步骤是：

（1）按 MENU——LAYOUT（放样）（F2）——SKIP（略过）——P ↓（翻页）（F4）——P ↓（翻页）（F4）——NEW POINT（新点）（F2）——RESEC-TION（后方交会法）（F2）。

（2）按 INPUT（F1），输入测站点的点号——ENT（回车）——INPUT（F1），输入测站的仪器高——ENT（回车）。

（3）按 NEZ（坐标）（F3），输入已知点 A 的坐标——INPUT（F1），输入点 A 的棱镜高。

（4）照准 A 点，按 F4（距离后方交会）或 F3（角度后方交会）。

（5）重复（3）、（4）两步，观测完所有已知点，按"CALA"（计算）（F4），显示标准差，再按"NEZ"（坐标）（F4），显示测站点的坐标。

学习任务 2.2　全球定位系统的认识

全球定位是采用空中定位卫星、地面控制站、接收装置来确定地面点的三维坐标测量系统。由于具有定位精度高、观测距离长、用途广、操作简便、可全天候测量三维坐标的优点，其各项技术已经广泛应用于导航、城市智能交通管理、工程机械控制、测量、通信等社会各个行业。

目前，存在 GPS 和 GLONASS 两个全球定位系统，GPS 由美国兴建并维护，GLO-NASS 由前苏联兴建，俄罗斯维护。

2.2.1　GLONASS 系统

GLONASS 系统是前苏联在 20 世纪 80 年代初开始建设的卫星定位系统，由空间部分、地面控制部分、用户设备部分 3 部分组成，现由俄罗斯管理。俄罗斯对 GLONASS 系统采取了军民合用、不加密的开放政策。

GLONASS 系统由 24 颗卫星组成，均匀分布在 3 个近圆形的轨道平面上，每个轨道面 8 颗卫星。GLONASS 系统从理论上有 24 颗卫星，但由于俄罗斯政府资金紧张，目前实际上只有 1/3。GLONASS 系统单点定位水平方向精度为 16m，垂直方向精度为 25m。

2.2.2　GPS 系统

1. GPS 的发展

在第二次世界大战以前，美国采用波长 26km 的长波信号，用 8 个发射器把信号覆盖了全球。因信号波长大，定位精度受到很大影响，精度只有 6km。

从 20 世纪 60 年代开始，美国不断试验并改进卫星无线电导航系统，到 1995 年 7 月，由 24 颗卫星组成的 GPS 系统全部完成。

随着接收系统的成本降低，GPS 应用逐渐扩展到民间。短短几年时间，GPS 在我国的应用取得迅速发展，已从少数科研单位和军事部门迅速扩展到各个民用领域。GPS 的广泛应用改变了人们的工作方式，提高了工作效率，带来了巨大的经济效益。

2. GPS 的组成

GPS 系统包括三部分：空间部分、地面控制部分、用户设备部分。空间部分是指 GPS 卫星；地面控制部分是指地面监控系统；用户设备部分是指 GPS 信号接收机。如图 2.12 所示。

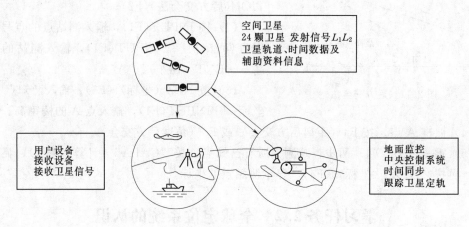

图 2.12　GPS 系统

（1）GPS 卫星。GPS 卫星由 21 颗工作卫星和 3 颗备用卫星组成，称为（21＋3GPS）星座。24 颗卫星均匀分布在 6 个轨道平面内，各个轨道平面之间夹角为 60°。地球自转一周，GPS 卫星绕地球运行两周。在同一时间内，观测者最少可见到 4 颗，最多可见到 11 颗 GPS 卫星。

（2）地面监控系统。卫星上的各种设备是否工作正常，是否沿预定轨道运行，都要由地面设备进行监测和控制。地面监控系统的另一个重要作用是保持各颗卫星处于同一时间标准——GPS 时间系统，这需要地面站监测各颗卫星的时间，求出钟差，然后由地面站发给卫星，卫星再发给用户设备。GPS 地面监控系统由 1 个主控站、3 个注入站和 5 个监测站组成。

（3）GPS 信号接收机。GPS 信号接收机是接收卫星信号的设备，并跟踪这些卫星的运行，对接收到的 GPS 信号进行处理，实时地计算出测站的三维坐标。

GPS 接收机的结构分为天线单元和接收单元两大部分，两个单元一般分成两个独立的部件。观测时将天线单元安置在测站上，接收单元置于测站旁边，两者用电缆连接，也有天线单元和接收单元一体的接收机。

GPS 接收机一般用蓄电池做电源，同时采用机内、机外两种直流电源。GPS 的精度可分为标准定位精度（SPS）及精密定位精度（PPS）两种。

1）标准定位精度（SPS）。使用 C/A 码来定位观测，精度可达 30m 左右，用差分定位技术校正后，精度可到 2～5m，甚至可达到次米级单位的程度。

2）精密定位精度（PPS）。要达到 PPS 的精密定位精度，必须使用 P（Y）码。PPS 在水平方向精度可达到 15m，垂直方向精度可达 25m。由于 P（Y）码很难得到，目前要做精确定位观测，大多数采用 C/A 码配合 DGPS 使用。DGPS 即差分 GPS 技术，将一台 GPS 接收机安置在已知精密坐标的基准站上进行观测，计算出基准站到卫星的距离改正数，并由基准站实时将这一数据发送出去。用户接收机在进行 GPS 观测的同时，也接收到基准站发出的改正数，并对定位结果进行改正，从而提高定位精度。

目前，用于精密相对定位的 GPS 测地型接收机，双频接收机精度可达 ±（5mm+1× $10^{-6}D$），单频接收机在一定距离内精度可达 ±（10mm+2× $10^{-6}D$）。随着科学技术的发展，GPS 接收机的体积将越来越小，重量越来越轻。

3. GPS 的工作原理

GPS 利用基本三角定位原理进行定位，GPS 接收装置通过测量无线电信号的传输时间来量测距离，来判定卫星在太空中的位置。要精确地确定点位，接收机应至少接收到 4 颗卫星的信号。

目前，GPS 测量中所使用的协议地球坐标系统为 WGS84 世界大地坐标系。它的原点为地球质心，Z 轴指向 BIH1984.0 定义的协议地球极方向，X 轴指向 BIH1984.0 定义的协议零子午面和赤道的交点，由 X 轴、Y 轴、Z 轴构成右手坐标系。它与我国的国家大地坐标系（C80）不同，使用时需要转换。

4. GPS 的局限性

GPS 接收机必须依赖于接收到的卫星信号，可见天空越广阔，接收机收到的卫星信号就越多，定位就越准确。

对 GPS 通信信号影响最大的是物体的遮挡，金属实体、液态水、木头、树冠等 GPS 信号的影响都很大。因此，在使用 GPS 时应尽最大可能避免以上情况的发生。

2.2.3　GPS 卫星定位原理

测量学中有测距交会确定点位的方法。与其相似，无线电导航定位系统、卫星激光测距定位系统，其定位原理也是利用测距交会的原理确定点位。

GPS 卫星发射测距信号和导航电文，导航电文中含有卫星的位置信息。用户用 GPS 接收机在某一时刻同时接收 3 颗以上的 GPS 卫星信号，测量出测站点（接收机天线中心）P 至 3 颗以上 GPS 卫星的距离并解算出时刻 GPS 卫星的空间坐标，利用距离交会法解算出测站 P 的位置。

在 GPS 定位中，GPS 卫星是高速运动的卫星，其坐标随时间在快速变化着。需要实时的由 GPS 卫星信号测量出测站至卫星之间的距离，实时的由卫星的导航电文解算出卫星的坐标值，并进行测站点的定位。依据测距的原理，其定位原理与方法主要有位距法定位，载波相位测量定位以及差分 GPS 定位等。

1. 根据定位所采用的观测值

（1）位距定位。位距定位所采用的观测值为 GPS 伪距观测值，所采用的伪距观测值既可以是 C/A 码伪距，也可以是 P 码伪距。伪距定位的优点是数据处理简单，对定位条件的要求低，不存在整周模糊度的问题，可以非常容易地实现实时定位；其缺点是观测值精度低，C/A 码伪距观测值的精度一般为 3m，而 P 码伪距观测值的精度一般也在 30cm 左右，从而导致定位成果精度低。

（2）载波相位定位。载波相位定位所采用的观测值为 GPS 的载波相位观测值，即 L1、L2 或它们的某种线性组合。载波相位定位的优点是观测值的精度高，一般优于 2mm；其缺点是数据处理过程复杂，存在整周模糊度的问题。

2. 根据定位的模式

（1）绝对定位。绝对定位又称为单点定位，即利用 GPS 卫星和用户接收机之间的距离观测值直接确定用户接收机天线在 WGS−84 坐标系中相对于坐标系原点——地球质心的绝对位置。这是一种采用一台接收机进行定位的模式，如图 2.13 所示，它所确定的是接收机天线的绝对坐标。这种定位模式的特点是作业方式简单，可以单机作业。绝对定位一般用于导航和精度要求不高的应用中。

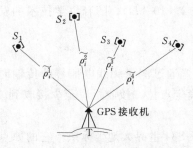

图 2.13　GPS 信号接收机

（2）相对定位。相对定位又称为差分定位，这种定位模式采用两台以上的接收机，同时对一组相同的卫星进行观测，以确定接收机天线间的相互位置关系。它是目前 GPS 定位中精度最高的一种定位方法。

GPS 定位的方法是多种多样的，用户可以根据不同的用途采用不同的定位方法。

2.2.4　GPS 控制网的设计

2.2.4.1　总述

一个完整的技术设计，主要应包含如下内容。

1. 项目来源

项目来源介绍项目的来源、性质。即项目由何单位、部门下达、发包，属于何种性质的项目等。

2. 测区概况

测区概况介绍测区的地理位置、气候、人文、经济发展状况、交通条件、通信条件等。这可为今后工程施测工作的开展提供必要的信息。如在施测时作业时间、交通工具的安排，电力设备使用，通信设备的使用等。

3. 工程概况

工程概况介绍工程的目的、作用、要求、GPS 网等级（精度）、完成时间、有无特殊要求等在进行技术设计、实际作业和数据处理中所必须要了解的信息。

4. 技术依据

技术依据介绍工程所依据的测量规范、工程规范、行业标准及相关的技术要求等。

5. 现有测绘成果

现有测绘成果介绍测区内及与测区相关地区的现有测绘成果的情况。如已知点、测区地形图等。

6. 施测方案

施测方案介绍测量采用的仪器设备的种类、采取的布网方法等。

7. 作业要求

作业要求规定选点埋石要求、外业观测时的具体操作规程、技术要求等，包括仪器参数的设置（如采样率、截止高度角等）、对中精度、整平精度、天线高的量测方法及精度要求等。

8. 观测质量控制

观测质量控制介绍外业观测的质量要求，包括质量控制方法及各项限差要求等。如数据删除率、RMS 值、RATIO 值、同步环闭合差、异步环闭合差、相邻点相对中误差、点位中误差等。

9. 数据处理方案

（1）详细的数据处理方案包括基线解算和网平差处理所采用的软件和处理方法等内容。

（2）对于基线解算的数据处理方案，应包含如下内容：基线解算软件、参与解算的观测值、解算时所使用的卫星星历类型等。

（3）对于网平差的数据处理方案，应包含如下内容：网平差处理软件、网平差类型、网平差时的坐标系、基准及投影、起算数据的选取等。

10. 提交成果要求

提交成果要求规定提交成果的类型及形式，若国家技术质量监督总局或行业发布新的技术设计规定，应据之编写。

2.2.4.2　GPS 基线向量网的等级

根据我国 1992 年所颁布的全球定位系统测量规范，GPS 基线向量网被分成了 A、B、C、D、E 五个级别。下面是我国全球定位系统测量规范中有关 GPS 网等级的有关内容。

GPS 网的精度指标通常是以网中相邻点之间的距离误差来表示的，其具体形式为：

$$\sigma = \sqrt{a^2 + (bD)^2}$$

式中　σ——网中相邻点间的距离中误差，mm；

　　　a——固定误差，mm；

　　　b——比例误差，ppm；

　　　D——相邻点间的距离，km。

表 2.8　　　不同等级 GPS 网的精度要求

测量分类	固定误差 a（mm）	比例误差 b（ppm）	相邻点距离（km）
A	≤5	≤0.1	100～2000
B	≤8	≤1	15～250
C	≤10	≤5	5～40
D	≤10	≤10	2～15
E	≤10	≤20	1～10

对于不同等级的 GPS 网的精度要求见表 2.8。

A 级网一般为区域或国家框架网、区域动力学网；B 级网为国家大地控制网或地方框架网；C 级网为地方控制网和工程控制网；D 级网为工程控制网；E 级网为测图网。

美国联邦大地测量分管委员会（FederalGeodetic Control Subcommittee，FGCS）在 1988 年公布的 GPS 相对定位的精度标准中有一个 AA 级的等级，此等级的网一般为全球性的坐标框架。

2.2.4.3　GPS 基线向量网的布网形式

GPS 网常用的布网形式有以下几种：

（1）跟踪站式。

（2）会战式。

（3）多基准站式（枢纽点式）。

（4）同步图形扩展式。

（5）单基准站式。

1. 跟踪站式

（1）布网形式。若干台接收机长期固定安放在测站上，进行常年、不间断的观测，即一年观测 365 天，一天观测 24h，这种观测方式很像是跟踪站，因此，这种布网形式被称为跟踪站式。

（2）特点。接收机在各个测站上进行了不间断地连续观测，观测时间长、数据量大，而且在处理采用这种方式所采集的数据时，一般采用精密星历，因此，采用此种形式布设的 GPS 网具有很高的精度和框架基准特性。

每个跟踪站为保证连续观测，一般需要建立专门的永久性建筑即跟踪站，用以安置仪器设备，这使得这种布网形式的观测成本很高。

此种布网形式一般用于建立 GPS 跟踪站（AA 级网），对于普通用途的 GPS 网，由于此种布网形式观测时间长、成本高，故一般不被采用。

2. 会战式

（1）布网形式。在布设 GPS 网时，一次组织多台 GPS 接收机，集中在一段不太长的时间内，共同作业。在作业时，所有接收机在若干天的时间里分别在同一批点上进行多天、长时段的同步观测，在完成一批点的测量后，所有接收机又都迁移到另外一批点上进行相同方式的观测，直至所有的点观测完毕，这就是所谓的会战式的布网。

（2）特点。所布设的 GPS 网，因为各基线均进行过较长时间、多时段的观测，因而具有特高的尺度精度。此种布网方式一般用于布设 A、B 级网。

3. 多基准站式

（1）布网形式。若干台接收机在一段时间里长期固定在某几个点上进行长时间的观测，这些测站称为基准站，在基准站进行观测的同时，另外一些接收机则在这些基准站周围相互之间进行同步观测，如图 2.14 所示。

（2）特点。所布设的 GPS 网由于在各个基准站之间进行了长时间的观测，因此，可以获得较高精度的定位结果，这些高精度的基线向量可以作为整个 GPS 网的骨架，具较强的图形结构。

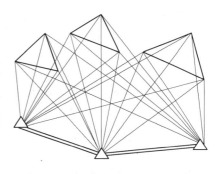

图 2.14　多基准站式布网形式

4. 同步图形扩展式

（1）布网形式。多台接收机在不同测站上进行同步观测，在完成一个时段的同步观测后，又迁移到其他的测站上进行同步观测，每次同步观测都可以形成一个同步图形，在测量过程中，不同的同步图形间一般有若干个公共点相连，整个 GPS 网由这些同步图形构成。

（2）特点。具有扩展速度快，图形强度较高，且作业方法简单的优点。同步图形扩展式是布设 GPS 网时最常用的一种布网形式。

5. 单基准站式

（1）布网形式。又称作星形网方式，它是以一台接收机作为基准站，在某个测站上连续开机观测，其余的接收机在此基准站观测期间，在其周围流动，每到一点就进行观测，流动的接收机之间一般不要求同步，这样，流动的接收机每观测一个时段，就与基准站间测得一条同步观测基线，所有这样测得的同步基线就形成了一个以基准站为中心的星形。流动的接收机有时也称为流动站，如图 2.15 所示。

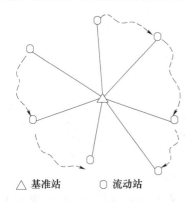

△ 基准站　　○ 流动站

图 2.15　单基准站式布网形式

（2）特点。单基准站式的布网方式的效率很高，但是由于各流动站一般只与基准站之间有同步观测基线，故图形强度很弱，为提高图形强度，一般需要每个测站至少进行两次观测。

2.2.4.4　布设 GPS 基线向量网时的设计指标

在布设 GPS 网时，除了遵循一定的设计原则外，还需要一些定量的指标来指导工作。在进行 GPS 网的设计时经常需要采用效率指标、可靠性指标和精度指标等。

1. 效率指标

在进行 GPS 网的设计时，经常采用效率指标来衡量某种网设计方案的效率，以及在采用某种布网方案作业时所需要的作业时间、消耗等。

在布设一个 GPS 网时，在点数、接收机数和平均重复设站次数确定后，则完成该网测设所需的理论最少观测期数（同步观测的时段数）就可以确定。但是，当按照某个具体的布网方式和观测作业方式进行作业时，要按要求完成整网的测设，所需的观测期数与理论上的最少观测期数会有所差异，理论最少观测期数与设计的观测期数的比值，称之为效率指标（e），即

$$e = \frac{s_{\min}}{s_d}$$

$$s_{\min} = \text{INT}\left(\frac{Rn}{m}\right)$$

式中　　$s_{\min}$——理论最少观测期数；

　　　　R——平均重复设站次数；m 为接收机数；n 为 GPS 网的点数；

　INT（　）——凑整函数，$\text{INT}(x) \geqslant x$；

　　　　s_d——设计观测期数。

效率指标可用来衡量 GPS 网设计的效率。

2. 可靠性指标

GPS 网可靠性，可以分为内可靠性和外可靠性。所谓 GPS 网的内可靠性就是指所布设的 GPS 网发现粗差的能力，即可发现的最小粗差的大小；所谓 GPS 网的外可靠性就是指 GPS 网抵御粗差的能力，即未剔除的粗差对 GPS 网所造成的不良影响的大小。由于内可靠性和外可靠性指标在计算上过于繁琐，因此，在实际的 GPS 网的设计中采用一个计算较为简单的反映 GPS 网可靠性的数量指标，该指标就是整网的多余独立基线数与总的独立基线数的比值，称为整网的平均可靠性指标（η），即

$$\eta = \frac{l_r}{l_t}$$

$$l_r = l_t - l_n$$

$$l_t = s(m-1)$$

式中　　l_r——多余的独立基线数；

　　　　l_t——总的独立基线数；

　　　　l_n——必要的独立基线数，$l_n = n-1$；

　　　　s——观测期数；

　　　　m——同步观测接收机的台数。

3. 精度指标

当 GPS 网布网方式和观测作业方式确定后，GPS 网的网形就确定了，根据已确定的 GPS 网的网形，可以得到 GPS 网的设计矩阵 $\boldsymbol{B}$，从而可以得到 GPS 网的协因数阵 $\boldsymbol{Q} = (\boldsymbol{B}^{\text{T}}\boldsymbol{P}\boldsymbol{B})$，在 GPS 网的设计阶段可以采用 $tr(\boldsymbol{Q})$ 作为衡量 GPS 网精度的指标。

该指标可通过相关软件（如武汉大学测绘学院开发的 COSA 软件）计算得到。

2.2.4.5　GPS 网的设计准则

GPS 网设计的出发点是在保证质量的前提下，尽可能地提高效率，努力降低成本。因此，在进行 GPS 的设计和测量时，既不能脱离实际的应用需求，盲目地追求不必要的高精度和高可靠性；也不能为追求高效率和低成本，而放弃对质量的要求。

1. 选点

（1）为保证对卫星的连续跟踪观测和卫星信号的质量，要求测站上空应尽可能的开阔，在 $10° \sim 15°$ 高度角以上不能有成片的障碍物。

（2）为减少各种电磁波对 GPS 卫星信号的干扰，在测站周围约 200m 的范围内不能

有强电磁波干扰源，如大功率无线电发射设施、高压输电线等。

（3）为避免或减少多路径效应的发生，测站应远离对电磁波信号反射强烈的地形、地物，如高层建筑、成片水域等。

（4）为便于观测作业和今后的应用，测站应选在交通便利，上点方便的地方。

（5）测站应选择在易于保存的地方。

2. 提高 GPS 网可靠性的方法

（1）增加观测期数（增加独立基线数）。在布设 GPS 网时，适当增加观测期数（时段数）对于提高 GPS 网的可靠性非常有效。因为随着观测期数的增加，所测得的独立基线数就会增加，而独立基线数的增加，对网的可靠性的提高是非常有益的。

（2）保证一定的重复设站次数。保证一定的重复设站次数可确保 GPS 网的可靠性。一方面，通过在同一测站上的多次观测，可有效地发现设站、对中、整平、量测天线高等人为错误；另一方面，重复设站次数的增加也意味着观测期数的增加。不过，需要注意的是，当同一台接收机在同一测站上连续进行多个时段的观测时，各个时段间必须重新安置仪器，以更好地消除各种人为操作误差和错误。

（3）保证每个测站至少与 3 条以上的独立基线相连，这样可以使得测站具有较高的可靠性。

在布设 GPS 网时，各个点的可靠性与点位无直接关系，而与该点上所连接的基线数有关，点上所连接的基线数越多，点的可靠性则越高。

（4）在布网时要使网中所有最小异步环的边数不大于 6 条。在布设 GPS 网时，检查 GPS 观测值（基线向量）质量的最佳方法是异步环闭合差，而随着组成异步环的基线向量数的增加，其检验质量的能力将逐渐下降。

3. 提高 GPS 网精度的方法

（1）为保证 GPS 网中各相邻点具有较高的相对精度，对网中距离较近的点一定要进行同步观测，以获得它们间的直接观测基线。

（2）为提高整个 GPS 网的精度，可以在全面网之上布设框架网，以框架网作为整个 GPS 网的骨架。

（3）在布网时要使网中所有最小异步环的边数不大于 6 条。

（4）在布设 GPS 网时，引入高精度激光测距边，作为观测值与 GPS 观测值（基线向量）一同进行联合平差，或将它们作为起算边长。

（5）若要采用高程拟合的方法，测定网中各点的正常高/正高，则需在布网时，选定一定数量的水准点，水准点的数量应尽可能地多，且应在网中均匀分布，还要保证有部分点分布在网中的四周，将整个网包含在其中。

（6）为提高 GPS 网的尺度精度，可采用如下方法：增设长时间、多时段的基线向量。

4. 布设 GPS 网时起算点的选取与分布

若要求所布设的 GPS 网的成果与旧成果吻合最好，则起算点数量越多越好，若不要求所布设的 GPS 网的成果完全与旧成果吻合，则一般可选 3～5 个起算点，这样既可以保证新老坐标成果的一致性，也可以保持 GPS 网的原有精度。

为保证整网的点位精度均匀，起算点一般应均匀地分布在 GPS 网的周围，要避免所有的起算点分布在网中一侧的情况。

5. 布设GPS网时起算边长的选取与分布

在布设GPS网时，可以采用高精度激光测距边作为起算边长，激光测距边的数量可在3～5条左右，可设置在GPS网中的任意位置，但激光测距边两端点的高差不应过分悬殊。

6. 布设GPS网时起算方位的选取与分布

在布设GPS网时，可以引入起算方位，但起算方位不宜太多，起算方位可布设在GPS网中的任意位置。

2.2.5 GPS外业观测

2.2.5.1 GPS外业观测的作业方式

同步图形扩展式的作业方式具有作业效率高，图形强度好的特点，是目前在GPS测量中普遍采用的一种布网形式，在此主要介绍该布网方式的作业方式。

采用同步图形扩展式布设GPS基线向量网时的观测作业方式主要以下几种式：点连式、边连式、网连式、混连式。

1. 点连式

(1) 观测作业方式。在观测作业时，相邻的同步图形间只通过1个公共点相连。这

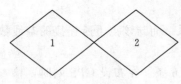

图2.16 点连式观测作业方式

样，当有m台仪器共同作业时，每观测一个时段，就可以测得$m-1$个新点，当这些仪器观测观测了s个时段后，就可以测得$1+s(m-1)$个点。点连式观测作业方式如图2.16所示。

(2) 特点。作业效率高，图形扩展迅速；它的缺点是图形强度低，如果连接点发生问题，将影响到后面的同步图形。

2. 边连式

(1) 观测作业方式。在观测作业时，相邻的同步图形间有1条边（即两个公共点）相连。这样，当有m台仪器共同同作业时，每观测一个时段，就可以测得$m-2$个新点，当这些仪器观测观测了s个时段后，就可以测得$2+s(m-2)$个点。边连式观测作业方式如图2.17所示。

图2.17 边连式观测
作业方式

(2) 特点。具有较好的图形强度和较高的作业效率。

3. 网连式

(1) 观测作业方式。在作业时，相邻的同步图形间有3个（含3个）以上的公共点相连。这样，当有m台仪器共同作业时，每观测一个时段，就可以测得$m-k$个新点，当这些仪器观测了s个时段后，就可以测得$k+s(m-k)$个点。网连式观测作业方式如图2.18所示。

(2) 特点。所测设的GPS网具有很强的图形强度，但网连式观测作业方式的作业效率很低。

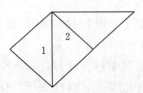

图2.18 网连式观测
作业方式

4. 混连式

(1) 观测作业方式。在实际的GPS作业中，一般并不是单独采用上面所介绍的某一种观测作业模式，而是根据具体情况，

有选择地灵活采用这几种方式作业,这样一种种观测作业方式就是所谓的混连式。

(2)特点。实际作业中最常用的作业方式,它实际上是点连式、边连式和网连式的一个结合体。

2.2.5.2　外业 GPS 调度与观测记录

1.调度计划

为保证 GPS 外业观测作业的顺利进行,保障精度,提高效率,应在进行 GPS 外业观测之前,就编制好调度计划。

GPS 定位的精度与卫星的几何分布密切相关。从 GPS 可见性预报图表中可以了解卫星的分布状况。通常利用厂家提供的商用软件,根据由软件得出的计划外业日期的预报星历和测区的概略坐标得到;对于特殊的工程可从 IGS 网站中获取预报星历。预报图表(图 10.8)主要内容包括可见的卫星星号,卫星高度角,方位角及空间位置精度因子 PDOP 和几何精度因子 GDOP 等。表 2.9 为 2006 年 4 月 26 日 8:00~13:00 的星历预报,截止高度角取 15°,所用软件为 LEICA Satelite Availability。

表 2.9　　　　　　　　　　　　　　　　星历预报表

Time	Sats.	PDOP	GDOP	Satellite Nos
08.00	5	1.53	8.06	2　4 17 24 28
08.10	5	1.51	7.66	2　4 17 24 28
08.20	5	1.49	6.84	2　4 17 24 28
08.30	6	1.31	4.77	2　4 10 17 24 28
08.40	7	1.18	2.73	2　4　5 10 17 24 28
08.50	7	1.18	2.80	2　4　5 10 17 24 28
09.00	7	1.24	2.73	2　4　5 10 13 17 24
09.10	7	1.25	2.97	2　4　5 10 13 17 24
09.20	7	1.25	3.19	2　4　5 10 13 17 24
09.30	7	1.26	3.34	2　4　5 10 13 17 24
09.40	7	1.27	3.37	2　4　5 10 13 17 24
09.50	6	1.33	3.60	2　4　5 10 13 17
10.00	7	1.22	2.44	2　4　5 10 13 17 30
10.10	6	1.36	2.61	2　4　5 10 17 30
10.20	6	1.37	2.53	2　4　5 10 17 30
10.30	7	1.16	2.39	2　4　5 10 17 29 30
10.40	6	1.29	2.70	2　4　5 10 29 30
10.50	7	1.15	2.62	2　4　5 10 26 29 30
11.00	7	1.15	2.73	2　4　5 10 26 29 30
11.10	8	1.07	2.36	2　4　5　6 10 26 29 30
11.20	8	1.07	2.49	2　4　5　6 10 26 29 30
11.30	8	1.07	2.51	2　4　5　6 10 26 29 30
11.40	8	1.08	2.43	2　4　5　6 10 26 29 30
11.50	8	1.09	2.28	2　4　5　6 10 26 29 30
12.00	8	1.11	2.13	2　4　5　6 10 26 29 30
12.10	6	1.32	3.43	2　6 10 26 29 30
12.20	5	1.60	6.64	2　6 10 26 29
12.30	5	1.64	6.10	2　6 10 26 29
12.40	5	1.69	5.33	2　6 10 26 29
12.50	6	1.60	2.59	2　6 10 18 26 29
13.00	7	1.38	2.30	2　6 10 18 21 26 29

1）星历预报表。

2）星历预报图（图2.19）。

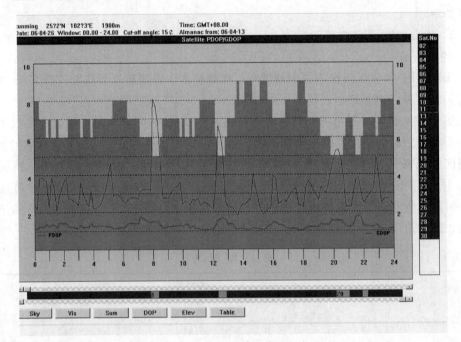

图2.19 预报星历分析图

由图2.19可知，在8：00～8：40间预报的GDOP值偏高，在调度中一定要加以考虑，避开观测效果不佳的时段。

2．外业调度

按照技术设计与实地踏勘所得结果，对需测GPS点分布的情况，交通路线等因素加以综合考虑，顾及星历预报，制定合理的外业调度计划。

根据测量规范，确定观测段数及每时段观测时间，在保证结果精度的基础上，尽量提高作业效率。

3．观测作业

目前接收机的自动化程度较高，操作人员只需作好以下工作即可：

（1）各测站的观测员应按计划规定的时间作业，确保同步观测。

（2）确保接收机存储器（目前常用CF卡）有足够存储空间。

（3）开始观测后，正确输入高度角，天线高及天线高量取方式。

（4）观测过程中应注意查看测站信息、接收到的卫星数量、卫星号、各通道信噪比、相位测量残差、实时定位的结果及其变化和存储介质记录等情况。一般来讲，主要注意DOP值的变化，如DOP值偏高（GDOP一般不应高于6），应及时与其他测站观测员取得联系，适当延长观测时间。

（5）同一观测时段中，接收机不得关闭或重启；将每测段信息如实记录在GPS测量手簿上。

（6）进行长距离高等级 GPS 测量时，要将气象元素、空气湿度等如实记录，每隔 1 小时或两小时记录一次。

4. GPS 外业观测记录手簿

（1）AA、A 与 B 级测量手簿记录格式见表 2.10。

表 2.10　　　　　　　　AA、A 与 B 级测量手簿记录格式

点　号		点　名		图幅编号	
观测记录员		日期段号		观测日期	
接收机名称及编号		天线类型及其编号		存储介质编号数据文件名	
温度计类型及编号		气压计类型及其编号		备份存储介质编号	
近似纬度	°　′　″N	近似经度	°　′　″E	近似高程	m
采样间隔	s	开始记录时间	h　min	结束记录时间	h　min
天线高测定		天线高测定方法及略图		点位略图	
测前：　　　测后： 测定值＿＿＿＿＿＿＿＿m 修正值＿＿＿＿＿＿＿＿m 天线高＿＿＿＿＿＿＿＿m 平均值＿＿＿＿＿＿＿＿m					
记 事					

气象元素及天气情况

时间（UTC）	气压（mbar）	干温（℃）	湿度（℃）	天气情况

测站跟踪作业记录

时间（UTC）	跟踪卫星号（PRN）及信噪比	纬度 （°　′　″）	经度 （°　′　″）	大地高 （m）	PDOP

注　气象元素各栏内应记录气象仪器读数和相对应的修正值。

（2）C、D、E 级测量手簿记录格式见表 2.11。

表 2.11　　　　　　　　　　　**C、D、E 级测量手簿记录格式**

点　号		点　名		图幅编号	
观测记录员		日期段号		观测日期	
接收机名称及编号		天线类型及其编号		存储介质编号数据文件名	
温度计类型及编号		气压计类型及编号		备份存储介质编号	
近似纬度	°　′　″N	近似经度	°　′　″E	近似高程	m
采样间隔	s	开始记录时间	h　min	结束记录时间	h　min

天线高测定	天线高测定方法及略图	点位略图
测前：　　　　测后： 测定值_____ _____ m 修正值_____ _____ m 天线高_____ _____ m 平均值_____ _____ m		

时间（UTC）	跟踪卫星号（PRN）及信噪比	纬度 （°　′　″）	经度 （°　′　″）	大地高 （m）	PDOP

记事	

（3）快速静态定位参考站测量手簿记录格式见表 2.12。

表 2.12　　　　　　　　　　**快速静态定位参考站测量手簿记录格式**

点　号		点　名		图幅编号	
观测记录员		观测日期		观测单元号	
接收机名称及编号		天线类型及其编号		时段号数据文件名	
采样间隔		开始记录时间	h　min	结束记录时间	h　min

天线高测定	天线高测定方法及略图	点位略图
测前：　　　　测后： 测定值_____ _____ m 修正值_____ _____ m 天线高_____ _____ m 平均值_____ _____ m		

时间（UTC）	跟踪卫星号（PRN）及信噪比	纬度 （°　′　″）	经度 （°　′　″）	大地高 （m）	PDOP

记事	

（4）快速静态定位流动站测量手簿记录格式见表 2.13。

表 2.13　　　　　　　　快速静态定位流动站测量手簿记录格式

参考站名		参考站号			观测单元号		
流动站名		流动站号			观测值		
时段号 数据文件名		接收机名称 及编号			天线类型 及编号		
采样间隔		开始记录时间	h	min	结束记录时间	h	min

天线高测定	天线高测定方法及略图	点位略图
测前：　　　　　测后： 测定值＿＿＿＿　＿＿＿＿ m 修正值＿＿＿＿　＿＿＿＿ m 天线高＿＿＿＿　＿＿＿＿ m 平均值＿＿＿＿　＿＿＿＿ m		

时间（UTC）	跟踪卫星号（PRN）及信噪比	纬度 (° ′ ″)	经度 (° ′ ″)	大地高 (m)	PDOP

记事	

2.2.6　GPS 数据处理

2.2.6.1　基线解算

1. 观测值的处理

GPS 基线向量表示了各测站间的一种位置关系，即测站与测站间的坐标增量。GPS 基线向量与常规测量中的基线是有区别的，常规测量中的基线只有长度属性，而 GPS 基线向量则具有长度、水平方位和垂直方位等 3 项属性。GPS 基线向量是 GPS 同步观测的直接结果，也是进行 GPS 网平差，获取最终点位的观测值。

若在某一历元中，对 k 颗卫星数进行了同步观测，则可以得到 $k-1$ 个双差观测值；若在整个同步观测时段内同步观测卫星的总数为 l，则整周未知数的数量为 $l-1$。

在进行基线解算时，电离层延迟和对流层延迟一般并不作为未知参数，而是通过模型改正或差分处理等方法将它们消除。因此，基线解算时一般只有两类参数，一类是测站的坐标参数 $\underset{3,1}{X_C}$，数量为 3；另一类是整周未知数参数 $\underset{m-1,1}{X_N}$（m 为同步观测的卫星数），数量为 $m-1$。

2. 基线解算

基线解算的过程实际上主要是一个平差的过程，平差所采用的观测值主要是双差观测值。在基线解算时，平差要分 3 个阶段进行，第一阶段进行初始平差，解算出整周未知数参数的和基线向量的实数解（浮动解）；在第二阶段，将整周未知数固定成整数；在第三阶段，将确定了的整周未知数作为已知值，仅将待定的测站坐标作为未知参数，再次进行平差解算，解求出基线向量的最终解－整数解（固定解）。

（1）初始平差。根据双差观测值的观测方程（需要进行线性化），组成误差方程后，然后组成法方程后，求解待定的未知参数其精度信息，其结果为：

待定参数 $$\hat{X}=\begin{bmatrix} \hat{X}_C \\ \hat{X}_N \end{bmatrix}$$

待定参数的协因数阵 $$Q=\begin{bmatrix} Q_{\hat{X}_C \hat{X}_C} & Q_{\hat{X}_C \hat{X}_N} \\ Q_{\hat{X}_N \hat{X}_C} & Q_{\hat{X}_N \hat{X}_N} \end{bmatrix}$$

单位权中误差为$\hat{\sigma}_0$。

通过初始平差，所解算出的整周未知数参数 X_N 本应为整数，但由于观测值误差、随机模型和函数模型不完善等原因，使得其结果为实数，因此，此时与实数的整周未知数参数对应的基线解被称作基线向量的实数解或浮动解。

为了获得较好的基线解算结果，必须准确地确定出整周未知数的整数值。

（2）整周未知数的确定。此处不再详述。

（3）确定基线向量的固定解。当确定了整周未知数的整数值后，与之相对应的基线向量就是基线向量的整数解。

2.2.6.2 基线解算的分类

1. 单基线解算

（1）定义。当有 m 台 GPS 接收机进行了一个时段的同步观测后，每两台接收机之间就可以形成一条基线向量，共有 $m(m-1)/2$ 条同步观测基线，其中可以选出相互独立的 $m-1$ 条同步观测基线，至于这 $m-1$ 条独立基线如何选取，只要保证所选的 $m-1$ 条独立基线不构成闭合环即可。这也是说，凡是构成了闭合环的同步基线是函数相关的，同步观测所获得的独立基线虽然不具有函数相关的特性，但它们却是误差相关的，实际上所有的同步观测基线间都是误差相关的。所谓单基线解算，就是在基线解算时不顾及同步观测基线间的误差相关性，对每条基线单独进行解算。

（2）特点。单基线解算的算法简单，但由于其解算结果无法反映同步基线间的误差相关的特性，不利于后面的网平差处理，一般只用在较低级别 GPS 网的测量中。

2. 多基线解算

（1）定义。与单基线解算不同的是，多基线解算顾及了同步观测基线间的误差相关性，在基线解算时对所有同步观测的独立基线一并解算。

（2）特点。多基线解由于在基线解算时顾及了同步观测基线间的误差相关特性，因此，在理论上是严密的。

2.2.6.3 基线解算的质量控制

1. 质量控制指标

（1）单位权方差因子$\hat{\sigma}_0$的定义。

$$\hat{\sigma}_0 = \sqrt{\frac{V^{\mathrm{T}} P V}{f}}$$

式中　V——观测值的残差；

　　　P——观测值的权。

（2）单位权方差因子$\hat{\sigma}_0$的实质。单位权方差因子又称为参考因子。

2. 数据删除率

（1）定义。在基线解算时，如果观测值的改正数大于某一个阈值时，则认为该观测值含有粗差，则需要将其删除。被删除观测值的数量与观测值的总数的比值，就是所谓的数据删除率。

（2）实质。数据删除率从某一方面反映出了 GPS 原始观测值的质量。数据删除率越高，说明观测值的质量越差。

3. $RATIO$ 值

（1）定义。

$$RATIO = \frac{RMS_{次最小}}{RMS_{最小}}$$

显然，$RATIO \geqslant 1.0$。

（2）实质。$RATIO$ 反映了所确定出的整周未知数参数的可靠性，这一指标取决于多种因素，既与观测值的质量有关，也与观测条件的好坏有关。

4. $RDOP$

（1）定义。$RDOP$ 值指的是在基线解算时待定参数的协因数阵的迹 $[tr\,(Q)]$ 的平方根，即 $RDOP = [tr\,(Q)]^{1/2}$。$RDOP$ 值的大小与基线位置和卫星在空间中的几何分布及运行轨迹（即观测条件）有关，当基线位置确定后，$RDOP$ 值就只与观测条件有关了，而观测条件又是时间的函数，因此，实际上对与某条基线向量来讲，其 $RDOP$ 值的大小与观测时间段有关。

（2）实质。$RDOP$ 表明了 GPS 卫星的状态对相对定位的影响，即取决于观测条件的好坏，它不受观测值质量好坏的影响。

5. RMS

（1）定义。RMS 即均方根误差（Root Mean Square），即

$$RMS = \sqrt{\frac{V^{\mathrm{T}} V}{n-1}}$$

式中　V——观测值的残差；

　　　n——观测值的总数。

（2）实质。RMS 表明了观测值的质量，观测值质量越好，RMS 越小，反之，观测值质量越差，则 RMS 越大，它不受观测条件（观测期间卫星分布图形）的好坏的影响。

依照数理统计的理论观测值误差落在 $1.96RMS$ 的范围内的概率是 95%。

6. 同步环闭合差

同步环闭合差是由同步观测基线所组成的闭合环的闭合差。

由于同步观测基线间具有一定的内在联系，从而使得同步环闭合差在理论上应总是为0，如果同步环闭合差超限，则说明组成同步环的基线中至少存在一条基线向量是错误的，但反过来，如果同步环闭合差没有超限，还不能说明组成同步环的所有基线在质量上均合格。

7. 异步环闭合差

不是完全由同步观测基线所组成的闭合环称为异步环，异步环的闭合差称为异步环闭合差。

当异步环闭合差满足限差要求时，则表明组成异步环的基线向量的质量合格；当异步环闭合差不满足限差要求时，则表明组成异步环的基线向量中至少有一条基线向量的质量不合格。要确定出哪些基线向量的质量不合格，可以通过多个相邻的异步环或重复基线来进行。

8. 重复基线较差

不同观测时段对同一条基线的观测结果就是重复基线。这些观测结果之间的差异，就是重复基线较差。

总结：RATIO、RDOP 和 RMS 这几个质量指标只具有某种相对意义，它们数值的高低不能绝对的说明基线质量的高低。若 RMS 偏大，则说明观测值质量较差，若 RDOP 值较大，则说明观测条件较差。

2.2.6.4　GPS 基线向量网平差

1. 网平差的分类

GPS 网平差的类型有多种，根据平差所进行的坐标空间，可将 GPS 网平差分为三维平差和二维平差，根据平差时所采用的观测值和起算数据的数量和类型，可将平差分为无约束平差、约束平差和联合平差等。

（1）三维平差与二维平差。

1）三维平差。平差在三维空间坐标系中进行，观测值为三维空间中的观测值，解算出的结果为点的三维空间坐标。GPS 网的三维平差，一般在三维空间直角坐标系或三维空间大地坐标系下进行。

2）二维平差。平差在二维平面坐标系下进行，观测值为二维观测值，解算出的结果为点的二维平面坐标。二维平差一般适合于小范围 GPS 网的平差。

（2）无约束平差、约束平差和联合平差。

1）无约束平差。在平差时不引入会造成 GPS 网产生由非观测量所引起的变形的外部起算数据。常见的 GPS 网的无约束平差，一般是在平差时没有起算数据或没有多余的起算数据。

2）约束平差。平差时所采用的观测值完全是 GPS 观测值（即 GPS 基线向量），而且，在平差时引入了使得 GPS 网产生由非观测量所引起的变形的外部起算数据。

3）联合平差。平差时所采用的观测值除了 GPS 观测值以外，还采用了地面常规观测值，这些地面常规观测值包括边长、方向、角度等观测值等。

2. 平差过程

（1）取基线向量，构建 GPS 基线向量网。要进行 GPS 网平差，首先必须提取基线向量，构建 GPS 基线向量网。提取基线向量时需要遵循以下几项原则：

1）必须选取相互独立的基线，若选取了不相互独立的基线，则平差结果会与真实的情况不相符合。

2）所选取的基线应构成闭合的几何图形。

3）选取质量好的基线向量，基线质量的好坏，可以依据 *RMS*、*RDOP*、*RATIO*、同步环闭合差、异步环闭合差和重复基线较差来判定。

4）选取能构成边数较少的异步环的基线向量。

5）选取边长较短的基线向量。

（2）三维无约束平差。在构成了 GPS 基线向量网后，需要进行 GPS 网的三维无约束平差，通过无约束平差主要达到以下几个目的：

1）根据无约束平差的结果，判别在所构成的 GPS 网中是否有粗差基线，如发现含有粗差的基线，需要进行相应的处理，必须使得最后用于构网的所有基线向量均满足质量要求。

2）调整各基线向量观测值的权，使得它们相互匹配。

（3）约束平差/联合平差。在进行完三维无约束平差后，需要进行约束平差或联合平差，平差可根据需要在三维空间进行或二维空间中进行。

约束平差的具体步骤是：

1）指定进行平差的基准和坐标系统。

2）指定起算数据。

3）检验约束条件的质量。

4）进行平差解算。

3．质量分析与控制

在这一步，进行 GPS 网质量的评定，在评定时可以采用下面的指标：

（1）基线向量的改正数。根据基线向量的改正数的大小，可以判断出基线向量中是否含有粗差。

（2）若在进行质量评定时，发现有质量问题，需要根据具体情况进行处理，如果发现构成 GPS 网的基线中含有粗差，则需要采用删除含有粗差的基线、重新对含有粗差的基线进行解算或重测含有粗差的基线等方法加以解决；如果发现个别起算数据有质量问题，则应该放弃有质量问题的起算数据。

2.2.6.5　GPS 数据处理过程

每一个厂商所生产的接收机都会配备相应的数据处理软件，它们在使用方法都会有各自不同的特点，但是，无论是哪种软件，它们在使用步骤上却大体相同。

下面介绍 GPS 基线解算的过程。

1．原始观测数据的读入

在进行基线解算时，首先需要读取原始的 GPS 观测值数据。一般说来，各接收机厂商随接收机一起提供的数据处理软件都可以直接处理从接收机中传输出来的 GPS 原始观测值数据，而由第三方所开发的数据处理软件则不一定能对各接收机的原始观测数据进行处理，要处理这些数据，首先需要进行格式转换。目前，最常用的格式是 RINEX 格式，对于按此种格式存储的数据，大部分的数据处理软件都能直接处理。

2. 外业输入数据的检查与修改

在读入了 GPS 观测值数据后，就需要对观测数据进行必要的检查，检查的项目包括：测站名、点号、测站坐标、天线高等。对这些项目进行检查的目的是为了避免外业操作时的误操作。

3. 基线解算的控制参数

基线解算的控制参数用以确定数据处理软件采用何种处理方法来进行基线解算，设定基线解算的控制参数是基线解算时的一个非常重要的环节，通过控制参数的设定，可以实现基线的精化处理。

4. 基线解算

基线解算的过程一般是自动进行的，无需过多的人工干预。

5. 基线质量的检验

基线解算完毕后，基线结果并不能马上用于后续的处理，还必须对基线的质量进行检验，只有质量合格的基线才能用于后续的数据处理，如果不合格，则需要对基线进行重新解算或重新测量。基线的质量检验需要通过 RATIO、RDOP、RMS、同步环闭合差、异步环闭合差和重复基线较差来进行。

6. 平差

进行精度评定，得到各测站平差后坐标。

7. 成果转化

根据实际生产需要，转化为当地坐标，一般商用软件均有该功能。

8. 结束

2.2.6.6 高精度 GPS 数据处理软件介绍

目前国际上著名的高精度 GPS 分析软件有：瑞士 Bernese 大学的 Bernese 软件、美国 MIT 的 GAMIT/GLOBK 软件、德国 GFZ 的 EPOS. P. V3 软件、美国 JPL 的 GIPSY 软件等。这些软件对高精度的 GPS 数据处理主要分为两个主要方面：一是对 GPS 原始数据进行处理获得同步观测网的基线解；二是对各同步网解进行整体平差和分析，获得 GPS 网的整体解。

在 GPS 网的平差分析方面，Bernese、EPOS 和 GIPSY 软件主要是采用法方程叠加的方法，即首先将各同步观测网自由基准的法方程矩阵进行叠加，然后再对平差系统给予确定的基准，获得最终的平差结果。GLOBK 软件则是采用卡尔曼滤波的模型，对 GAMIT 的同步网解进行整体处理。

国内著名的 GPS 网平差软件有：原武汉测绘科技大学研制的 GPSADJ，PowerAdj 系列平差处理软件及同济大学研制的 TGPPS 静态定位后处理软件。

2.2.7 GPS 参考站系统在控制测量中的应用

2.2.7.1 参考站系统的应用

GPS 参考站系统目前主要在以下几个方面得到了广泛的应用：

（1）建立并维护一个高质量地心坐标基准。参考站建立起来之后，利用参考站的长期跟踪数据和因特网上随时可以收集的周边地区固定参考站的观测数据，可以借助于一些高层次科研软件（如国内比较熟悉的伯尔尼软件和 Gamit 软件）周期性地更新参考站的地心坐标，相对精度的数量级可以达到 $10^{-8} \sim 10^{-9}$ 左右，绝对精度可望优于分米级。

（2）取代常规测量控制网。参考站网的基本功能相当于现有的国家或城市基本控制网。它为当地各行各业的可持续发展与基本测绘提供了一组永久性的，而且能够自我完善、不断更新的动态基准点，最终将与周边省市自治区的同类网络连成一片，全面取代现有的国家级天文大地控制网的功能。

（3）实现城乡 GIS 系统的实时更新。一个不断实时更新的城市和乡镇的 GIS 系统，是省、市、区、县各级领导、规划部门科学决策的依据。参考站网系统的建成，任何野外实时采集的信息都可以连同它们的空间属性数据一起，通过系统的逆向数据通道反馈到市县不同类型的 GIS 系统数据库中，实时进行数据库的更新。

（4）满足地球物理与环境监测的需求。参考站网的一个重要应用领域就是满足地球物理与环境监测方面的需要。其中包括与周边地区连续跟踪参考站进行数据交换，分析研究所在板块相对于其他周边板块的运动规律，也支持地震监测等部门从事参考站网服务区内流动监测点位进行毫米级精度的监测研究作业。

可持续发展是人类面临的一个重大课题，对环境与地质灾害的监测和预防是其中一个有待关注和解决的重大问题。在参考站网支持下，采用 GPS 定位技术可以大大提高作业效率，缩短观测周期，降低施工成本，而且以均匀的精度指标分析对比沉降的状况与趋势。类似地参考站网积累的数据还可以用于对所在地区存在崩塌危险的边坡、岩体，乃至大坝、河堤、流沙和活动断层进行长时间的连续跟踪观测和分析研究。

（5）服务于公共安全。改革开放以来，随着经济的蓬勃发展，经济犯罪活动也呈上升趋势。机动车辆的盗窃，针对出租车、银行运钞车的抢劫活动也时有发生，其他有关公共车辆安全的防暴、防盗、放火、急救、调度，特种车辆运行路线的全程监控，提高车辆的运行效率，都可以在参考站网系统的支持下一一得到有效的满足，必将对当地公共安全带来一个质的提高。

（6）GPS 气象学。GPS 气象学是最近一二十年内形成的一门新兴学科，利用 GPS 无线电信号穿越大气圈时受到电离层与对流层的弥散效应和出现的折射现象，进行数值分析，特别是可以精确地提取大气层中的水汽含量和分布，从而对可能出现的降水时间和强度作出前所未有的精确预报，服务于当地的农业、交通、旅游、体育和社会公共活动的精密部署，减少灾害性天气给各行各业带来的生命财产损失。

（7）地面施工机械的自动引导。参考站系统建成后，野外地面机械施工的用户（如挖掘机、筑路机、摊铺机）可以通过引进或开发，利用高速实时动态响应的 GPS 接收机设备，实现生产工艺的彻底改造，淘汰传统的、落后的、劳动力密集型的生产模式，进入现代化、自动化、数字化新阶段，大大节省时间、人力、物力与财力，并显著改善生产环境的安全水平。

（8）提供实时 RTK 测量作业服务。参考站系统建设的一个最基本、最核心的任务就是满足参考站覆盖范围内，包括规划、设计、施工以及其他部门，拥有单台 GPS 接收机的测绘用户，提供全天 24h、全年 365 天的实时厘米级 RTK 作业支持，确保城市各种地图的快速更新，各项工程的实时施工放样。每个地形点、碎部点、工程点的点位测定时间缩短到不到一分钟。

（9）提供各种后处理技术服务。参考站网系统还将为需要提供各种后处理技术服务的用户提供事后数据检索、摘录、电邮；对于用户采集的外业数据代为进行质量分析、基线解算、整体平差、高程与点位坐标成果的系统换算，原始数据的永久性委托存档管理；接受对第三方数据资料（含国内外其他参考站和用户系统的观测数据以及相应时间区间的精密星历等）的委托收集、加工处理和成果报告的编制。

（10）满足节水、精密农业的需要。我国大部分地区严重缺水，而水资源的浪费又比较严重。参考站网系统建成后，农业部门有可能将开发相应的节水、精密农业系统列入未来的发展规划，并彻底废除漫灌等落后、费水的耕作技术。借助于地下管道灌溉系统，根据 GPS 引导的机械设备采集的各点土壤墒情和化学成分，控制供水和施肥量。同时也在高精度 GPS（厘米级）设备引导下进行机耕，防止机械对管道系统的破坏。此外，还可以在计算机系统管理下实现精密轮作与套种，真正实现农业生产的现代化。

2.2.7.2 参考站系统的发展趋势

综合性参考站系统是一种正处在蓬勃发展的阶段，其功能将日益完善，应用领域还会不断扩大。随着科学技术的不断发展和各地的开发建设，在未来 5～10 年时间内，各区县级城镇都有可能相继建立起当地的参考站系统，现有参考站系统通过软件升级，把所有这些参考站纳入一个更高层次的参考站系统。当虚拟参考站网或基于通信网络的参考站网模型相当成熟时，并拥有相应的国际标准和大批不同规模网络的应用案例，因而它们不仅仅是具有理论优势，而且具有实际的可操作性。在这样一个前提下，用户可以不必考虑离开最近的参考站究竟有多远，系统总能帮你找到一个最佳的解算方案，给出最精确的结果。

今后的城市、乡镇以及交通沿线不仅设有参考站系统的站点或信息转发系统，供用户通过无线或专线进行数据信息交换之外，还可能在机场、码头、车站、标志性建筑物、主要道路交叉口、城市出入通道口、重要的人行天桥中间、公园、广场、学校，及一些政府机关、厂矿、公司设立一系列标准点位标志，供不具备接收 DGPS 信号的廉价低档手持式（价格有可能相当于目前人民币几十元至百把元），或表式接收机"对点"，校正点位信息。经过这种简单的公共设施校正后，点位坐标也可以达到米级精度。那时，人们可以真正称自己生活在一个信息化时代里，实现了"数字 XX"的宏伟理想。

2.2.7.3 参考站系统在控制测量中的应用

GPS 参考站系统在控制测量中应用，除了常规的后处理方式来进行控制测量外，其更主要应用的就是利用 GPS 参考站系统 RTK 技术进行控制测量。RTK 测量技术主要因为其测量模式和测量速度、精度比以往的测量方式有了很大的变革。

（1）作业效率高。大大减少了传统测量所需的控制点数量和测量仪器的"搬站"次数，仅需一人操作，在一般的电磁波环境下几十秒即得一点坐标，作业速度快，劳动强度低，节省了外业费用，提高了劳动效率。

（2）定位精度高，数据安全可靠，没有误差积累。只要满足 RTK 的基本工作条件，在参考站系统覆盖范围内，RTK 的平面精度和高程精度都能达到厘米级。

（3）降低了作业条件要求。网络 RTK 技术不要求两点间满足光学通视，只要求满足"电磁波通视"，因此，和传统测量相比，网络 RTK 技术受通视条件、能见度、气候、季节等因素的影响和限制较小，在传统测量看来由于地形复杂、地物障碍而造成的难通视地区，只要满足网络 RTK 的基本工作条件，它也能轻松地进行快速的高精度定位作业。

（4）RTK 作业自动化、集成化程度高，测绘功能强大。RTK 可胜任各种测绘内、外业。流动站利用内装式软件控制系统，无需人工干预便可自动实现多种测绘功能，使辅助测量工作极大减少，减少人为误差，保证了作业精度。

（5）操作简便，容易使用，数据处理能力强。只要在设站时进行简单的设置，就可以边走边获得测量结果坐标或进行坐标放样。数据输入、存储、处理、转换和输出能力强，能方便快捷地与计算机、其他测量仪器通信。

网络 RTK 技术目前可用于四等以下平面控制测量：GPS 参考站系统在利用网络 RTK 技术进行控制测量时，和常规 RTK 相比不需关注参考站的设置和数据通信，只要关注流动站的设置和外业作业环境等就能满足网络 RTK 在四等以下平面控制测量中的应用。

1.坐标系统和时间系统

（1）坐标系统。

1）RTK 测量采用 WGS84 系统，当 RTK 测量要求提供其他坐标系（北京坐标或1980 西安坐标系等）时，应进行坐标转换。

2）坐标转换求转换参数时应采用 3 点以上的两套坐标系成果，采用 Bursa－Wolf、Molodenky 等经典、成熟的模型，使用 PowerADJ3.0、SKIpro2.3、TGO1.5 以上版本的通用 GPS 软件进行求解，也可自行编制求参数软件，经测试与鉴定后使用。转换参数时应采用三参、四参、五参、七参不同模型形式，视具体工作情况而定，但每次必须使用一组的全套参数进行转换。坐标转换参数不准确可影响到 2～3cm RTK 测量误差。

3）当要求提供 1985 国家高程基准或其他高程系高程时，转换参数必须考虑高程要素。如果转换参数无法满足高程精度要求，可对 RTK 数据进行后处理，按高程拟合、大地水准面精化等方法求得这些高程系统的高程。

（2）时间系统。RTK 测量宜采用协调世界时 UTC。当采用北京标准时间时，应考虑时区差加以换算。这在 RTK 用作定时器时尤为重要。

2.RTK 测量技术设计

从 RTK 硬件设备特性和观测精度、可靠性及可利用性综合考虑，现阶段 RTK 的测量技术要求如下：四等以下平面控制最弱点位误差不大于 5cm；最弱边相对中误差不大于1/4.5 万。

3.RTK 测量准备

RTK 测量时应视测量目的、要求精度、卫星状况、接收机类型、测区已有控制点情况及作业效率等因素综合考虑，按照优化设计原则进行作业。

为了检验当前站 RTK 作业的可靠性，必须检查一点以上的已知控制点，或已知任意地物点、地形点，当检核在设计限差要求范围内时，方可开始 RTK 测量。

4.流动站的设置要求

（1）流动站作业准备。

1）在 RTK 作业前，应首先检查仪器内存或 PC 卡容量能否满足工作需要。

2）由于 RTK 作业耗电量大，工作前，应备足电源。

（2）流动站作业要求。

1）由于流动站一般采用缺省 2m 流动杆作业，当高度不同时，应修正此值。

2）在数据通信信号受影响的点位，为提高效率，可将仪器移到开阔处或升高天线，待数据链锁定后，再小心无倾斜地移回待定点或放低天线，一般可以初始化成功。

3）在穿越树林、灌木林时，应注意天线和电缆勿刮破、拉断，保证仪器安全。

（3）流动站内置软件的一般功能要求。

1）三差模型求定近似坐标。

2）双频动态解求整周模糊度。

3）根据相对定位原理，实时解算 WGS－84 坐标。

4）根据给定的坐标转换参数，给出任务（项目）要求的坐标系内坐标。

5. RTK 作业

（1）RTK 作业基本条件要求。

1）RTK 作业的基本条件要求见表 2.14。

表 2.14　　　　　　　　　　　观测的基本条件要求

观测窗口状态	卫 星 数	卫 星 高 度 角	PDOP 值
良好窗口	≥5	15°以上	≤6

2）RTK 作业应尽量在天气良好的状况下作业，要尽量避免雷雨天气。夜间作业精度一般优于白天。

（2）卫星预报。

1）RTK 作业前要进行严格的卫星预报，选取 $PDOP<6$，卫星数大于 6 的时间窗口。编制预报表时应包括可见卫星号、卫星高度角和方位角、最佳观测卫星组、最佳观测时间、点位图形几何图形强度因子等内容。

2）卫星预报表的有效期以 20 天为宜，当超过 20 天时，应重新采集一组新的概略星历进行预报。

3）卫星预报时应采用测区中心的经纬度。当测区较大时，应分区进行卫星预报。

（3）RTK 测量初始化。

1）RTK 测量必须在完成初始化后才能进行。初始化可以采用静态、OTF 两种。初始化时间长短与距参考站的距离有关，两者距离越近，初始化越快。

2）推荐静态初化化，只有在运动状态下才进行 OTF 初始化。OTF 方式一般在测量船、汽车等运动载体上使用。

（4）RTK 作业时设备启动状况基本要求。

1）开机后经检验有关指示灯与仪表显示正常后，方可进行自测试并输入测站号（测点号）、仪器高等信息。

2）接收机启动后，观测员可使用专用功能键盘和选择菜单，查看测站信息接收卫星数、卫星号、卫星健康状况、各卫星信噪比、相位测量残差实时定位的结果及收敛值、存储介质记录和电源情况，如发现异常情况或未预料情况，并及时作出相应处理。

（5）RTK观测期间的作业要求。

1）不得在天线附近50m内使用电台，10m内使用对讲机。

2）天气太冷时，接收机应适当保暖；天气太热时，接收机应避免阳光直接照晒，确保接收机正常工作。

3）RTK工作时，参考站可记录静态观测数据，当RTK无法作业时，流动站转化快速静态或后处理动态作业模式观测，以利后处理。

4）在流动站作业时，接收机天线姿态要尽量保持垂直（流动杆放稳、放直）。一定的斜倾度，将会产生很大的点位偏移误差。如当天线高2m，倾斜10°时，定位精度可影响3.47cm。

$$\Delta S=20\sin10°=3.47(cm)$$

5）RTK观测时要保持坐标收敛值小于5cm。

6.RTK测量误差源

RTK测量主要有仪器误差、软件解算误差、对中（对点）误差、基站坐标传算误差、不同时刻卫星状态和观测条件引起的误差等。在观测过程中要注意采取一定的措施克服上述误差。

7.成果检验

（1）由于网络RTK技术目前正处于推广应用阶段，外业工作应加强对网络RTK成果的检验。对网络RTK成果的外业检查可以采用下列方法进行：

1）与已知点成果的比对检验。

2）重测同一点的检验。

3）已知基线长度测量检验。

（2）在进行网络RTK作业时，应认真总结作业方法，统计测量精度，做好测量报告的编写工作，以便完善网络RTK操作规程。

（3）网络RTK成果的最终检查验收可按有关具体的规范标准与特定设计书要求进行。

1）CH1002—1995《测绘产品检查验收规定》。

2）CH1003—1995《测量产品质量评定标准》。

3）各测区技术设计书。

学习单元3 厂房的施工测设

学习任务3.1 施测前的准备工作

3.1.1 认真熟悉图纸

1. 施测前熟悉有关技术资料

施测前应熟悉首层建筑平面图、基础平面图、有关大样图、总平面图及与定位测量有关的技术资料。了解建筑物的平面布置情况,如有几道轴线,建筑物长、宽,结构特点;核对各部位尺寸;了解建筑物的建筑坐标、设计高程、在总平面图上的位置和建筑物周围环境。

2. 确定定位轴线

平面图有三种尺寸线,即外轮廓线、轴线、墙中心线。总平面图上给定建筑物所在平面位置 用坐标表示时,给出的坐标都是外墙角坐标值(构筑物有的给出轴线交点坐标)。用距离表示时,所标距离都是外墙边线至某边界的距离。

为便于施工放线,民用建筑和工业厂房均以轴线作为定位轴线,并以外墙轴线作为主轴线。民用建筑中轴线与墙体的关系如图3.1(a)~图3.1(f)所示,工业厂房的轴线柱子之间的关系如图3.1(g)~图3.1(l)所示。

(1)边柱,轴线与柱外边线重合,如图3.1(a)所示。

(2)边柱,轴线与柱外边线有一联系尺寸,但又不与柱中线重合,如图3.1(b)所示。

(3)中柱,轴线与中线重合,如图3.1(c)所示。

(4)中柱,轴线既不与柱边线重合,也不与柱中线重合,如图3.1(d)所示。

(5)中柱,一根柱有两条轴线,都不与柱边线重合,如图3.1(e)所示。

(6)双柱,一个基础有两根柱,两条轴线都与柱边线重合,但不与基础中线重合,如图3.1(f)所示。

(7)双柱,一个基础有两根柱,两条轴线,其中一条与柱边线重合,另一条轴线既不与柱边线重合也不与柱中线重合。又不与基础中线重合,如图3.1(g)所示。

(8)双柱,一个基础两个柱,两条轴线,轴线与柱中线,边线基础中线都不重合,如图3.1(h)所示。

横向轴线与柱子的关系如图3.1(i)~图3.1(l)所示。

1)柱端,柱中线距轴线500mm,如图3.1(i)所示。

2)伸缩缝处柱,两柱中线距轴线均500mm,如图3.1(j)所示。

3)纵横跨相接处柱,纵跨端柱中线距轴线500mm,横跨柱轴线与柱中线、边线都不重合,距纵跨轴线有一插入距如图3.1(l)所示。

在布设矩形控制网和测设轴线控制桩时,要注意这些特殊关系,以免出现错误。

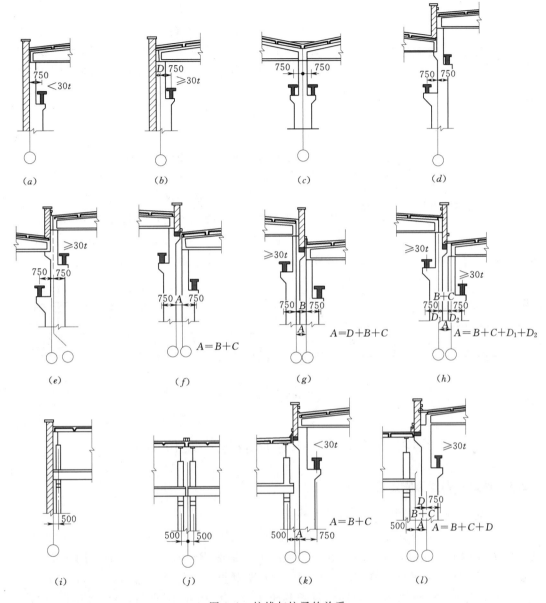

图 3.1　柱线与柱子的关系

3.1.2　设计矩形控制网

1. 确定矩形网的形式

如果各轴线桩都钉在轴线交点上，挖槽时会被挖掉，所以要把轴线桩引测到基槽开挖边线以外，这个引桩称为轴线控制桩，也称保险桩。把各轴线控制桩连接起来，称为矩形控制网。控制网的形式要根据建筑物的规模而定，一般工程设矩形控制网即可满足要求，较复杂工程应设田字形控制网。控制桩应设在距基槽开挖边线以外 1～1.5m 的地方，至轴线交点的距离应为 1m 的倍数。若采用机械挖方或爆破施工，距离要适当加大。桩位要选在易于保存，不影响施工，避开地下、地上管道、道路，便于丈量、便于观测的地方。矩形网的一般形式如图 3.2 所示。

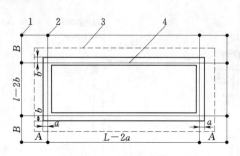

图 3.2 矩形控制网形式

L—建筑物长度；l—建筑物宽度；a、b—外边线至轴线的距离；A、B—控制桩至外墙轴线的距离；

1—矩形网控制桩；2—轴线控制桩；

3—挖槽边线；4—外墙轴线

2. 控制桩坐标计算

图 3.3（a）中画有斜线的为原有建筑，新建工程和原有建筑在一条直线上，距离为 D。新建工程布矩形控制网后与原有建筑的距离关系如图 3.3（b）所示。

3. 精度要求

建筑物建立控制网后，细部放线均以控制网为依据，不得再利用场区控制点。

4. 编制施测方案

深入现场了解场区控制点布置情况，根据场地条件，确定施测方法，绘制观测示意图。确定矩形控制网基线边（主轴线），选定测站点，按观测示意图进行内业计算，各项数据核对无误后，进行实地测量。

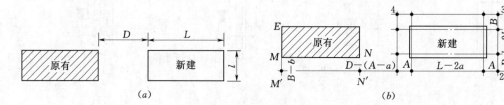

图 3.3 布网前后相对关系

学习任务 3.2 根据原有地物定位测量

3.2.1 根据原有建筑物定位

1. 新建工程与原有建筑在一条平行线上

以图 3.3 为例，介绍矩形控制网的测设方法：先作 MN 的平行线 $M'N'$，可用顺小线法，沿 EM 墙面拉小线，使 EMM' 在一条直线上，量取 $B-b$，定出 M' 点。同法定出 N' 点。则 $M'N'$ 与 MN 平行。将仪器置于 M' 作 $M'N'$ 延长线，自 N' 点量 $D-（A-a）$ 定出 1 点。再量 $L-2a+2A$ 定出 2 点。将仪器移于 1 点，后视 M' 测直角，自 1 点量 $l-2b+2B$ 定出 4 点。再将仪器移于 2 点，后视 M' 点测直角定出 3 点。然后将仪器移于 3 点后视 2 点测直角与 4 点闭合，并实量 3、4 点距离作核校，误差在允许范围内，经过调整，控制网即测设完毕。

2. 新建工程与原有建筑互相垂直

如图 3.4 新建工程与原建筑横向距离为 Y，纵向距离为 X。测设方法：作 MN 平行线 $M'N'$，将仪器置于 M' 作

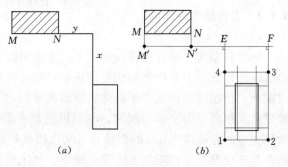

图 3.4 根据原建筑物定位

$M'N'$ 延长线定出 E、F 点，将仪器移于 E 点测直角，定出 4、1 点。将仪器置于 F 点测直角定出 3、2 点，如图 3.4（b）所示，最后仍需将仪器置于 1 点测直角与 2 点闭合，并量距以资校核。

3.2.2　根据建筑红线定位

城镇建设要按统一规划施工。建筑用地的边界应经设计部门和规划部门商定，并由规划部门拨地单位在现场直接测。

3.2.3　根据控制点定位测量

1. 直角坐标法定位

当建筑区建有施工方格网或轴线网时，采用直角坐标法定位最为方便。

在图 3.5 中，K_1K_2 是场区施工方格网的两个控制点，要求根据厂房角点坐标，在地面上测设出厂房的具体位置。厂房柱距 6m，轴线外墙厚 370mm。因为场区建立了施工方格网，所以厂房坐标均以建筑坐标表示（建筑物在总平面图上至少要给出 2 个角点坐标，才能确定它在总图上的平面位置）。

测设方法如下：

（1）确定矩形控制网和计算各控制桩坐标，设控制桩至厂房轴线距离均为 6m，换算后的各控制桩坐标见表 3.1。

表 3-1　　　　　　　　　　换算后的控制桩坐标　　　　　　　　　　单位：m

点位	A	B
K_1	730.000	650.000
K_2	730.000	850.000
1	745.000－（6.000－0.370）＝739.370	676.000－（6.000－0.370）＝670.370
2	745.000－（6.000－0.370）＝739.370	826.740＋（6.000－0.370）＝832.370
3	775.740＋（6.000－0.370）＝781.370	826.740＋（6.000－0.370）＝832.370
4	775.740＋（6.000－0.370）＝781.370	676.000－（6.000－0.370）＝670.370

控制网长度超过整尺段时设丈量传距桩作为量距的转点。传距桩设在柱轴线上，如图 3.5 所示。

（2）测设步骤：

1）置仪器于 K_1 点，精确对中，前视 K_2 点，沿视线方向从 K_1 量取 1 点与 K_1 横坐标差 20.370m，定出 M 点。从 K_2 量取 2 点与 K_2 横坐标差 17.630m，定出 N 点。

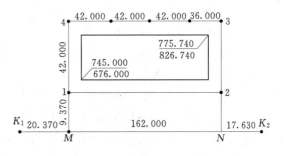

图 3.5　直角坐标法定位（单位：m）

2）将仪器置于 M 点，后视 K_2 测直角，从 M 点量取 1 点与 K_1 点纵坐标差 9.370m，定出 1 点。接着量 42.000m，定出 4 点。

3）将仪器置于 N 点，后视 M 点测直角，从 N 点量 2 点与 K_2 纵坐标差 9.370m，定出 2 点。接着量 42.000m，定出 3 点。

4）将仪器置于 3 点，后视 N 点测直角与 4 点闭合，并丈量 3、4 点距离（同时测出传距桩），该距离应等于设计边长 162.000m。

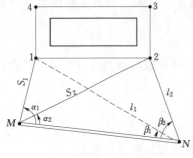

图 3.6 极坐标法定位

2. 极坐标法定位

场区没有施工方格网时，可以根据场区的导线点或三角点来测量定位。如果建筑物轴线与坐标轴相平行，可直接测设建筑物控制网；如建筑物轴线不与坐标轴平行，应根据建筑物坐标先测出建筑物的一条边作为基线，然后再根据这条边来扩展控制网。极坐标法定位应先测设控制网的长边，这条边与视线的夹角不宜小于 30°。

如图 3.6 所示，已知建筑物轴线与施工坐标轴平行，各点坐标已知，用极坐标点测控制网步骤如下：

（1）根据建筑物各点坐标计算出控制网各点坐标及边长。

（2）根据 1、M、N 三点坐标计算出角 α_1 和 1、M 两点距离 S_1。根据 2、M、N 三点坐标计算出角 α_2 和 2M 两点距离 S_2。

（3）将仪器置于 M 点，后视 N 点，测角的，在视线方向自 M 点量 S_2，定出 2 点。再测 α_1 角，在视线方向自 M 点量 S_1，定出 1 点。这时矩形网的一条边就测出来了。

（4）校核方法。直接丈量 1、2 点距离，若符合设计边长，误差在允许范围内，可以 1 点为依据改正 2 点位置。因为 $\alpha_1 > \alpha_2$，$S_1 < S_2$，所以 1 点的相对精度较高。还可采用测角的方法进行校核。根据 M、N、1 三点坐标，计算出 β_1 角和 1、N 两点距离 l_1。根据 M、N、2 三点坐标，计算出 β_2 角和 2、N 两点距离 l_2。将仪器置于 N 点，后视 M 点，测 β_1，量 l_1 定出 1 点；测 β_2 角，量 l_2 定出 2 点。两次测得的 1、2 两点如果不重合，再实际丈量，以改正两点距离。

（5）以改正后的 1、2 两点为基线，用测直角的方法建立建筑物控制网。

3. 极坐标定线法定位

如图 3.7 所示，各点坐标见表 3.2，M 点与 1、2 点不通视。矩形网边长

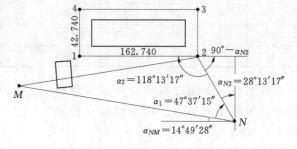

图 3.7 极坐标法定位

162.740m，边宽 42.740m，用极坐标法定位，测站选在 N 点。计算观测角和丈量距离（用计算器和三角函数表配合计算）。各项计算顺序按观测顺序进行。

N2 坐标角： $\tan\alpha_{N2} = \dfrac{908.250 - 832.740}{739.000 - 598.300} = 0.536674$

查表得 $\alpha_{N2} = 28°13'17''$

MN 坐标角： $\tan\alpha_{NM} = \dfrac{698.230 - 598.300}{908.250 - 512.100} = 0.25225$

查表得 $\alpha_{NM} = 14°09'28''$

$MN2$ 夹角：$90° - \alpha_{N2} - \alpha_{NM} = 90° - 28°13'17'' - 14°09'28''$
$$= 47°37'15''$$

$N2$ 距离 $= \sqrt{(908.25 - 832.74)^2 + (739.00 - 598.30)^2} = 159.682(\text{m})$
$$\alpha = 180° - (90° - \alpha_{N2}) = 118°13'17''$$

测设步骤如下：

将仪器置于 N 点，后视 M 点，测角的 $\alpha_1 = 47°37'15''$，在视线上量取 $N2$ 距离 159.682m，定出 2 点。

将仪器移于 2 点，后视 N 点测角 $\alpha_2 = 118°13'17''$，在视线上量取矩形网边长 162.740m，定出 1 点。为提高测量精度，每角应多测几个测回，取平均值。然后以这条边为基线再推测出其他三条边。

表 3.2　　　　　　　　　　　　点 位 坐 标　　　　　　　　　　　　单位：m

点 位	A	B	点 位	A	B
M	698.230	512.100	1	739.000	670.000
N	598.300	908.250	2	739.000	832.740

4. 角度交会法定位

角度交会法适于控制点距离较远或在场区有障碍物、丈量有困难时的定位测量。

如图 3.8 所示，测设方法如下：先计算出厂房矩形网控制桩坐标和观测角 α_1、α_2、β_1、β_2 的数值。用两架经纬仪分别置于 M、N 点。先分别测设 α_1 和 β_1 角，在两架经纬仪视线的交点处，定出 1 点。再分别测设 α_2 和 β_2 角，在两架经纬仪视线交点处定出 2 点。然后实量 1、2 两点的距离，误差在允许范围内，从两端改正。改正后的 1、2 点就是控制网的基线边。再以这条边推测其他三条边。角度交会法的优点在于不用量距。

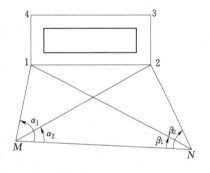

图 3.8　角度交会法定位

学习任务 3.3　特殊平面建筑的定位测量

3.3.1　弧形建筑的定位

1. 拉线法画弧

建筑物为弧形平面时，若给出半径长，可先找出圆心，然后用半径划弧的方法定位。

如图 3.9 所示，先在地面上定出弧弦的端点 A、B，然后分别以 A、B 点为圆心，用给定的半径 R 划弧，两弧相交于 O 点，此点即为弧形的圆心。再以 O 点为圆心，用给定的半径 R 在 A、B 两点间划弧形，即测出所要求的弧形。

若只给出弦长与矢高，可用作垂线的方法定位。如图 3.10 所示，先在地面上定出弧弦的两端点 A、B，过 AB 直线的中点作垂线，在垂线上量取矢高 h，定出 C 点。再过 AC 连线的中点作垂线，两条垂线相交于 O 点，O 点即为弧形的圆心。最后以 O 点为圆心，

以 AO 为半径在 A、B 点间划弧，即测出所要求的弧形。

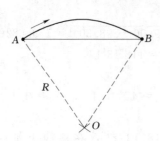

图 3.9 已知半径画弧

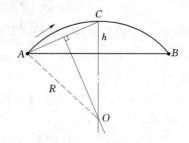

图 3.10 已知矢高画弧

用拉线法划弧，圆心点要定设牢固，所用拉绳（或尺）伸缩性要小，用力不能时紧时松，要保持曲线圆滑。

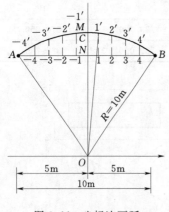

图 3.11 坐标法画弧

2. 坐标法画弧

在图 3.11 中，已知圆弧半径为 10m，弦长 AB 为 10m，求弦上各点矢高值，然后将各点连线进行画弧。

画弧步骤如下：

（1）在地面上定出弦的两端点 A、B。将弦均分 10 等份，其等分点分别为 1、2、3、4、B 和 -1、-2、-3、-4、A。为便于解析计算，过各等分点作弦的垂线，与圆弧相交。

（2）计算弦上各点的矢高值。在直角三角形 $OJNYB$ 中，根据勾股弦定理有：$ON = 8.660$m，$MN = 1.340$m，$OC = 9.950$m，所以 $11' = 9.950 - 8.660 = 1.290$m，$22' = 1.138$m，$33' = 0.879$m，$44' = 0.505$m。

（3）在各等分点垂线上截取矢高，分别得 $1'$、$2'$、$3'$、$4'$、M、$-1' -2'$、$-3'$、$-4'$。将各点连成圆滑曲线，即为所要测设的弧形。

3. 矢高法画弧

矢高法作图顺序，就是根据弦的矢高逐渐加密弧上各点，然后画出弧形。

（1）在地面上定出弦的两端点 A、B，量取中点。作弦的垂线，量取矢高 h_1 定出 C 点。

（2）作 AC 连线，取中点 M，作 AC 的垂线，量取矢高 h_2 定出 G 点。同法定出 E、F 点。

（3）作 AG 连线，取中点，过中点再作 AG 的垂线，量取矢高 h_3，定出点 N。重复上面各步骤，可得出弧形上的 1/8 点，1/16 点，1/32 点……一般重复 3～4 次，即可满足圆弧曲线的精度要求。

（4）将各分点连成平滑曲线，即得所要求作的圆弧曲线。

4. 扇形建筑的定位

图 3.12 为某剧场的演出大厅，设控制桩距轴线的交点为 6m，测设步骤如下：

（1）根据平面图给出的有关数据，先测设出建筑物的中心轴线 MN。

$$FE = (36^2 - 6^2)^{1/2} = 35.496(\text{m})$$

在中心轴线上定出 F、E 点。

（2）将仪器置于 F 点，后视 E 点，顺时针测直角，自 F 点量 9m 定 6 点，再量 6m 定 A 点，再量 6m 定 5 点。转倒镜，自 F 点量 9m 定 7 点，再量 6m 定 B 点，再量 6m 定 8 点。

（3）将仪器移于 E 点，后视 F 点，顺时针测直角，自 E 点量 9m 定 C 点，再量 6m 定 10 点。转倒镜，自 E 点量 9m 定 D 点，再量 6m 定 9 点。

（4）将仪器移于 A 点，前视 D 点，在视线上自 D 点量 6m 定 1 点。转倒镜，自 A 点量 6m 定 4 点。

（5）将仪器移于 B 点、前视 C 点，在视线上自 C 点量 6m 定 2 点。转倒镜，自 B 点量 6m 定 3 点。实量 A、B、C、D 各点间的距离是否符合设计长度，以资校核。

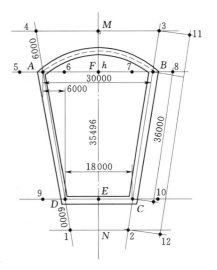

图 3.12　扇形建筑定位（单位：m）

若大厅旁侧有附属建筑，可依侧墙控制桩为基线边，测设附属建筑的矩形网，供附属房放线。

3.3.2　三角形建筑的定位

图 3.13 为某三角形点式建筑。建筑物三条中心轴线的交点距两边规划红线均为 30m，测设步骤如下：

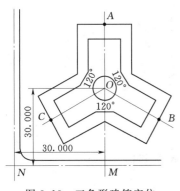

图 3.13　三角形建筑定位
（单位：m）

（1）根据平面图给定的数据，先测出 MA 方向线，从 M 点量 30m，定出 O 点，再量距定出 A 点。

（2）将仪器置于 O 点，后视 A 点，顺时针测 1200，从 O 点量距，定出 B 点。再顺时针测 120°，从 O 点量距，定出 C 点。有了这三条主轴线，建筑物的平面位置就可定出来了。由于房屋的其他尺寸都是直线关系，所以依据这三条基线就可以测设出整幢楼房的全部轴线桩。

3.3.3　齿形建筑的定位

1. 确定轴线控制桩至道路中线的距离

建筑物平面位置在总平面图上的限定条件是建筑物外墙角至道路中心线的距离，定位测量需要的是轴线控制桩，而建筑物轴线与道路中线又不平行，因此控制桩至道路中线的距离需进行换算。

根据建筑物平面特点，控制网布成齿形，其中一条边为斜边，轴线控制桩设在距轴线交点 5.100m 处，这样可同时兼作纵横两轴的控制桩。换算方法：按相似三角形和勾股定理计算，如图 3.14 中平距 16.800m 换算得斜距 17.557m 等，各项数据见图 3-15 的标注。

2. 测设步骤

（1）找出道路中心线。按控制桩至道路中心的距离（15.584mm）中线的平行线，定

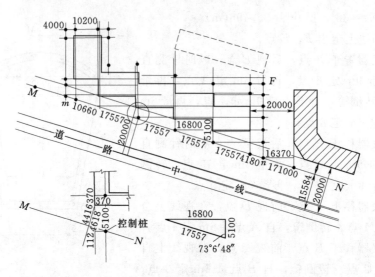

图 3.14　齿形建筑定位测量（单位：mm）

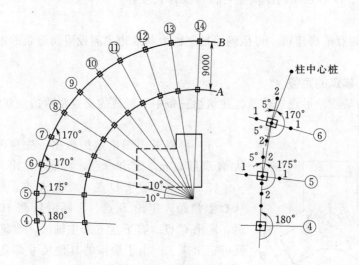

图 3.15　弧形柱列定位

出 M、N 点，M、N 的连线即是控制桩的连线，亦为控制网的斜边。

用顺线法作原楼的平行线与 MN 直线相交于 O 点。

（2）将仪器置于 N 点，前视 M 点，在视线方向从 O 点开始依次丈量，定出 $n\sim m$ 各点。

（3）将仪器置于 n 点，后视 M 点，顺时针测 $73°6'48''$，在视线方向依次丈量，定出 $n\sim F$ 各点。

（4）当 MN、nF 直线上的桩位定出来后，就可根据建筑物各轴线相对应的控制桩，用测直角的方法，测设出其他轴线控制桩，定出平面控制网。

3.3.4　弧形柱列的定位

图 3.15 为某工程中高位站台的弯道部分柱网布置形式。每柱间转角 $10°$，B 列柱距 6m，AB 间跨度 9m。

测设步骤如下：

（1）首先测出柱网的直线部分，并定出 B 列柱直线末端⑤轴柱中线交点桩。

（2）将仪器置于 B 列⑤轴柱中线交点上，后视直线另一端中线桩 K，逆时针转角 17°，在视线方向自⑤轴柱中线交点量取 6m，定出⑥轴柱中线交点桩。

（3）将仪器置于⑥轴柱中心桩上，后视⑤轴柱中心桩，逆时针测 170°，自⑥轴柱中心交点量 6m，在视线上定出⑦轴柱中心桩。在照准⑦轴柱中心桩的基础上，顺时针转角 85°，自 B 列⑥轴柱中心量 9m，在视线上定出⑥轴 A 列柱中心桩，并根据控制桩至基坑开挖边线的距离，在视线上同时定出⑥轴基础控制桩 1。在照准控制桩 1 的基础上，左、右转 90°，在视线上定出纵轴方向控制桩 2，这一测站即告结束。

（4）将仪器置于⑦轴柱中心桩上，后视⑥轴柱中心桩，逆时针转角 170°，自⑦轴柱中心量 6m，定出⑧轴柱中心桩。重复前面的操作程序，依此类推定出⑨轴、⑩轴等各柱中心桩。

（5）在上述测设过程中，A 列柱只定出了柱中心桩和横轴方向控制桩，纵轴方向控制桩还没有测出来。可将仪器置于柱中心桩上，后视控制桩 1，用测直角的方法，定出 A 列纵轴方向控制桩。也可采用简便作垂线的方法定出纵向控制桩。

测设过程是从一端开始推测的，其中转角次数和量尺次数较多。为减少累计误差，测设过程中要认真校核。控制桩要加强保护，基坑挖土、支模、基础弹线过程中还要使用这些控制桩。因为每个基础都是单个定位，没有建立控制网，一旦桩位被破坏，检查恢复工作比较麻烦，因此要特别注意控制桩的保护。

3.3.5　系统工程的定位

图 3.16 是某矿石加工系统的联动生产线示意图。其工艺流程是：矿石由采矿场用窄轨铁路运输，卸入储料斗，经一次破碎，通过 1 号皮带廊送到二次破碎间。经二次破碎，通过 2 号皮带廊送到转运站，再通过 3 号皮带廊送至储仓，最后装火车运出。

该工程的特点是场地高差较大，建筑物随地形呈阶梯形布置，且多为预制装配式结构。基础施工时要进行大量石方爆破，最深挖 15m。场区给定的是小三角控制点。鉴于各单位工程间衔接密切，标高尺寸多，丈量困难等因素，采用基线法定位。这条基线选在联动设备的主轴线上，并作为各单位工程的定位依据。

测设步骤如下：

（1）根据有关平面图确定基线上 A、B、C、D 各点的位置。计算出各点坐标和点与点之间的距离，计算出各项测量数据。

（2）采用极坐标法：仪器置 K_1 点后视 K_2，测角 α_1，量距定出 A 点。将仪器移于 K_2 点后视 K_3，测角 α_2，量距定出 C 点。将仪器移于 K_3 后视 K_2，测角 α_3，量距定出 D 点。

（3）由于控制点误差和观测误差的影响，A、C、D 三点不一定恰在一条直线上，要进行归化调整。

（4）加密 B 点。实量点与点间距离，假定某一点（如 C 点）是正确的，则以这点为基础改正其他点，使各点间符合设计距离。按地形特点 B、D 两点将是各单位工程定位的主要依据。

（5）挖方较深的单位工程要采用二次定位。第一次先测出挖方（也叫场地平整）控制桩，以便掌握挖方尺寸。待场地平整完成后，再依据基线控制桩进行基础定位。若平整后的场地操作面狭小，基础控制桩可投测在岩石上或采用埋桩方法定位。

（6）控制桩要加强保护，或另做引桩以备校核。高程控制点要引测到建筑物附近，以保证各单位工程标高一致，满足预制构件安装的精度要求。

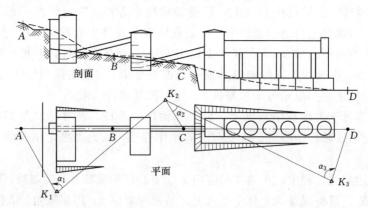

图 3.16　系统工程定位方法

3.3.6　大型厂房的定位

大型厂房或系统工程一般系自动化连续生产，结构复杂，因而对施工放线的精度要求较高，采用简单的矩形控制网不易保证施工的要求。由于田字形控制网是先测设其中的十字轴线，然后再以十字轴线为基础扩建控制网，故其误差分配均匀，各部分的精度一致，所以大型厂房多采用田字形控制网。

图 3.17 是发电厂 3 台 20 万 kW 机组主厂房的定位布网情况。田字形控制网的测设顺序是：

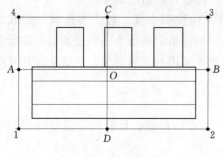

图 3.17　田字形控制网

（1）根据厂区控制点，先测设出长轴 AB，经过精密丈量，归化改正，使之符合设计长度，并确定长、短轴交点。

（2）以长轴为基线，用测直角的方法测出短轴 CD，并进行丈量，归化改正。

（3）分别将仪器置于 A、B、C、D 各点，用测直角的方法，测出 1、2、3、4 各点，使控制网形成闭合图形。各边及角度应符合控制网的精度要求。

（4）控制网中间点在施工过程中将被挖掉，且厂房施工期较长，所以各主要控制点要做成永久性标桩，认真加以保护。

3.3.7　厂房扩建的定位

厂房有吊车时，应以原有厂房吊车轨道中心线为依据。厂房无吊车时，应以原厂房柱中心线为依据。

1. 厂房纵向扩建的定位测量

图 3.18 为以原厂房吊车轨道中心线为依据引测扩建部分的形式，测设顺序是：

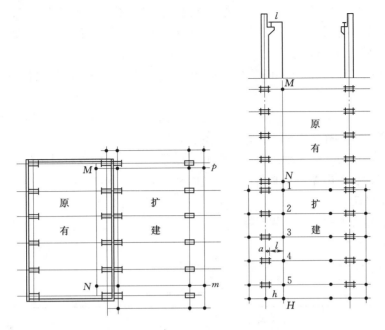

图 3.18　利用轨道中线做扩建厂房定位

（1）将木尺横置在轨道上用借线的方法将轨道中心线引垂在地面上，建立轨道的平行线 MN。l 为 M、N 点至轨道中心的水平距离，a 为轨道中线至柱中线的距离，MN 线至柱中线的水平距离 $h = l + a$。

（2）将仪器置于 M 点，前视 N 点作 MN 的延长线，MNH 直线即是扩建厂房的定位基线。

（3）在延长线上定出 1、2、3、4 各点，利用 MH 直线分别定出柱子纵、横轴线控制桩。

2. 厂房横向扩建的定位测量

图 3.18 为以原厂房柱中线为依据引测扩建部分的形式。方法如下：

（1）先作原厂房柱中线的平行线 MN，由于柱子吊装时中线存在误差，所以要多量几点，然后取平均值作为建立平行线的依据。

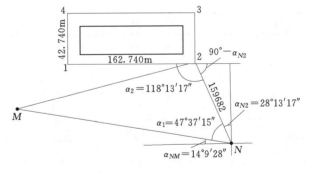

图 3.19　观测示意图

（2）将仪器置于 M 点及 N 点，分别测直角作 MN 的垂线，定出 Mp、Nm 两条直线，然后以 Mp、Nm 为基线，扩展厂房控制网。

3.3.8　定位测量记录

不论新建、扩建或管道工程都应及时做好定位测量记录，按规定的格式如实地记录清楚测设方法和测设顺序，文字说明要简明扼要，各项数据应标注清楚，使有关人员能看明白各点的测设过程，以便审核复查。

控制网测完后，要经有关人员（建设单位、设计单位、城市规划部门）现场复查验收。定位记录要有技术负责人、建设单位代表审核签字，作为施工技术档案归档保管，以备复查和作为交工的资料。

若几个单位工程同时定位，其定位记录可写在一起，填一份定位记录。定位记录的主要内容包括：

（1）建设单位名称，工程编号，单位工程名称，地址，测设日期，观测人员姓名。

（2）施测依据，有关的平面图及技术资料各项数据。

（3）观测示意图，标明轴线编号、控制点编号，各点坐标或相对距离。

（4）施测方法和步骤，观测角度，丈量距离，高程引测读数。

（5）文字说明。

（6）标明建筑物的朝向或相对标志。

（7）有关人员检查会签。

定位测量记录格式见表 3.3，表 3.4 及图 3.19。

表 3.3 　　　　　　　　　　　　**定 位 测 量 记 录**

| 建设单位： | | 工程名称： | | 地址： | | |
| 施工单位： | | 工程编号： | | 日期 | 年 | 月 | 日 |

施测依据：一层及基础平面图，总平面图坐标，*MN* 两控制点

施测方法和步骤

测站	后视点	转角	前视点	量距（m）	定点	说明
N	M	47°37′15″	2	159.682	2	
2	N	118°13′17″	1	162.740	1	
2	1	90°	3	42.740	3	
1	2	90°	4	42.740	4	
3	2	90°	4	闭合差角+10″，长+12mm		调整闭合

高程引测记录

测点	后视读数（m）	视线高（m）	前视读数（m）	高程（m）	设计高程（m）	说明
N	1.320	120.645		119.325		
2			1.045	119.600	119.800	
					−0.200	

注 高程控制点与控制网控制桩合用，桩顶标高为−0.200m。

表 3.4 　　　　　　　　　　　　**各 点 坐 标** 　　　　　　　　　　单位：m

点 位	M	N	1	2	3	4
A	688.23	598.3	739	739	781.74	781.74
B	512.1	908.25	670	832.74	832.74	670

定位测量中的注意事项：

（1）应认真熟悉图纸及有关技术资料，审核各项尺寸，发现图纸有不符的地方应要求技术部门改正。施测前要绘制观测示意图，把各测量数据标在示意图上。

（2）施测过程的每个环节都应精心操作，对中、丈量要准确，测角应采用复测法，后视应选在长边，引测过程的测量精度应不低于控制网精度。

（3）基础施工中最容易发生问题的地方是错位，其主要原因是把中线、轴线、边线搞混用错。因此凡轴线与中线不重合或同一点附近有几个控制桩时，应在控制桩上标明轴线编号，分清是轴线还是中线，以免用错。

（4）控制网测完后，要经有关人员检查验收。

（5）控制桩要做出明显标记，以便引起人们的注意，桩的四周要钉木桩拉铁丝加以保护，防止碰撞破坏。如发现桩位有变化，要经复查后再使用。

（6）设在冻胀性土质中的桩要采取防冻措施。

学习任务 3.4 砌 筑 工 程 放 线

3.4.1 测设轴线控制桩

如图 3.20 所示，轴线控制桩又称为引桩或保险桩，一般设置在基槽边线外 2～3m，不受施工干扰而又便于引测的地方。当现场条件许可时，也可以在轴线延长线两端的固定建筑物上直接作标记。

为了保证轴线控制桩的精度，最好在轴线测设的同时标定轴线控制桩。若单独进行轴线控制桩的测设，可采用经纬仪定线法或者顺小线法。

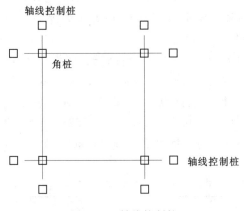

图 3.20 轴线控制桩

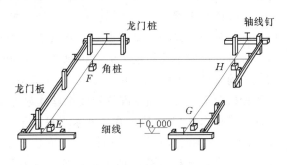

图 3.21 设龙门板

3.4.2 测设龙门板

在建筑的施工测量中，为了便于恢复轴线和抄平，可在基槽外一定距离钉设龙门板，如图 3.21 所示。钉设龙门板的步骤如下：

（1）钉龙门桩。在基槽开挖线外 1.0～1.5m 处（应根据土质情况和挖槽深度等确定）钉设龙门桩，龙门桩要钉得竖直、牢固，木桩外侧面与基槽平行。

（2）测设±0.000 标高线。根据建筑场地水准点，用水准仪在龙门桩上测设出建筑物 ±0.000 标高线，若现场条件不允许，也可测设比±0.000 稍高或稍低的某一整分米数的 标高线，并标明之。龙门桩标高测设的误差一般应不超过±5mm。

（3）钉龙门板。沿龙门桩上±0.000 标高线钉龙门板，使龙门板上沿与龙门桩的 ±0.000 标高对齐。钉完后应对龙门板上沿的标高进行检查，常用的检核方法有仪高法、测设已知高程法等。

（4）设置轴线钉。采用经纬仪定线法或顺小线法，将轴线投测到龙门板上沿，并用小 钉标定，该小钉称为轴线钉。投测点的容许误差为±5mm。

（5）检测。用钢尺沿龙门板上沿检查轴线间的间距，是否符合要求。一般要求轴线间 距检测值与设计值的相对精度为 1/2000～1/5000。

（6）设置施工标志。以轴线钉为准，将墙边线、基础边线与基槽开挖边线等标定于龙 门板上沿。然后根据基槽开挖边线拉线，用石灰在地面上撒出开挖边线。

龙门板的优点是标志明显，使用方便，可以控制±0.000 标高，控制轴线以及墙、基础与基槽的宽度等，但其耗费的木材较多，占用场地且有时有碍施工，尤其是采用机械挖槽时常常遭到破坏，所以，目前在施工测设中，较多地采用轴线控制桩。

3.4.3 基槽（或基坑）开挖的抄平放线

施工中基槽是根据所设计的基槽边线（灰线）进行开挖的，当挖土快到槽底设计标高时，应在基槽壁上测设离基槽底设计标高为某一整数（如 0.500m）的水平桩（又

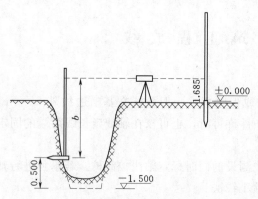

图 3.22 设置水平桩（单位：m）

称腰桩），如图 3.22 所示，用以控制基槽开挖深度。

基槽内水平桩常根据现场已测设好的±0.000 标高或龙门板上沿高进行测设。例如，槽底标高为−1.500m（即比±0.000 低 1.500m），测设比槽底标高高 0.500m 的水平桩。将后视水准尺置于龙门板上沿（标高为±0.000），得后视读数 $a=0.685$，则水平桩上皮的应有前视读数 $b=±0.000+a-(-1.500+0.500)=0.685+1.000=1.685$（m）。立尺于槽壁上下移动，当水准仪视线中丝读数为 1.685m 时，即可沿水准尺尺底在槽壁打入竹片（或小木桩），槽底就在距此水平桩上沿往下 0.5m 处。施工时常在槽壁每隔 3m 左右以及基槽拐弯处测设水平桩，有时还根据需要，沿水平桩上表面拉上白线绳，或在槽壁上弹出水平墨线，作为清理槽底抄平时的标高依据。水平桩标高容许误差一般为±10mm。

当基槽挖到设计高度后，应检核槽底宽度。如图 3.23 所示，根据轴线钉，采用顺小线悬挂垂球的方法将轴线引测至槽底，按轴线检查两侧挖

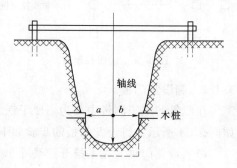

图 3.23 检核槽底宽度

方宽度是否符合槽底设计宽度 a、b。当挖方尺寸小于 a 或 b 时，应予以修整。此时可在槽壁钉木桩，使桩顶对齐槽底应挖边线，然后再按桩顶进行修边清底。

3.4.4 基础墙标高控制

在垫层上弹出轴线和基础边线后，便可砌筑基础墙（±0.000 以下的墙体）。基础墙的高度是利用基础皮数杆来控制的。基础皮数杆是一根木杆，如图 3.24（a）所示，其上标明了 ±0.000 的高度，并按照设计尺寸，画有每皮砖和灰缝厚度，以及防潮层的位置与需要预留洞口的标高位置等。立皮数杆时，先在立杆处打一木桩，按测设已知高程的方法用水准仪抄平，在桩的侧面抄出高于垫层某一数值（如 0.1m）的水平线。然后，将皮数杆上高度与其相同的一条线与木桩上的水平线对齐并用大铁钉把皮数杆与木桩钉在一起，作为砌墙时控制标高的依据。

当基础墙砌到 ±0.000 标高下一皮砖时，要测设防潮层标高，如图 3.24（b）所示，容许误差不大于 ±5mm。有的防潮层是在基础墙上抹一层防水砂浆，也作为墙身砌筑前的抹平层。为使防潮层顶面高程与设计标高一致，可以在基础墙上相间 10m 左右及拐角处做防水砂浆灰墩，按测设已知高程的方法用水准仪抄平灰墩表面，使灰墩上表面标高与防潮层设计高程相等，然后，再由施工人员根据灰墩的标高进行防潮层的抹灰找平。

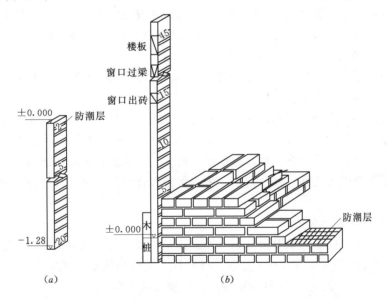

图 3.24 皮数杆

（a）基础皮数杆；（b）墙身皮数杆

3.4.5 多层建筑物的轴线投测和标高传递

1. 轴线投测

多层建筑物的轴线投测一般有以下两种方法：

（1）用线锤投测。在墙砌筑过程中，为了保证建筑物位置正确，常用线锤检查纠正墙角，使墙角在同一铅垂线上，这样就把轴线的位置逐层传递上去了。

（2）用经纬仪投测。当建筑物较高或风较大时，可用经纬仪把轴线投测到楼板边缘或砖墙边缘，作为上一层施工的依据。

2．标高传递

在多层建筑物施工中，经常要由下层楼板向上传递标高，以便使楼板、门窗口、室内装修等工程的标高符合设计要求。标高的传递一般可采用以下几种方法：

（1）利用皮数杆传递标高。在皮数杆上一般自±0.000起，将门窗口、过梁、楼板等构件的标高都标明，需要哪部分的标高位置时，均可从皮数杆上得到。

（2）利用钢尺直接丈量。在标高精度要求较高时，可用钢尺沿某墙角自±0.000起向上直接丈量，把标高传递上去。

（3）吊钢尺法。在楼梯间吊下钢尺，用水准仪读数，把下层标高传到上层。

学习任务 3.5　厂房结构安装放线及校正测量

3.5.1　放线前的准备工作

1．认真熟悉图纸

工业厂房多采用装配式结构，一个单位工程中预制构件的规格、型号很多，结构形式比较复杂。放线前要按结构平面布置图把各种型号构件的数量、规格、断面尺寸、各部位标高、预埋件位置等有关数据分别核对清楚，然后按模板图进行放线。结构安装中的放线主要是在预制构件上弹出各种标志线，为安装过程的对位、校正提供依据。

2．构件的检查与清理

将构件混凝土表面清扫干净，妨碍安装的地方要凿掉，预埋件要凿露出来，影响量尺、弹线的障碍物要清理干净。

对外观有缺陷、损伤、变形、裂缝、超过允许偏差的构件要提供给有关部门研究处理。由于制作误差，构件尺寸并不那么标准，在量尺和弹线过程中要结合构件的实际尺寸，酌情找出比较合理的标线位置，以保证结构安装的精度。装配式结构中柱子安装是关键部位，柱子平面位置正确，柱身垂直，牛腿标高符合设计要求，其他构件安装才能有可靠的基础。

3.5.2　柱子的弹线及安装校正

钢筋混凝土预制柱安装前要做好如下标志：①中线（三个侧面）；②安装校正线（亦称准线）；③牛腿面吊车梁安装线；④屋架安装线；⑤标高线；⑥其他铁件、牛腿安装线；⑦轴线编号；⑧安装就位方向。

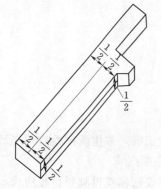

图 3.25　柱中弹线示意图

3.5.2.1　柱子的弹线方法

1．中线的弹法

每根柱要在三个侧面弹出中线，以便安装对位，图3.25是柱中弹线示意图。方法是：在下端截面高度1/2处标一中点，在柱上端截面高度1/2处再标一中点，将两中点连线即为该柱面的中线。用同法可弹出两个面的中线。

第三个面中线要求的条件是它与对应面的中线必须互相平行。柱底四边中线连成的十字线必须互相垂直。如果柱子制作时几何尺寸存在误差，截面不是矩形，柱的各角不是直角，第三个面就不能采取简单取中的方法标定中点。A、B、C 都是柱面的中线，但由于柱截面不呈矩形，对位时虽然 A、B、C 三点与杯口三条中线对齐，但柱身还是偏离正确位置。采用如下方法可做到柱底中线连线互相垂直。

（1）如图 3.26 所示，A、B 为已标好的两条中线。先在第四个面标中点 D，作 BD 连线，然后过 A 点作 BD 垂线（用拐尺）并将垂线延长标出 C 点，用 C 点再弹出第三个面的中线，就可满足中线间连线互相垂直的条件。

（2）图 3.27 中 A、B 两条中线标出后，用拐尺量 1、2 两角，若有一直角时，量取与 A 点至角边相等的距离，标出 C 点。

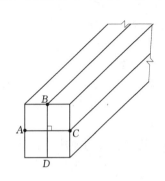

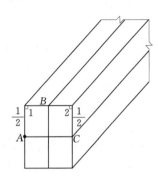

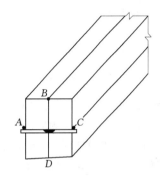

图 3.26　用垂线法标 　　　图 3.27 用量直角法标 　　　图 3.28 用水平尺标
第三面中点 　　　　　　　　第三面中点 　　　　　　　　第三面中点

（3）如图 3.28 所示，A、B 两条中线标出后，当 BD 为垂线时，利用水平尺（木工用的带气泡的水平尺），将尺的一端对齐 A 点，在尺的另一端可标出 C 点。

采用如下方法可做到对应面两条中线互相平行。

（1）图 3.29 中 AA' 为已弹中线，若柱立面与垂线平行，在柱两端用水平尺分别标出 C、C' 点，CC' 连线与 AA' 连线相平行。

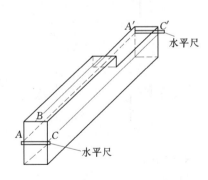

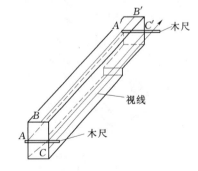

图 3.29　目测法弹第三面中线 　　　图 3.30　利用水平尺弹第三面中线

（2）图 3.30 中 AA' 为已弹中线，用两根长 1.2m 左右木尺，一人在柱下端持木尺，将尺上表面与 A、C 点对齐，尺身伸向柱外观测方向 50～60cm；另一人在柱顶端持尺，将尺一端的上表面与 A' 点对齐，另一端伸向观测方向，用目测法观测两尺上表面，以 A' 点为轴转动柱顶木尺，当两尺面平行时，在柱顶标出 C' 点。则 CC' 与 AA' 相平行。

（3）若构件截面尺寸较准确，可直接量尺取中，标出第三面的中线。

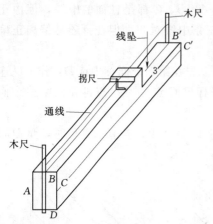

图 3.31　拉通线标中线各点

若柱为变截面（例如有牛腿的面），可采用拉通线或目测法来标出中线各点。图 3.31 是采用拉通线法标中线点的示意图，方法是：做两根木尺，尺长比牛腿处截面长 50～60cm，一人将尺边与 BD 点对齐，立稳；另一人在柱顶端将尺边与 B' 对齐，以 B' 点为轴转动木尺，用目测法观测，当两尺边平行时停住。在两尺间拉通线，标出中间点。如果拉线离柱面较高，可用吊线法（图中 3 点）或用拐尺把中点投测在柱面上。然后将各点连成通线。

沿尺边在柱顶弹出与 BD 相平行的中线。

2. 安装线的弹法

对于中线不能从柱脚通到柱顶的柱，或者中线不在同一平面上（如工字柱、双肢柱），安装时不便观测校正的柱，应在靠近柱边位置（一般距柱边缘为 10cm）作中线的平行线，这条从柱脚通到柱顶的线，称为安装线。

图 3.32 中如柱截面边长为 100cm，安装线距柱边 10cm，其安装线的弹法是：从柱中线向柱边量 40cm，标出 m、m' 点，将 m、m' 点连线并延长至柱顶，就弹出了所需的安装线。

先弹中线，后弹安装线；或者先弹安装线再依安装线弹中线，两种方法均可。

安装线必须是一条直线，一般应先标出柱两端的点，然后用拉通线的方法标出中间点，如图 3.32（b）所示。依据柱边量安装线位置时，若柱边不直，由于柱身弯曲，使安装线呈折线，如图 3.32（c）所示，会给下一步工作带来困难。

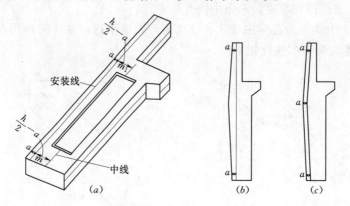

图 3.32　安装线的弹法

3. 牛腿面吊车梁中线的弹法

吊车梁在牛腿面上有两条安装线，一条是横轴方向的中线，另一条是吊车梁纵向中线。横轴方向的中线可沿上、下柱的中线连线，也可根据柱截面宽度取中，纵向中线要根据柱安装线来确定。

图 3.33 中吊车梁纵向中线至安装线的距离为 h，当轴线至柱边缘没有联系尺寸时[图 3.33（a）]。

$$h=H-a$$

当轴线至柱边缘有联系尺寸时〔图 3.33（b）〕

$$h=(H+D)-a$$

式中　H——吊车梁中线至轴线距离；

　　　D——轴线至柱边缘联系尺寸；

　　　a——安装线至柱边缘的距离。

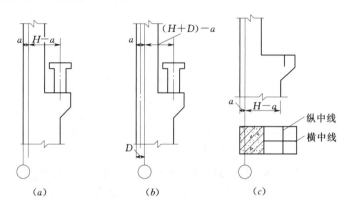

图 3.33　牛腿面吊车梁中线标法

在牛腿面上标线形式如图 3.33（c）所示，两条纵、横线要互相垂直。端柱及伸缩缝处柱，由于吊车梁伸出柱支座外，牛腿面上中线被遮盖，不便对准就位，宜在牛腿面上标出吊车梁的边线。

4.柱顶屋架中线的弹法

屋架在柱顶有两条安装线。一条是横轴方向的中线即柱小面中线，另一条是屋架跨度轴线。屋架安装时是以屋架几何轴线与柱顶支反力作用点相对应进行对位的。屋架跨度的轴线长度小于屋架跨度的名义长度，一般屋架跨度轴线至厂房柱轴线的距离每端为 150mm。

图 3.34 中屋架跨度轴线至柱安装线的距离 m；柱轴线至柱外边缘没有联系尺寸时〔图 3.34（a）〕

$$m=M-a$$

柱轴线至柱外边缘有联系尺寸时〔图 3.34（b）〕

$$m=(M+D)-a$$

式中　M——屋架轴线至柱轴线的距离；

　　　a——柱安装线至柱外边缘的距离；

　　　D——柱轴线至柱边缘的联系尺寸。

弹线方法是：先计算出屋架跨度轴线至柱安装线的距离 m，再从柱安装线起量出屋架轴线位置，在柱顶弹出纵轴线，柱顶纵横两条轴线要互相垂直。

5.柱长检查及杯底找平

（1）柱身长度检查。柱子安装时对标高要求准确的部位是承受吊车梁的牛腿面。因此，应以牛腿面为基准来检查柱长和确定柱子其他标高尺寸。若牛腿面倾斜，量尺时应以

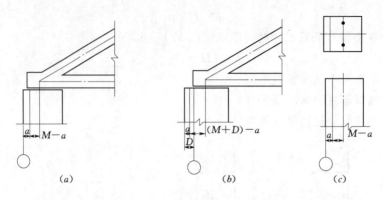

图 3.34　柱顶层架中线的弹线方法

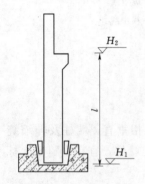

图 3.35　柱子与柱杯
关系示意图

与吊车梁接触面最高的点为准向下量尺；当柱子有两个牛腿，两牛腿间实际高差又小于设计高差时，应以位于下部的牛腿面为准向下量尺；当两牛腿面间实际高差大于设计高差时，应以位于上部的牛腿面为准向下量尺；牛腿面与柱顶实际高差大于设计高差时，可适当修正牛腿面标高，这样柱子安装后，牛腿面及柱顶标高不会出现正偏差。

从图 3.35 中看出，柱底至牛腿面的设计长度 l

$$l = H_2 - H_1$$

H_1 是柱底标高，不是基础杯底设计标高，两者之间设计时一般留有 5cm 空隙，作为调整柱长的余地。

如牛腿面设计标高 +7.800m，柱底标高为 −1.100m，那么牛腿面至柱底面的长度 $l = 7.800 − (−1.100) = 8.900$（m）。柱身长度检查的具体做法如下：用钢尺从牛腿面沿柱身向下先量出某一标高位置（一般选用 ±0.000 线，但距柱底宜在 1.10～1.50m），并在柱子三个侧面弹出同一标高的水平线，称"捆线"，如图 3.38 所示。水平线与柱中线及安装线要垂直。一般用特制的拐尺画线，然后以这条水平线为标准向下量尺，检查柱底各角至水平线的长度，并将尺寸标在柱面上，作为修正杯底标高的依据。

（2）杯底找平。于杯口顶面标高下返 50mm，在杯口四角测一水平线，作为杯底找平的依据。如图 3.37 中设 H_3 为 −0.500m，那么柱底至柱水平线的长度 e 减去柱水平线与杯口水平线的高差，就是柱子插入杯口标高线以下的实际长度。然后按柱子插入杯口后各角的对应位置，在杯底立面分别标出各点杯底标高，用水泥砂浆或细石混凝土找平，即可做到柱底面与杯口底面吻合接触。

例如根据图 3.35、图 3.36、图 3.37 已知数据，进行柱长检查及杯底找平，方法如下：

1）用钢尺从牛腿面沿柱身向下量 7.80m 标出 ±0.000 位置，并在三个侧面弹出水平线。

2）量出柱底各角至水平线的长度，a 角长 1110mm，b 角长 1090mm，c 角长 1100mm，d 角长 1110mm。

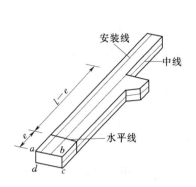

图 3.36　柱身捆线及柱长检查

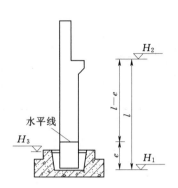

图 3.37　杯底标高找平方法

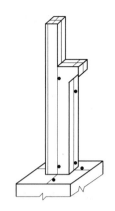

图 3.38　柱方向标志的画法

3）杯口线与柱水平线高差

$$0.00-(-0.50)=0.50(\text{m})$$

柱各角插入杯口线以下实际长度：

a 角 $1110-500=610(\text{mm})$；b 角 $1090-500=590(\text{mm})$；c 角 $1100-500=600(\text{mm})$，d 角 $1110-500=610(\text{mm})$。

可从杯口线向下量出以上各角实际长度数值，进行找平。

6. 其他结构安装线的弹法

预制柱上有时还焊有钢牛腿、钢平台等，在柱子弹线时须把这些结构的安装位置标记出来。弹线方法是：在标高方向应以柱身所弹水平线为依据量尺划分，在水平方向应以柱中线或安装线为依据量尺划分，并且应在标线位置用数字或文字注明。

7. 柱的轴线编号

一个单位工程中预制柱的规格、型号很多。有的外形尺寸虽相同，但由于预埋件、配筋不同，也分很多型号。因此，要按施工图认真核对柱的型号和安装后所在的轴线位置，按轴线进行编号。安装时就可对号入座，防止出现差错。施工中可将所有柱都编号；也可只将特殊型号的柱进行编号，后者在安装就位过程中较为灵活。

8. 柱方向标志的画法

由于柱预制时平卧，朝向状态不同，对特殊型号的柱及吊装过程中不易辨别方向的柱（如双向牛腿、框架、双轴线柱等）要标明安装就位方向。方向标志的画法，如图 3.38 所示。在贴近中线或安装线边画一小三角形"▽"，柱身三角形顶尖指的方向应和杯口面三角形顶尖指的方向相一致，安装过程按柱身和基础三角形"▽"指的相同方向就位。一列柱中三角形顶尖指的方向应相同，一般是指向轴线数值增加的方向。如果三角形尖指的方向不规律，也容易造成错误。

3.5.2.2　柱子的校正测量

1. 柱的就位与校正方法

（1）柱的安装就位。柱安装过程大都采用先就位、后校正的吊装方法。安装就位时要将柱脚下端三条中线与杯口底中线对齐，如图 3.39（a）所示。这时由于柱身倾斜，虽然柱中线没有与杯口顶面中线对齐，但校正过程柱身是以杯底中线为轴进行转动的，柱身垂直后，柱中线就与杯口中线对齐了，如图 3.39 (b) 所示。

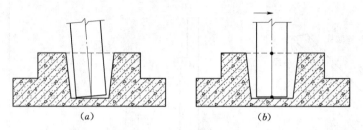

图 3.39　柱就位的正确方法

就位时如果柱中线与柱杯上口中线对齐，如图 3.40 (a) 所示，由于柱身倾斜，校正过程中柱身绕柱底中线转动，柱身垂直后，柱中线便偏离杯口中线，造成错位，如图 3.40 (b) 所示。规范规定柱中心线对定位轴线的位移允许偏差为 5mm。若柱身倾斜，校正过程引起的位移量是不可忽视的。图 3.40 中设柱长 15m，柱顶倾斜 200mm，杯口深 0.75m，校正后柱中线对杯口中线的位移量为（按相似三角形计算）

$$15 : 200 = 0.75 : X$$

$$X = 10\text{mm}$$

这个数值已超过规范规定的允许误差，柱子还须进行校正。

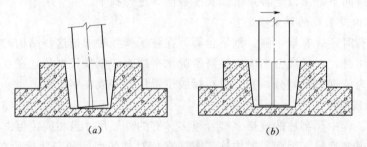

图 3.40　不正确的就位方法

（2）柱的校正方法。图 3.41 (a) 是用锤敲打楔子的校正方法。其做法是用锤敲打杯口楔子，给柱身施加一水平力，使柱子绕柱脚转动而垂直，此法适于 10t 以内的柱子校正。

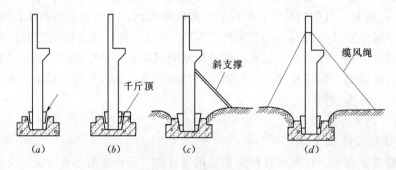

图 3.41　柱子的校正方法

图 3.41 (b) 是用千斤顶校正的方法。其做法是将千斤顶安置在杯口上，给柱身施加

一水平力，使柱子绕柱脚转动而垂直。此法适用于 30t 以内的柱的校正，这是常用的方法。

图 3.41（c）是用钢管支撑斜顶的校正方法。其做法是利用斜支撑给柱施加斜向力，使柱子绕柱脚转动而垂直。

图 3.41（d）是用缆风绳校正的方法。其做法是利用倒链或紧线器拉紧缆风绳，给柱施以拉力，使柱子绕柱脚转动而垂直。此法适于对柱自重较大或柱斜度较大的柱进行校正。

柱子垂直度校好后，随即用混凝土做最后固定，以防因停放时间长而变形。

2. 柱的垂直校正测量

（1）经纬仪校正法。校正时要用两台经纬仪在纵横两个方向同时进行。实际工作中经常是成排的柱子，仪器不能安置在轴线上。因此，一台仪器安置在横轴方向上，另一台仪器可安置在纵轴线的一侧，如图 3.42 所示。仪器至柱子的水平距离，不宜小于柱高的 1.5 倍，偏移轴线不宜大于 3m。

观测时先用望远镜照准柱校正线底部，然后逐渐抬高望远镜。若校正线偏离视线，应指挥安装人员利用校正工具转动柱身，如图 3.43 所示。待柱子达到基本垂直后，再将视线照准校正线底部（因为在柱顶端位移过程中，柱底部也随之发生小量位移），重新抬高望远镜进行观测，直到柱顶校正线与视线重合为止。

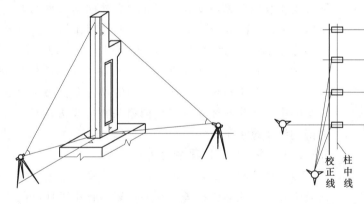

图 3.42　柱垂直校正测量　　　　图 3.43　柱垂直校正测量

进行柱垂直校正时，应先校正垂直偏差大的方向，纵横两个方向必须都满足垂直条件。柱校正好后，要检查杯口处中线对位情况，合格后再做最后固定。

若校正线不在同一垂直面上，（如有牛腿的柱面上柱中线与下柱中线就不在同一垂直平面上），校正时仪器必须安置在轴线方向上，使视线与柱面垂直，否则柱子将难以校正垂直。仪器偏离轴线越远，误差越大。

（2）吊弹尺校正法。制作工字形吊弹尺，形状如图 3.44（b）所示，尺长 2～2.5m，尺身用 4cm×5cm 的木方，上下横拐用 3cm×4cm 的木方制作，要求尺两端横拐等长。检查时，将尺靠在柱侧面，如图 3.44（a）所示，当线坠稳定时，垂线下部与横拐顶端对齐，表示柱身垂直。此法灵活简便，适于小构件安装工程。

（3）抄测标高线。柱子做最后固定后，根据厂房标高控制点，在柱侧面测设一条比地面高 0.50m 的水平线，供下一步施工使用。

3. 柱垂直偏差的检查

规范规定，柱安装垂直度允许偏差，柱高不大于 5m 时为 5mm；大于 5m 时为 10mm；不小于 10m 时为柱高的 1/1000，但不大于 20mm。

柱垂直偏差的检查方法，先以望远镜正镜照准柱顶校正线，然后低转镜俯视柱底部，技测一点。同法用倒镜在柱底部再技测一点，取两次投点的中点，则该中点与柱底校正线间的距离，就是柱子的垂直偏差值。

4. 吊车梁安装中线的纠正方法

规范规定，吊车梁中线对定位轴线位移的允许偏差为 5mm。牛腿面吊车梁中线是根据柱安装线划分的，柱子安装时，柱中线对杯口中线产生平移以及柱身产生垂直偏差，都会造成吊车梁中线的位移。因此，必须加以纠正，才能满足吊车梁的精度要求。

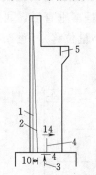

图 3.45 吊车梁安装
中线的校正方法
1—柱校正线；2—投测垂线；
3—杯口中线；4—柱子中线；
5—吊车梁安装中线

图 3.44 吊弹尺校正法

检测方法如图 3.45 所示，先以望远镜正镜照准牛腿面标高的柱校正线，然后向下转动望远镜俯视柱下端投测一点，同法用倒镜在柱下端再投测一点，并取两次投点的中点，则该中点至柱下端校正线的距离，即为牛腿面标高处柱的垂直偏差。假设向里倾斜 10mm，再检查柱中线对杯口中线存在的平移偏差，如也向里错位 4mm，因为两项偏移的方向相同，所以牛腿面原吊车梁中线对定位轴线合计偏差为 10+4=14mm。将此数值标记在柱面上，并画箭头指出吊车梁中线的偏移方向。吊车梁安装时，将吊车梁中线对牛腿面安装中线向箭头指的反方向移位 14mm，就把偏差纠正过来了。

3.5.2.3 柱子校正过程中的注意事项

（1）柱子校正前，仪器必须经过检验、校正，尤其是横轴应垂直于竖轴。仪器距柱子的水平距离不宜小于柱高的 1.5 倍，安置仪器要调平，以减少仪器误差。观测过程中要随时检查仪器有无碰动，水准管气泡是否仍居中。

（2）初校后要将视线再次照准柱底部校正线，进行复测，纵横两个方向都不超过允许误差，才能做最后固定。

（3）临时固定要挤牢，一般校正过程中杯口内都使用木楔子，校好后再用石块或预制混凝土块将木楔子替出。应选用坚硬、规则的石块，以增加挤压面，以免因石块挤碎，造成柱子倾斜。柱子校正好后要及时灌筑混凝土固定，防止因间隔时间长柱子发生倾斜。

（4）在有风天气施工，风力会给柱身一侧向水平力，此时要采取可靠措施，防止在杯口混凝土凝固过程中柱子发生倾斜。

（5）由于阳光照射，柱阳面温度高于阴面，按热胀冷缩的物理性质，柱子将向阴面弯曲，如图 3.46 所示。在盛夏，对于较细长、高大的柱，为减少温差对柱校正精度的影响，最好利用阴天、清晨、黄昏等受阳光影响较小的时间进行校正。

（6）柱子立好后，上端为自由端，在吊装上部构件时要避免以柱子为支点强行撬拨，而造成柱身倾斜。操作用的大梯子要立在柱的小面，若立在大面上，因柱的刚度差，梯子及操作人员的侧压力会造成柱侧向倾斜，上部构件固定后，会约束柱子不能恢复原来的位置。

（7）柱子不宜向厂房外侧倾斜，否则屋架受力后下弦杆伸长，会增大柱子的倾斜度。

图 3.46　阳光照射使柱身弯曲

3.5.2.4　钢柱的弹线及垂直校正

钢柱的弹线和垂直校正方法与混凝土柱的方法基本相同。不同的是钢筋混凝土柱是插入杯口内，而钢柱是坐在基础面上，基础面的高差用垫板找平。

钢柱牛腿面的设计标高减去柱底至牛腿面的长度等于柱底面的标高；柱底面标高减去基础面标高等于柱底垫板厚度。

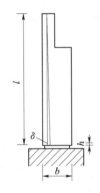

图 3.47　钢柱的校正方法

弹线方法是：首先量出牛腿面至柱底面的实际长度（亦应在柱 3 个侧面弹出水平线，量出 4 个角的实际长度），计算出柱底各角的标高，然后测出垫板位置、基础面的标高，计算出每个角的垫板厚度。安放垫板时要用水准仪抄平，垫板标高及 ±0.000 标高的测量误差为 ±2mm。

钢柱在基础面上就位，要使柱中线与基础面上中线对齐。由于量尺和垫板抄平存在误差，柱子立起后，可能仍有垂直偏差，这时要加（撤）垫板，用改变垫板厚度的办法解决。图 3.47 中，柱子就位后柱身向一侧倾斜，调整方法是：先用望远镜照准柱顶端校正线，然后用正、倒镜向下投点，如图中投点偏离校正线距离为 δ，可按下面方法计算垫板调整厚度。柱长为 l，柱顶对柱脚垂直偏差为 δ，两垫板间中心距离为 b，垫板调整厚度 h，则

$$l : \delta = b : h$$

$$l = (b\delta)/h$$

按此法进行调整，不需反复试垫就能使柱子垂直，可减少重复劳动，提高工作效率。

3.5.3　分节柱（框架）的弹线与安装

当柱子（框架）过长或过重时，由于起重设备或构件刚度的限制，多采用分节预制、分节吊装的施工方法。常见的有以下几种形式（图 3.48）。

3.5.3.1　整体预制的弹线方法

采用分节吊装的柱（框架），为确保安装对位的精度和接触吻合，多采用通长支模、通长绑筋接头，下节柱上用钢板（预埋件）将混凝土隔断的方法施工。虽分节但通长预制的柱（框架）可视为一个整体，弹线时要统一量尺，统一做标记，统一弹线。接头处上下边缘要标出贯通的对位线，以保证安装对位的准确性，其弹线方法和整体独立柱的做法相

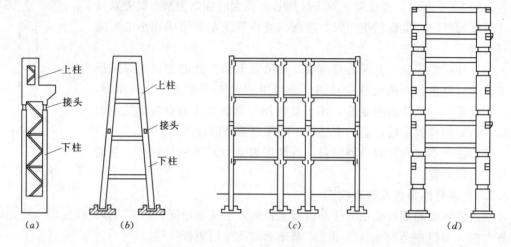

图 3.48　分节柱（框架）的几种形式

（a）双肢柱；（b）A 形支架；（c）梁柱型框架；（d）H 形框架

同。在通长量尺时，如果上下节柱接缝处隔断板（如木板）安装时需撤掉的，应减去隔断板的厚度。如图 3.49 中：

$$柱实长 \ l = l' - d$$

式中　l'——柱全长；

　　　d——量尺范围内隔断板厚度。

3.5.3.2　分离预制的弹线方法

分节且分离预制的柱（框架）易出现制作误差，形成接头处接触面不垂直于柱的竖轴。量柱长时应以最长的一点为准，不能按最短的一点计算，更不能取平均长度，如图 3.50 所示。

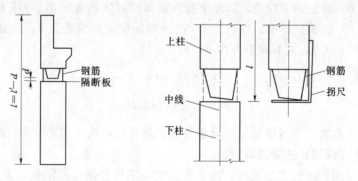

图 3.49　分节柱量尺方法　　　图 3.50　分节柱柱长的量尺位置

如两个接触面均有偏差，且倾斜方向不同，如图 3.51（a）所示，则上下节柱都按最长的一点计算柱长。如果两个面的倾斜方向相同，如图 3.51（b）所示，偏差大的按最长一点计算，偏差小的可按较短一点计算，遇这种情况一定要核准接触点的位置。

3.5.3.3　框架的弹线方法

框架由两个肢柱组成，要在 3 个侧面弹出 4 条中线，其中跨度方向的两条中线不仅要按柱截面划分，同时两条中线的间距必须等于两杯口间的中线距离，且两条中线要互相平行。在图 3.52 中，中线 AA' 与 BB' 互相平行，L 为两杯口间的中线距离。

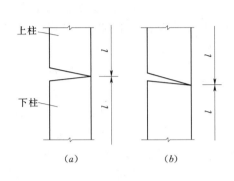

图 3.51　上下节柱的量尺位置

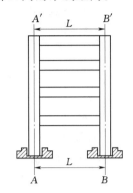

图 3.52　分节框架的弹线方法

3.5.3.4　分节柱的安装对位

1. 分节柱的安装对位

分节吊装的柱应严格控制下柱的垂直偏差，规范规定上下柱接口中心线位移允许偏差为 3mm。分节组合后的柱被视为一个整体，应符合独立柱的允许误差要求。上柱的安装对位工作要在起重机松钩前完成，接头形式如图 3.53 所示。上柱垂直度校正完成后，柱身要采取牢靠的稳定措施，防止柱子倾斜变形。上下柱接头处不准出现硬弯。

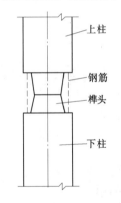

图 3.53　上下柱接头形式

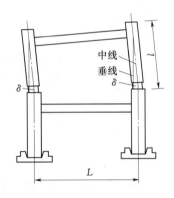

图 3.54　框架的接头形式

2. 框架及双肢柱的安装对位

如图 3.54 所示，当框架在横轴方向存在垂直偏差时，要采用在柱接头加垫板的办法矫正。为减少反复试吊，可按下式计算出加垫板的厚度

$$l : \delta = L : h$$
$$h = (L\delta)/l$$

式中　l——上柱长；

δ——上柱垂直偏差；

L——两柱间中线距离；

h——需加垫板厚度。

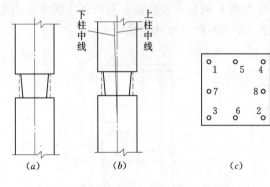

图 3.55　焊接对上柱的影响及施焊顺序

(a) 焊接前；(b) 焊接后；(c) 施焊顺序

3.5.3.5　焊接接头对上柱垂直偏差的影响

采用钢筋焊接接头，如图 3.55 (a) 所示，由于钢筋焊接后收缩变形的影响，使钢筋产生拉应力，会把已校正好的上柱拉向一侧而发生倾斜如图 3.55 (b) 所示。尤其对不对称荷载的柱更为明显。因此，对于钢筋焊接接头的柱，要采取对称、分层循环的施焊方法，施焊顺序如图 3.55 (c) 所示。被焊钢筋完全冷却后，应重新复测柱子的垂直状况。

学习任务 3.6　吊车梁、吊车轨的安装校正

3.6.1　吊车梁的弹线及安装

1. 吊车梁的弹线

吊车梁从几何形状上可分为 T 形、工字形、鱼腹式、桁架式等，从空间位置可分为上承式和下卧式，如图 3.56 所示。

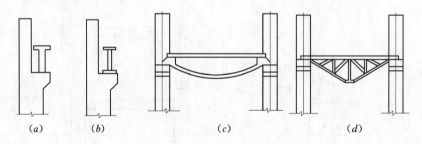

(a)　　　　　(b)　　　　　(c)　　　　　(d)

图 3.56　吊车梁的形式

吊车梁弹线主要是在梁两端立面和顶面上弹出梁的中线，如图 3.57 所示。梁两端的中线应互相平行，端跨及伸缩缝处特殊型号的梁，要在梁明显位置标明型号。

2. 吊车梁的标高校正

规范规定，吊车梁顶面标高的容许偏差为 -5mm。由于柱子安装标高误差和吊车梁制作高度误差，吊车梁在吊装时还需进行标高调整。标高校正（牛腿面垫板）应在吊装过程中完成，避免二次起吊。校正方法有两种：

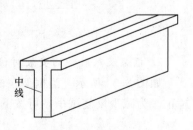

图 3.57　吊车梁中线的弹法

(1) 根据柱子吊装后抄测的 +0.500m 标高线，用钢尺沿柱身向上量尺，在柱面上标出吊车梁顶面标高线，吊车梁安装时用水平尺进行检查，如图 3.58 所示。

(2) 图 3.59 中，±0.000m 线是柱子弹线时从牛腿面往下返的标高线，+0.500m 线是

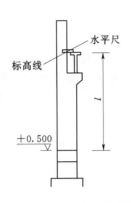

图 3.58　用标高线控制
吊车梁顶面标高

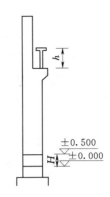

图 3.59　以标高线计算
吊车梁顶面标高

柱子安装后以厂房高程控制点抄测的标高线，H 为两条线的理论高差，设 H_1 为两条线间的实际高差，那么牛腿面存在的实际误差

$$a = H - H_1$$

a 为正时，表示牛腿面高于设计标高，a 为负时，表示牛腿面低于设计标高。如两条线理论高差 500mm，实量为 510mm，那么 $500 - 510 = -10$mm 表示牛腿面低于设计标高 10mm。图中 h 为吊车梁的设计高度，h_1 为实际高度，吊车梁的制作误差

$$b = h_1 - h$$

b 为正时，表示吊车梁实际尺寸大于设计高度；为负时，吊车梁实际尺寸小于设计高度。

故当 $a + b = 0$ 时，吊车梁安装后顶面符合设计标高；$a + b > 0$ 时，吊车梁安装后顶面高于设计标高；$a + b < 0$ 时，吊车梁安装后顶面低于设计标高。

如 $a = H - H_1 = -10$，即牛腿面比设计标高低 10mm；$b = h_1 - h = -5$，即吊车梁实际高度比设计高度低 5mm；$a + b = (-10) + (-5) = -15$ 表示吊车梁安装后，顶面比设计标高低 15mm，需加垫找平。

根据计算的结果，便可在吊装前准备合适的垫板用来调整吊车梁顶面标高。

3. 吊车梁的平面校正

规范规定，吊车梁中线对定位轴线位移的容许偏差为 5mm。

吊车梁对位主要是对中线，即安装时将吊车梁端部中线与牛腿面安装中线对齐。

由于柱子安装时存在误差，使原弹在牛腿面上的吊车梁中线对定位轴线发生位移，吊车梁对中时要予以纠正。以图 3.47 中柱存在误差为例，吊车梁对中的纠正方法如图 3.60 所示。

吊车梁轨距间的中线距离，不宜出现正偏差。验收规范规定：吊车梁校正应在屋面结构校正和固定完后进行。以避免校正屋面结

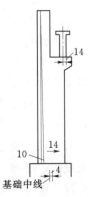

图 3.60　吊车梁对中时校正柱子误差

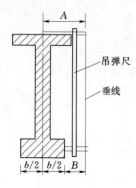

图 3.61　吊弹尺法校正吊车梁

构时，改变吊车梁位置。

4.吊车梁的垂直校正

吊车梁的垂直校正，应根据梁端中线，用吊垂线的方法进行校正。对于梁截面较高或下卧式（如鱼腹式）的梁，宜采用吊弹尺法进行校正。且要检查跨中截面尺寸最大的部位。检查方法如图 3.61 所示。检查时将尺的上横拐端点与梁顶面中线对齐，下横拐贴在梁的侧面，垂线与下横拐端头对齐，表示梁垂直。上、下横拐的长度关系是

$$A=B+b/2$$

3.6.2　吊车轨道的安装测量

吊车轨道安装测量包括吊车梁顶面找平、轨道放线、轨道校正三项内容。

1.钢筋混凝土吊车梁顶面抄平

（1）根据轨顶标高，按轨道连接图尺寸，计算出找平层标高。

（2）根据柱子安装后抄测的 $+0.500$m 标高线，在 2～3 根柱子上引测（用钢尺沿柱身向上量尺）找平层标高。

（3）将水准仪置于梁上，以引测的找平层标高点为后视，在梁面上每隔 3～4m 测设一找平层标高，其测量误差为 ±3mm。

2.吊车轨道放线

规范规定，轨道中线对吊车梁中线的容许偏差不大于 10mm，吊车轨距容许偏差为 $+5$mm。

（1）根据吊车梁中线投点。在厂房两端，根据吊车梁中线把轨道中线引测到找平层面上，再用钢尺检查两条轨道轨距是否符合设计要求，其误差应不超过 ±5mm。丈量轨距时要考虑钢尺挠度、温差和改正系数的影响。

将经纬仪置于吊车梁一端中点上，照准厂房另一端，在梁面上测设加密中线点，并弹上墨线，其投点容许误差为 ±2mm。如果梁面上不便放置三角架，可用特制仪器架安置仪器。如果距离不长，也可用细钢丝拉通线进行。

（2）平行线法。如图 3.62 所示，AA、BB 为柱子中线，a 为吊车梁中线至柱中线的平面距离。距吊车梁中线 500mm 作柱中线平行线，并复核两条平行线间距应等于吊车轨距 L_K =1000mm。

将经纬仪置于平行线一端，照准另一端，然后仰起望远镜向上投测。这时一人在吊车梁顶面持木尺，让尺的 500mm 刻划与视线重合，尺的零端即是轨道中线位置。

3.吊车轨道的检查校正

（1）轨道直线度检查。检查方法可用经纬仪抄测，亦可用

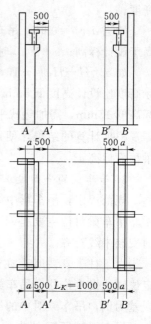

图 3.62　平行线法放轨道中线

细钢丝拉通线。轨道轴线对直线的偏差不大于 3mm，轨道不允许有折线。

（2）轨距检查。在厂房横剖面两条轨道对应处，用钢尺精密丈量，其实测值与设计值之差不超过±5mm。

（3）轨顶标高检查。在厂房跨间同一横剖面内吊车轨顶标高差，吊车梁支座处不大于10mm，吊车梁其他处不大于 15mm。相邻两柱间轨顶标高差不大于 $L_K/1500$。相邻两轨间高差不大于 1mm。

学习任务 3.7　屋架的弹线及安装校正

3.7.1　屋架的弹线方法

屋架形式有三角形、梯形、拱形、多腹杆、折线形等，结构材料有钢屋架、钢筋混凝土屋架、预应力钢筋混凝土屋架、组合屋架等。虽然几何形状和结构材料不同，跨度不等，但吊装过程中的弹线及校正方法基本相同。

首先要认真熟悉有关图纸，掌握结构的总体布置情况，在头脑中形成完整的空间概念，以便按屋架的不同型号及结构特点标出所需要的线。

以下以折线形钢筋混凝土屋架为例，介绍屋架弹线的基本内容和方法。

1. 跨度轴线弹线

屋架轴线长度小于屋架跨度的名义长度。图 3.63 是 18m 预应力折线形屋架的几何尺寸图，屋架弹线要标出跨度轴线，以便与柱顶安装线相一致。

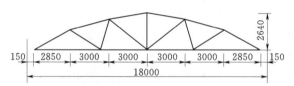

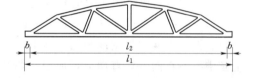

图 3.63　屋架几何尺寸图（单位：mm）　　　图 3.64　屋架长度与轴线的关系

屋架两端构造相同时，先量出屋架下弦的全长 l_1，减去屋架图示轴线长 l_2，其差值除以 2 即为屋架轴线至屋架端头的距离 b。再从屋架端头分别向中间量出 b 值，便是屋架轴线位置，如图 3.64 所示。端部节点如图 3.65 所示。

2. 中线的弹法

屋架应在两端立面和上弦顶面标出中线。量尺时可按屋架截面实际宽度取中，再将各中点连线，沿端头及上弦弹出通长中线，作为搭接屋面板和垂直校正的依据。当屋架有局部侧向翘曲时，应按设计尺寸取直弹线，以保证屋架平面的正确位置。

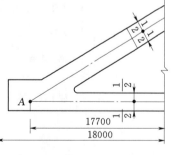

图 3.65　屋架跨度与轴线的关系（单位：mm）

3. 节点安装线的弹法

节点安装线指的是与屋架相连接的垂直支撑、水平系杆、天窗架、大型板等构件的安装线。

垂直支撑、水平支撑、水平系杆等是与屋架侧面相连接的构件,其安装线应标在屋架侧面,以屋架两端跨度轴线为依据,向中间量尺划分。

天窗架、大型屋面板、天沟板等是与屋架上弦顶面相连接的构件,其安装线应标在上弦顶面,从屋架中央向两端量尺划分。划分构件位置时要标构件的图示尺寸,如大型屋面板图示宽度 1500mm,制作宽度 1490mm,标线时要按 1500mm 划分板的位置。如果屋架预留孔、预埋件出现偏差,仍以图示尺寸划分,不能因按实物考虑而改变标线位置。

4. 屋架编号及方向

有时屋架外形尺寸虽然相同,但因屋架配筋、铁件,有支撑、无支撑,有天窗、无天窗等情况不同,限定了屋架安装的轴线位置。要按图纸详细核对每榀屋架的结构连接情况,在屋架上做好轴线编号,以便吊装时对号入座。编号时要考虑先吊哪榀、后吊哪榀,吊装的顺序,每榀屋架连接件的朝向,避免就位过程中发生二次倒运和吊装过程屋架调头转向。

3.7.2 屋架的安装校正

1. 屋架安装

屋架安装时要将屋架支座中线(跨度轴线)在纵横两个方向与柱顶安装线对齐。规范规定,钢筋混凝土屋架下弦中心线对定位轴线的容许偏差为 5mm;而柱子安装时柱顶位移偏差往往超过这一数值。为保证屋架的安装精度,屋架对中时也应向前面介绍的吊车梁纠正柱子错位的方法一样,把柱顶安装线的偏差纠正过来。

2. 屋架的垂直校正

规范规定,屋架垂直度的容许偏差不大于屋架高度的 1/250。

(1) 垂线法。屋架立直后,一人站在屋架一端持线坠校正,若柱中线、屋架端头立面中线、上弦中线均与垂线平行,则表示屋架垂直,如图 3.66 所示。由于柱、架端立面,上弦中线不在同一垂直面上,所以要特别注意校正人员要站在屋架下弦轴线的同一直线上,否则会影响校正精度。

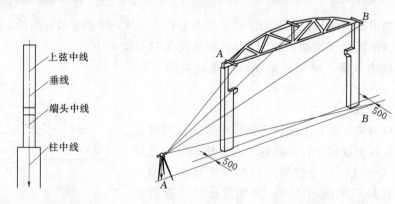

图 3.66　垂线法校正屋架　　　图 3.67　经纬仪校正屋架(单位:mm)

(2) 经纬仪校正法。如图 3.67 所示,在地面上作厂房柱横轴中线的平行线 AB。校正时,将经纬仪置于 A 点,照准 B 点,仰起望远镜,一人在屋架 B 端持木尺水平伸向观测方向,将尺的零端与视线对齐,在屋架中线位置读出尺的读数,即视线至中线的距离 500mm。

　　一人在屋架上弦中央位置持尺，将尺的 500mm 对齐屋架中线，纵转望远镜观测木尺，尺的零端与视线对齐，表示屋架垂直；否则应摆动上弦，直到尺的零端与视线对齐为止。此法校正精度高，适于大跨度屋架的校正；受风力干扰虽小，但易受场地限制。

　　（3）吊弹尺校正法。做一吊弹尺，其上下横拐等长。校正时将尺靠在屋架的侧面，当垂线与下横拐端头对齐时，表示屋架垂直，如图 3.68 所示。

　　此法适于端头立面较高的梯形屋架。注意此法不宜进行跨中校正，因为屋架吊装过程中下弦杆侧向变形较大，故利用下弦来校正上弦的垂直度，不能保证上弦中线对定位轴线的直线度。

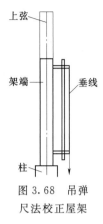

图 3.68　吊弹尺法校正屋架

学习任务 3.8　刚架的安装校正

3.8.1　刚架的弹线方法

　　门式刚架是梁柱一体的构件，有双铰、三铰等形式，如图 3.69 所示。柱子部分及悬臂部分都是变截面，一般是预制成两个"┌"形，吊装后进行拼接。

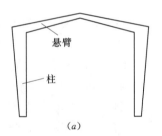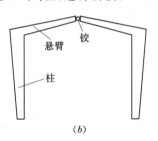

图 3.69　刚架形式
（a）双铰；（b）三铰

　　刚架的柱子部分应在三个侧面按图示尺寸弹出中线。悬管部分应在顶面和顶端弹出中线，要从刚架铰接中心向两侧量尺，标出屋面板等构件的节点安装线。对特殊型号的刚架要标出轴线编号。

3.8.2　刚架的安装校正

　　门式刚架重点是校正横轴的垂直度，并保证悬臂拼接后中线连线的水平投影在一条直线上。图 3.70 是刚架校正透视图。

　　校正时，将经纬仪置于 D 点（中线控制桩），照准刚架底部中线后，仰镜观测 B 点（柱上部）中线，再观测 C 点（悬臂顶端）中线，都与视线重合表示刚架垂直。若 B 点或 C 点中线偏离视线，需校正刚架使其中线与视线重合。

　　如果仪器安置在 D 点有困难，可采用平行线法，从 D 点平移距离等于 a，将仪器置在 D' 点，在刚架 A、B、C 处放 3 个木尺，把尺平直伸出中线以外等于 a 的长度，观测时，视线先照准 A 尺顶端，再仰镜观测 B、C 尺，两尺顶端均与视线重合，表示刚架垂直。

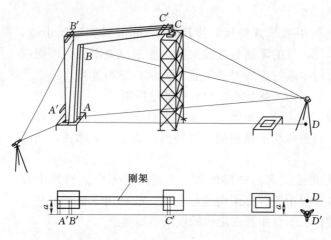

图 3.70 刚架校正方法

学习任务 3.9 复杂工程定位、测绘施工观测、竣工图

3.9.1 复杂工程定位

3.9.1.1 组合平面的定位

图 3.71 是某机关办公楼的一层平面图，其建筑特点是正面为圆弧形，中间正厅部分 a 轴为 6 根圆柱，柱高 16.2m，柱弧距 10m；两侧为实墙，半径为 93m；b 轴框架，幕墙；d 轴为弧形承重实墙。弧形对应圆心角为 65°09′16″。室外地坪比一层地面低 1.5m，其他平面尺寸如图 3.71 所示。

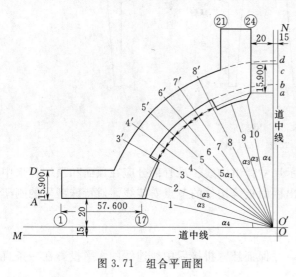

图 3.71 组合平面图

测设方案：拟先测弧形部分，因半径中间有障碍物，不能用拉线画弧和放射线方法施测，故采用测弦长的方法定位。又因弧形部分较长，计划分三段施测，即 1～3 轴，3～8 轴和 8～10 轴三段。

1. 数据计算

（1）计算圆心角。柱距弧长 10m，对应的圆心角

$$\alpha_1 = \frac{360°}{2R_1\pi} \times 10 = \frac{360°}{2 \times 93 \times \pi} \times 10 = 6.16084° = 6°9′3″$$

实墙部分对应的圆心角

$$\alpha_2 = (65°9′46″ - 6°9′39″ \times 5) \times 1/2 = 17°10′45″$$

实墙弧长
$$l=\frac{2R_1\pi}{360°}\times17°10'45''=27.885\text{（m）}$$

实墙部分中间设一轴，故一半的圆心角为
$$\alpha_3=\frac{1}{2}\alpha_2=1/2\times17°10'45''=8°35'23''=8.58961°$$

与道路中线夹角
$$\alpha_4=\arcsin\frac{20}{93}=12°25'07''=12.41868°$$

为作校核之用，计算 1～10 轴弦长。
$$1\text{～}10\,\text{轴}=2R_1\sin\frac{\alpha}{2}=2\times93\times\sin\frac{65°9'46''}{2}=100.161\text{（m）}$$

（2）计算测角弦长（a 轴）。以 1 轴为测站，按弦切角等于圆心角一半的定义
$$1\text{～}2\,\text{轴}=2R_1\sin\alpha_3/2=2\times93\times\sin(8.58961°/2)=13.929\text{（m）}$$
$$1\text{～}3\,\text{轴}=2R_1\sin\alpha_2/2=2\times93\times\sin8.58961°=27.780\text{（m）}$$

以 3 轴为测站
$$3\text{～}4\,\text{轴}=2R_1\sin\alpha_1/2=2\times93\times\sin(6.16084°/2)=9.995\text{（m）}$$
$$3\text{～}5\,\text{轴}=2R_1\sin\alpha_1=2\times93\times\sin6.16084°=19.961\text{（m）}$$
$$3\text{～}6\,\text{轴}=2R_1\sin(\alpha_1+\alpha_1/2)=29.870\text{（m）}$$
$$3\text{～}7\,\text{轴}=2R_1\sin2\alpha_1=39.692\text{（m）}$$
$$3\text{～}8\,\text{轴}=2R_1\sin(2\alpha_1+\alpha_1/2)=49.400\text{（m）}$$

以 8 轴为测站
$$8\text{～}9\,\text{轴}=13.929\text{m}$$
$$8\text{～}10\,\text{轴}=27.780\text{m}$$

以上数据列入表 3.5 中。

表 3.5　　　　　　　　　测 角 弦 长 数 据

测点	1～2轴	1～3轴	3～4轴	3～5轴	3～6轴	3～7轴	3～8轴	8～9轴	9～10轴
弦切角	$\alpha_3/2$	α_3	α_1	$\alpha_1/2$	$\alpha_1+\alpha_1/2$	$2\alpha_1$	$2\alpha_1+\alpha_1/2$	$\alpha_3/2$	α_3
弦长（m）	13.929	27.780	9.995	19.961	29.870	39.692	49.400	13.929	27.780

计算外径弦长：以 3 轴为测站，半径 $R_2=93+15.9=108.90$（m），计算数据列入表 3.6。

表 3.6　　　　　　　　　外 径 弦 长 数 据

测　点	$3'\text{～}4'$	$3'\text{～}5'$	$3'\text{～}6'$	$3'\text{～}7'$	$3'\text{～}8'$
弦切角	$\alpha_1/2$	α_1	$\alpha_1+\alpha_1/2$	$2\alpha_1$	$2\alpha_1+\alpha_1/2$
弦长（m）	11.704	23.374	34.978	46.479	57.847

（3）计算观测角。a 轴 1 站，后视 H 点，后视部分为道路中线的垂线，要先加 α_4 作为观测角。a 轴 3 站，后视 1 点，3 点切线与 13 弦间夹角等于 $\alpha_2/2$，故以 3 点为测站，以 1 点为后视时，应加以 $\alpha_2/2$ 作为切线方向，如图 3.72 所示。

a 轴 8 站，后视 3 点，应加 $5\alpha_1/2$ 为观测角，各站观测角（弦切角）列于表 3.7。

表 3.7　　　　　　　　　　　　　　　　　测角弦长数据

测点	1～2	1～3	3～4	3～5	3～6
观测角	$\alpha_4+\alpha_3/2$	$\alpha_4+\alpha_3$	$\alpha_2/2+\alpha_1/2$	$\alpha_2/2+\alpha_1$	$\alpha_2/2+3\alpha_1/2$
弦长（m）	13.929	27.780	9.995	19.961	29.870
测点	3～7	3～8	8～9	8～10	
观测角	$\alpha_2/2+2\alpha_1$	$\alpha_2/2+5\alpha_1/2$	$\alpha_3/2+5\alpha_1/2$	$5\alpha_1/2+\alpha_3$	
弦长（m）	39.692	49.400	13.929	27.780	

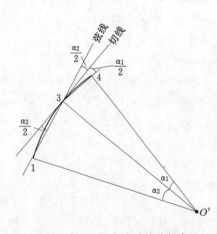

图 3.72　后视为弦时的弦切角

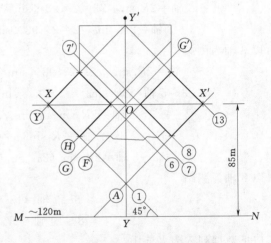

图 3.73　多边形平面建筑示意图

3.9.1.2　施测方法

（1）定道路中线及首站位置。根据图 3.73 各项数据，先则出道路中线 NO，MO 相交于 O 点（道中线桩）。计算⑰轴至圆心的距离（至坐标原点）⑰ $O' = R_1\cos\alpha_4 = 93 \times 0.97660 = 90.824$（m）；至道中线交点⑰ $O = 90.824 + 15 = 105.824$（m）。

从道中线交点量 105.824m，定 H 点，续量 57.60m 定 F 点。

仪器置 H 点，后视 O 点，逆时针侧 $90°$，量 35m，定出 Aa 轴交点 1（首站）。

（2）测 a 轴各点。仪器置 1 点，后视 H 点，倒镜 $180°$，按表 3.7 中的观测角及弦长，依次测出 2、3 点。移仪器于 3 点，后视 1 点，倒镜 $180°$，按表 3.7 中观测角及弦长，依次测出 4、5、6、7、8 点。移仪器于 8 点，后视 3 点，倒镜 $180°$，按表 3.7 中观测角及弦长，测出 9、10 点。实量 1、10 点，弦长 = 100.161m 作为校核。如果弦长误差在允许范围内，说明各项计算和测设过程无误，建筑物整体几何尺寸符合图纸设计要求。再检查 10 点至道路中线的距离，如果超过允许偏差，先检查设计数据、道路中线之间夹角与建筑物设计角度是否一致，然后再检查测设过程中易产生偏转和平移的地方。

（3）测 d 轴各点，作 3 点半径的延长线，定 d 轴 $3'$ 点。置仪器于 3 点，以 8 点为后视，3 点切线与 3、8 弦之间的夹角等于 $5\alpha_1/2$，逆时针测（$90°+5\alpha_1/2$），量 15.90m，定 $3'$ 点。

移仪器于 $3'$ 点，后视 a 轴 3 点，逆时针测 $90°$，定出 $3'$ 点切线，然后按表 3.5 中观测角及弦长分别定出 $4'$、$5'$、$6'$、$7'$、$8'$ 点。

（4）利用 a 轴及 d 轴对应点，按直径方向，用拉通线的方法定出 b、c 轴各点。并将轴线引测至地槽以外建立控制桩。

测设在轴线上的桩位，挖槽时将被挖掉。因此，控制桩距轴线的距离应是一个常整数，以便利用控制桩来恢复曲线位置。至此，弧形部分轴线点即测设完毕。

（5）测直线部分，根据道路中线和平面图尺寸，利用直角坐标法，便可测出两翼建筑的平面控制桩。直线与曲线交点处应定出交点桩。

（6）制作曲线放样板，曲线部分为圆滑曲线，应按弦长、矢高做成弦形样板，一般样板的弧形半径应以轴线半径为准。在实体放样时将样板放在地面（垫层或墙体）上，按样板画出轴线或边线位置。

3.9.1.3　椭圆形平面建筑的定位

椭圆形平面建筑多用于大型体育场馆，从使用功能方面看，椭圆形平面可合理利用空间，使观众获得良好的视觉质量，各个方位的观众都能获得比较匀称的深度感和高度感。立面造型灵活，富有动态感。

椭圆形图形的作图方法有多种，如同心圆法、四心圆法和拉线画弧法等。值得指出的是，在长轴 G 和短轴 b 均相等的条件下，采用不同的作图方法，其作出的图形是不相同的。因此，在具体工程放线中必须按照图纸给定的条件，按图施工。尤其是大型体育馆屋面系统多采用网架结构或悬索结构，各柱的间距和轴线方向必须符合图纸的要求，不能简单地按一般椭圆形来放线定位。

2.9.1.4　多边形平面建筑的定位

图 3.73 是某宾馆平面示意图。图中两侧正方形部分为塔式高层建筑，中部是裙房。建筑平面左右对称于 Y 轴。建筑轴线与 Y 轴呈 $45°$ 夹角，XOX' 在一条直线上。①～⑦轴、⑦～⑩轴、③～ⓐ轴、ⓐ～①轴距离均为 47.50m，呈方格网布置。Y 轴垂直于道路中线，至广场中心 120m。

测设方法：

（1）测出道路中线 MN，从广场中心量 120m，定出 Y 点。

（2）置仪器于 Y 点，后视 M 点，顺时针测 $90°$，从 Y 点量 85m，定出 O 点。在建筑物以外定出 Y 点。

（3）置仪器于 O 后，后视 Y 点，顺时针测 $45°$，从 O 点量 47.50m，定出 G 点。再倒镜 $180°$，量 47.50m，定出 G' 点。再顺时针测 $90°$，量 47.50m，定出 7 点，然后倒镜 $180°$，量 47.50m，定出 $7'$ 点。

经过上述测设，建筑物就建立了以 GG' 和 $77'$ 为基线十字形控制网。其他各轴均可依据控制网，用测直角的方法测设。

（4）仪器仍在 O 点不动，后视 Y 点，顺时针测 $90°$，定出 X 点，再倒镜 $180°$，定出

X' 点。

$$XO= =OX'(47.50^2 \times 2)^{1/2} = 67.175 \ (m)$$

（5）为校核控制网的测量精度，置仪器于控制网 $A1$ 点，后视 O 点，逆时针测 45°，观察 X 点，并量距，检查是否与 X 点重合。同法再检查 X' 点，经误差归化调整后，可依据十字形控制网进行各轴线放线。轴线控制桩应引测到挖土区以外的安全地带。

3.9.2　建（构）筑物的施工观测

3.9.2.1　建筑物的沉降观测

1. 布设观测点

对于高层建筑、大型厂房、重要设备基础、高大构筑物以及人工处理的地基，水文地质条件复杂的地基，使用新材料、新工艺施工的基础等，都应系统地进行沉降观测，及时掌握沉降变化规律，以便发现问题，采取措施，保证结构使用安全，并为以后施工积累经验。

（1）选择观测点的位置。观测点应设在能够正确反映建筑物沉降变化、有代表性的地方。如房屋拐角、沉降缝两侧、基础结构变化、荷载变化和地质条件变化的地方，对于圆形构筑物，应对称地设在构筑物周围。点位数量要视建筑物的大小和平面布置情况，由技术人员和观测人员确定。点与点之间的距离不宜超过 30m。

（2）观测点的形式和埋设要求。观测点可选用图 3.74 的构造形式。图 3.74（a）是在墙体内埋设一角钢，外露部分置尺处焊一半圆球面。图 3.74 的是在墙体内或柱身内埋一直径 20mm 的弯钢筋，钢筋端头磨成球面。图 3.74（c）是在基础面上埋置一短钢筋。

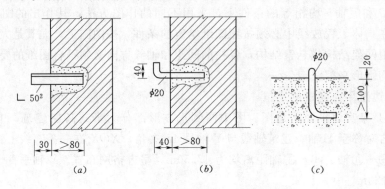

图 3.74　观测点构造形式（单位：mm）

对观测点的要求：

1）点位必须稳定牢固，确保安全，能长期使用。

2）观测点必须是个球面，与墙面要保持一定距离，能够在点位上垂直立尺，注意墙面突出部分（如腰线）的影响。

3）点位要通视良好，高度适中，便于观测。当建筑物施工达到建点高度时，要及时建点，及时测出初始数据。

4）当建筑物施工达到建点高度时，要及时建点，及时测出初始数据。

5）点位距墙阳角不少于 20cm，距混凝土边缘不少于 5cm。要加强保护，防止碰撞。

6）按一定比例画出点位平面布置图，每个点都应编号，以便观测和填写记录。图

3.75是某建筑物观测点的平面布置图。

2. 建立水准点

对水准点的要求：

（1）作为后视的水准点必须稳定牢固，不允许发生变动，否则就会失去对观测点的控制作用。

（2）水准点和观测点应尽量靠近，距离不宜大于80m，做到安置一次仪器即可直接进行观测，以减少观测中的误差。

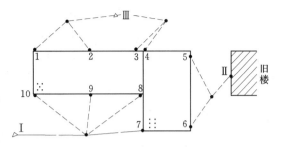

图 3.75　观测点平面布置图

（3）水准点不应少于3点，各点间应进行高程联测，组成水准控制网，以备某一点发生变化时互相校核。水准点可采用绝对高程，也可采用相对高程。

（4）点位要建在安全地带，应避开铁路、公路、地下管线以及受震地区，不能埋设在低洼积水和松软土地带。如附近有施工控制点，可利用施工控制点作为水准点。

（5）埋设水准点时，还应考虑冻胀的影响，采取防冻措施。

（6）如观测点附近有旧建筑物，可将水准点建在旧建筑物上，但旧建筑物的沉降必须证明已达到终止，且不受冻胀的影响，绝对不能建在临建工程、电杆、树木等易发生变动的物体上。

3. 沉降观测

（1）观测时间：

1）在施工阶段从建观测点开始，每增加一次较大荷载（如基础回填，砌体每增高一层，柱子吊装，屋盖吊装，安装设备，烟囱每增高10m等）均应观测一次。

2）工程恒载后每隔一段时间要定期观测。如果施工中途停工时间较长，在停工时和复工前都应进行观测。

3）在特殊情况下（如暴雨后、基础周围积水、基础附近大量挖方等），要随时检查观测。

4）特殊工程竣工后施工单位要将观测资料移交建设单位，以便继续观测。观测工作要持续到建筑物沉降稳定为止。

（2）观测方法及要求：

1）各观测点的首次高程必须测量精确。各点首次高程值是以后各次观测用以进行比较的依据，建筑物每次观测的下沉量很小，如果初测精度不高或有错误，不仅得不到初始数据，还可能给以后观测造成困难。

2）每次观测都应按固定的后视点，规定的观测路线进行。前、后视距应尽量相等，视距不大于50m，以减少仪器误差的影响。有条件的宜使用 S_1 水准仪和带有毫米分划的水准尺。

3）应选在成像清晰、无外界干扰的天气进行观测。

4）观测前仪器要经过检验校正。各点观测完毕要回到原后视点闭合。对于重要工程，测量误差不应超过1mm，一般工程测量误差不应超过2mm。测量成果不能出现升高记录。

5) 沉降观测是一项长时间的系统工作，为获得正确的数据，要采用固定人员，固定测量工具、时间，按规定的观测路线进行观测。

　　6) 观测点和水准点要妥善保护，防止碰撞毁坏，造成观测工作半途而废。

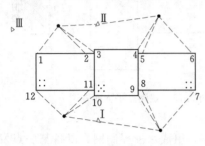

图 3.76　观测点布置图

　　(3) 观测记录整理。每次观测结束后，要对观测成果逐点进行核对，根据本次所测高程与前次所测高程之差计算出本次沉降量，根据本次所测高程与首次所测高程之差计算出累计沉降量。并将每次观测的日期、建筑物荷载（工程形象）情况标注清楚，填写在表格内，一式两份，一份交技术部门，供技术人员对观测对象进行分析研究。

　　图 3.76 是某教学楼建筑平面、水准点、观测点、观测路线布置图。观测成果见表 3.8。该楼采用的是人工砂基础。

表 3.8　　　　　　　　　　　　　　观 测 成 果 表

观测次数	观测日期 1996 年（月.日）	观 测 点									荷载
		1			2			3			
		高程（m）	本次下沉（mm）	累计下沉（mm）	高程（m）	本次下沉（mm）	累计下沉（mm）	高程（m）	本次下沉（mm）	累计下沉（mm）	
		观测点号									
1	6.14	1.431	0	0	1.442	0	0	1.425	0	0	±0.000 以下完
2	6.29	1.423	−8	−8	1.435	−7	−7	1.419	−6	−6	一层板吊完
3	7.14	1.416	−7	−15	1.429	−6	−13	1.413	−6	−12	二层板吊完
4	8.3	1.413	−3	−18	1.426	−3	−16	1.409	−4	−16	三层板吊完
5	8.18	1.411	−2	−20	1.424	−2	−18	1.407	−2	−18	四层板吊完
…	…	…	…	…	…	…	…	…	…	…	…

　　注　水准点为假设高程，Ⅰ点为 1.000m，Ⅱ点为 1.240m，Ⅲ点为 1.120m。

　　为更清楚地表示出沉降、时间、荷载之间的变化规律，还要画出它们之间的曲线关系图，如图 3.77 所示。

　　时间与沉降量关系曲线的画法：在毫米方格计算纸上画，纵轴表示沉降量，横轴表示时间，按每次观测的日期和该点沉降量，在坐标内标出对应点，然后将各点连线，就描绘出该点的关系曲线。

　　时间与荷载关系曲线的画法：以纵轴表示荷载，横轴表示时间，按每次观测的日期和荷载标出对应点，然后将各点连成曲线。图 3.77 下部为时间与沉降量曲线，上部为时间与荷载曲线。曲线图可使人形象地了解沉降变化规律，如发现某一点突然出现不合理的变化规律，就要分析原因，是测量误差还是点位发生变化。若点位移动，要重新引测高程继续观测。

3.9.2.2　构筑物的倾斜观测

　　对于圆形构筑物（如烟囱、水塔）的倾斜观测，应在互相垂直的两个方向分别测出顶

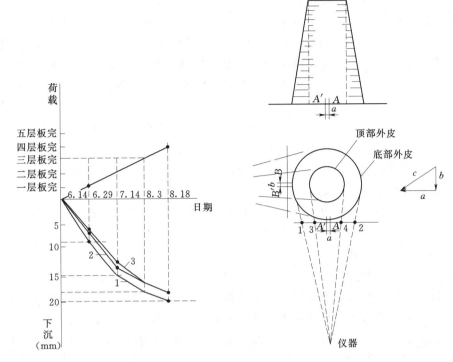

图 3.77 时间、荷载、沉降关系图　　　图 3.78 烟囱倾斜度观测

部中心对底部中心的垂直偏差，然后用矢量相加的方法，计算出总的偏差值及倾斜方向。方法如图 3.78 所示，在距烟囱约为烟囱高度 1.5 倍的地方，建一固定点安置经纬仪，在烟囱底部地面垂直视线放一木方。然后用望远镜分别照准烟囱底部外皮，向木方上投点得1、2点，取中得 A 点。再用望远镜照准烟囱顶部外皮，向木方上投点得3、4点，再取中得 A'。则 A、A' 两点间的距离 a，就是烟囱在这个方向的中心垂直偏差，称初始偏差。它包含有施工操作误差和筒身倾斜两方面的影响因素（烟囱由顶部向底部投点时，应用正倒法观测）。

　　用同样的方法在另一方向再测出垂直偏差 b。烟囱总偏差值为两个方向的矢量相加：$C = (a^2 + b^2)^{1/2}$。

　　例如烟囱向南偏差 25mm，向西偏差 35mm，其矢量值为：$C = (25^2 + 35^2)^{1/2} = 43$（mm）。

　　烟囱倾斜方向为矢量方向，即图中按比例画的三角形斜边方向（向西南偏 43mm）。

　　然后用经纬仪把 A、A' 及 B、B' 分别投测在烟囱底部的立面上，作为观测点，为以后进行倾斜观测提供依据。

　　以后进行的倾斜观测仍采用上述方向，分别测出烟囱顶部中心对底部中心 A、B 点的位移量，即得出烟囱倾斜的变化数据。

3.9.2.3　冻胀观测

　　基础周围土受冻后，埋置在土中的基础受到两个上托力：一是地基受冻土隆起，给基础底面以胀力；二是基础侧壁土受冻隆起，由于基础侧面的摩擦作用，给基础以冻切力，

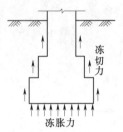

图 3.79　冻胀对基础的影响

如图 3.79 所示，由于冻胀影响，常使基础发生不均匀隆起，造成上部结构变形、裂缝，甚至损坏。即使非冻胀性土，入冬前土层若处于饱和状态或结冻过程中有水源浸入基础周围，图 3.79 也会产生冻胀。冻害严重的可将上部结构抬高 10cm 以上。到春暖化冻后，基础发生明显下沉，严重的会造成上部结构破坏。

冻胀观测的特点：结冻过程中要观测基础的升高变化，而化冻过程中要观测基础的沉降变化。观测工作贯穿结冻、化冻全过程，时间要从地表结冻开始，直到土层全部化冻、建筑物沉降稳定为止。每次观测的间隔时间要随温度的变化而定。

对于不采暖房屋，化冻过程中由于基础阳面、阴面温度不同，阳面先化冻，造成上部结构倾斜，因此化冻过程中更要加强对建筑物的倾斜观测。

冻胀观测与前面介绍的沉降观测道理相同。

3.9.2.4　建筑物的裂缝观测

建筑物或某一构件发现裂缝后，除应增加沉降观测次数外，还应对裂缝进行观测。因为裂缝对建筑物或构件的变形反应更为敏感。对裂缝的观测方法大致有两种：

（1）抹石膏。如果裂缝较小，可在裂缝末端，抹石膏作标志，如图 3.80 所示。石膏有凝固快、不收缩干裂的优点，当裂缝继续发展，后抹的石膏也随之干裂，便可直接反映出裂缝的发展情况。

（2）设标尺。若裂缝较宽且变形较大，可在裂缝的一侧钉置一金属片，另一侧埋置一钢筋勾，端头磨成锐尖，在金属片上刻出明显不易被涂掉的刻划。根据钢筋勾与金属片上刻划的相对位移，便可反映出裂缝的发展情况。如图 3.81 设置的观测标志应稳固，有足够的刚度，以免因受碰撞变形失去观测作用。

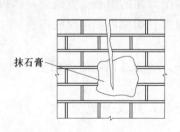

图 3.80　抹石膏观测裂缝变形

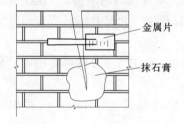

图 3.81　设标尺观测裂缝变形

3.9.2.5　高层建筑的倾斜观测

高层建筑的地基在荷载作用下，会产生较大的压缩变形，一旦发生不均匀下沉，会造成建筑物倾斜，因此，应及时的进行倾斜观测。

1. 垂直观测法

在场地条件允许的情况下，用经纬仪观测。此法直观、精度高。方法是：垂直于观测面安置经纬仪，先以正镜照准建筑物顶部边缘边角，然后向下投点。再以倒镜照准顶部该点，向下投点，取两次技点的中点（如顶点与底边在同一平面），此中点至底部边缘的距离，即为倾斜误差。

在初始观测的误差中，含有施工误差和倾斜误差两个因素。以后的观测中，与初始误差相比较，便可测得倾斜的变化规律。

如果高层周围有裙楼，不能直观高层底部，可将点投测在裙楼底部，作为基点（不能测出初始误差）。顶点与底部点虽不在一个平面上，因为视线垂直于观测面，所以上、下点仍在同一视线的竖直面内，测出的误差仍是正确的。在以后的观测中，仪器必须安置在同一点上。

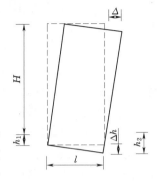

图3.82　建筑物倾斜
计算示意图

2.水平观测法

此法是通过观测基础的沉降变化，来推算建筑物的倾斜变化。观测方法和沉降观测方法相同。如图3.82所示，在建筑物两端建立高程观测点，测出两端点的沉降差，然后根据建筑物的高度推算出倾斜值，按图中所示。

$$\Delta h = h_2 - h_1$$
$$\Delta = \Delta h / lH$$

注意的是以上计算式适用于建筑物主体完工后的观测条件。因为施工过程不均匀下沉引起的建筑物倾斜，在上部施工过程中，已得到逐步纠正。

3.9.3 竣工总平面图的测绘

1.测绘竣工总平面图的目的及竣工图的作用

竣工图分单位工程竣工图和总平面竣工图。建筑工程在施工过程中，因某种原因需进行设计变更，竣工后的工程与原设计图发生了变化，即原图不能反映建筑物竣工后的实际情况，因此，要绘制竣工图，把工程的实际情况记录下来。竣工图又称施工成果图。

绘制竣工图的目的是作为施工技术资料，归档保存，以备查阅。其作用也是为工程交付后的维修和工程改、扩建提供原始的参考数据。竣工图是非常重要的技术资料。施工企业必须及时、准确的绘制竣工总平面图。收集有价值的有关资料，作为竣工资料，交付建设单位。

2.竣工总平面图包括的内容

竣工图一般宜在原总平面图上修改，把变动的地方更改过来，把竣工后的实际数据标注清楚。竣工图仍按原图的表示方法（如坐标系、高程系）绘制。在原图上改动不仅省时、省力，同时还可减少测图方面的误差。如改动后的图面较乱，应重新描图。竣工图应标明的内容：

（1）各建筑物的平面位置。如建筑物的房角坐标、边长或相对距离，室内室外标高、层数、结构形式、用途，各种管线进出口平面位置及标高、竣工时间。

（2）各种管线平面位置。特征点、窨井、转折点坐标或相对距离，各点编号，井盖、管底标高、管径、材质、坡度流向、间距。

（3）架空管线平面位置。各特征点坐标，标高，交叉点坐标，标高距地面高度，支架结构，支架间距。

（4）交通网络图、各种道路的平面位置，起点及终点，相关的附属设施、路面宽度、标高、各交叉点的坐标，必要时画出曲线元素，挡土墙桥涵沟渠。

（5）地下工程平面位置用虚线表示，以便与地上建筑相区别。各特征点坐标、结构形式、用途、出入口位置，顶标高、底标高，断面尺寸，外露点位置。

（6）其他。施工范围以外，但在总图上与之有关的地物、地貌，如铁路、公路、河流、输电线路等，虽不用标明具体数据，但在图中应表示出来。

3. 竣工总平面图的测绘方法

（1）总平面图包括的内容很多，有建筑工程、给水、排水、通信、电力、热网、道路、地上和地下构筑物，都绘制在一个平面图上很难表示清楚，且图面杂乱、容易误解。因此，应分专业分别绘制。哪些专业可分，哪些可合，要视情况而定。

（2）竣工后的建筑物、构筑物、地下工程都是施工中经定位放线确定的，可按定位放线的数据，绘制竣工图，不必重测。

（3）对于数字不清或有疑点的地方，要深入现场进行实测，测取可靠数据填入总图。认为施工过程可能产生偏差的地方，要进行竣工测量。总之，竣工图一定反映竣工后的真实情况。

（4）注意收集施工过程的观测资料。施工中不按放线位置施工是不允许的，但有时因某种原因发生临时变化，施工成果与原图不一致，所以要随时掌握变化了的数据，尤其是地下隐蔽工程，要在回填前进行观测，并做好隐蔽观测记录，绘制竣工图时要把平时采集的资料充实到实践当中。

（5）图例符号，建筑图按国家统一的建筑制图标准的图例绘制。地形图按国家统一地形图图例绘制，需说明的要用文字说明予以注解。

（6）在图边绘出坐标方格网，标出平面控制点和高程控制点位置，标明数值以备以后使用。

学习单元 4　渠道的施工测设

学习任务 4.1　渠道施工测量基本内容

4.1.1　渠道测量的工作步骤

1. 准备工作

明确测量的任务和具体要求，以及与今后设计相关且需要现在调查清楚的问题。首先应明确是新建渠道还是改建渠道，若是改建渠道有无改线段或裁弯取直的渠段。渠道有无地质资料或类似工程可供本渠道工程参考的地质资料。若没有相关地质资料可利用，则应明确渠道沿线和拟建重要建筑物中心位置，进行地质勘探。

2. 渠道现状（树形）导线图的绘制

渠道现状导线图应明确标出渠道各个拐角、拐点及起点、终点的位置，分水闸、节制闸、桥、涵等渠道配套建筑物的位置，上下级渠道和各个建筑物的名称。各个建筑物的使用要求也要标明，如不同渠段的设计流量（加大流量），节制闸、分水闸的流量，交通桥的过荷要求等。渠道现状导线图的绘制目的是便于渠道测量和绘制渠道设计导线图。使用渠道现状导线图可以使渠道测量工作真正做到有的放矢、因地制宜，从而从根本上保证渠道测量的准确性。

3. 根据渠道现状导线图进行渠道及其配套建筑物的测量

渠道上的闸、桥、涵等交叉建筑物称为其配套建筑物。渠道测量的内容主要包括渠道及其配套建筑物平面位置的测定、渠道纵断面高程测量、渠道横断面高程测量等三部分。

（1）渠道及其配套建筑物平面位置的测定。主要是为了绘制渠道设计导线图，应当把其位置都精确地在渠道设计导线图中标出来。这项工作主要是使用 GPS 来完成的，主要测出渠道拐角和渠道拐点、始点、终点及其配套建筑物中心位置点的坐标，并在图纸上用适当的比例和图例明确表示出来。

（2）渠道纵断面高程测量。渠道纵断面高程测量是测量路线中心线上里程桩和曲线控制桩的地面高程，以便进行渠道纵向坡度、闸、桥、涵等的纵向位置的设计。

（3）渠道横断面高程测量。对垂直于渠道中线方向的地面高低所进行的测量工作称为横断面测量。横断面图是确定渠道横向施工范围、计算土石方数量的必需资料。

4. 渠道沿线察看

渠道放线测量的同时应注意观察沿线的地形地貌、植被情况，并以桩号为准做好记录。新建渠道应察看是否穿越农田或林带、居民点等；已有渠道应察看已建建筑物的使用状况，并应做好记录。注意察看渠道沿线是否有可供渠道施工用的道路、水源和料场。较重要的交叉建筑物还要测大比例尺地形图。

4.1.2　渠道和堤线测量成果

测量外业工作结束后，经过资料整理、数据计算、计算机绘图等内业工作后，应提交下列成果：

(1) 平面控制、高程控制、纵断面、横断面、圆曲线测量手簿和埋石点点之记。

(2) 平面控制、高程控制和圆曲线计算资料。

(3) 平面控制、高程控制、纵断面、横断面和曲线各要素等成果表。

(4) 路线平面图。

(5) 路线纵断面、横断面图。

(6) 断面位置图。

(7) 检查、验收报告和测量报告。

学习任务 4.2 选 线 测 量

4.2.1 踏勘和初测

踏勘之前，先利用兴修渠道地带的1：5万或较大比例尺地形图进行渠线的大体布置，拟定几条渠线进行比较。踏勘的目的是为了通过实地调查和简单测量，了解渠线上某些特殊点（如渠道沿线的山埋、跨河点等）的相对位置和高程；大致确定支渠分水口位置和支渠的走向；了解渠道控制范围和受益田块的种植比例；收集沿线有关水文、地质、气象以及建筑材料和施工条件等各方面的资料；同时，对线路上的险工、难工和大型建筑物的类型和尺寸等作出估计，最后通过分析、比较，确定一个最优方案或几个较优方案，作为初测的依据。

初测的主要任务是沿踏勘确定的渠道线路测绘中线两侧宽100～200m的带状地形图，以供"纸上定线"用（如渠线经过的地带已有适当比例尺的地形图可利用，则不必另测带状地形图），地形图比例尺一般为1：2000～1：5000，等高线间距0.5～1.0m。

4.2.2 渠堤选线的一般原则

渠道和堤线的开挖是否经济合理，关键在于中线的选择。它选择得好坏将直接影响到工程的质量、进度、费用和效益等重要问题，而且还牵涉到占用农田，拆除、搬迁地面建筑物等有关的方针政策问题，所以是一项极重要的工作。为了解决这些问题，提高经济效益，选线时应考虑以下几个方面：

(1) 选线应尽量短而直，力求避开障碍物，以减少工程量和水流损失。

(2) 灌溉渠道应尽量选在地势较高地带，以便自流灌溉，扩大灌溉面积；排水渠应尽量选在排水区地势较低的地方，以便增大汇水面积。

(3) 中线应选在土质较好、坡度适宜的地带，以防渗漏、冲刷、淤塞、坍塌。

(4) 要避免经过大挖方、大填方地段，渠道建筑物要少，尽量利用旧沟渠，以便达到省工、省料和少占耕地的目的。

(5) 因地制宜、综合利用。灌溉渠道以发展农田灌溉为主，也应适当考虑综合利用问题。例如，在有条件的地方，利用渠道上的水位跌差发展小水电以及搞好其他便民措施等。

以上5点是选定渠堤线路时所应注意的一般原则，具体选线时，必须通过深入、细致的调查研究，根据当时当地的具体情况，全面、正确地加以对待。如果工程大而长，如有拟建渠道地区的大比例尺地形图时，则可依据渠道所需要的坡度、路线方向和周围地物、地貌等情况进行比较，在图上作初步选线，然后到现场沿线作调查研究，并收集有关资料（如地质、水文、材料来源、施工条件等），进行综合分析研究，最后选出一条技术可行、经济合理的线路，在实地上用木桩标定路线的转折点和渠系建筑物（如水闸、涵洞）的中心位置，并确定中心导线（即沿渠、堤中心线布设的导线）和水准路线的起讫点。绘出工程的起点、转点和终点的点位略图。对于距离比较短的中小型渠道，可直接在实地踏勘选线，用大木桩标定。在选线的同时还应布设高程和平面控制网（控制点点位应靠近工程但在施工范围以外）。

外业选线时，根据路线平面图的设计路线和建筑物实地标定。如计划路线不适合，应按现场实况予以调整。

4.2.3 布设水准点

实地选线之前，通常先沿计划渠线布设足够数量的水准点，作为全线的高程控制。这些水准点既是选定渠线时施测高程的依据，同时也供渠道纵断面测量时，分段闭合、施工放样时引测高程和检查工程质量之用。

沿渠布设水准点的间距以 1～2km 为宜。水准点的位置一般选在渠线附近，便于引测和不受施工影响之处，选定后依次编号，同时，做好水准点的点之记，以备查找。为了统一高程系统，沿渠水准点应尽可能与国家等级水准点连测，不得已时，方可采用独立的高程系统。

水准测量的施测方法和精度要求，根据渠线长短、渠道规模和设计渠底比降的大小而不同。渠线长度在 10km 以内的小型渠道，一般可按等外水准测量的方法和精度要求施测。对于大型渠道，则应按三等或四等水准测量的方法和精度要求进行。

4.2.4 实地选线

实地选线的任务则是把已经过"纸上定线"或已在踏勘中确定了渠道走向的渠道中心线恰当地选定在实地上。通常是从渠道引水口开始，根据选线条件选定渠道中心线和一系列转折点，设立标志，以便后续测量工作的进行。

对于已经在原有地形图或实测带状地形图上进行过"纸上定线"的渠道，实地选线的任务是将图上所标定的一系列渠线转折点的点位，分别根据这些点与其附近控制点或明显地物的关系位置，以及转折点本身的点位高程，将每一转折点选定在实地上。如果事先未经过"纸上定线"，实地选线则应根据踏勘时所确定的引水口位置，渠道走向、沿线地形、地质情况，以及其他定线条件（如渠底设计比降，渠道设计断面尺寸等）逐点选点。以山丘地区渠道选线为例，由于在山丘地区修渠，干渠一般都是大致沿着等高线走向选定，因此，实地选线都需借助于经纬仪或水准仪进行。

每一转折点和中线点选定后，应立即埋设较大木桩，称交点桩和中线控制桩，并注明各桩的编号。

学习任务 4.3 中心导线测量

渠道和堤线选线测量之后，即需进行渠道控制测量，包括平面控制测量和高程控制。

渠、堤的平面控制宜用中心导线的形式布设，高程测量宜沿中心导线点进行。

4.3.1　导线点布设

导线点的位置应满足以下要求：

（1）导线点应选择在开阔的地方，以利于测角、量边和细部测量。

（2）导线点应选在稳固的地方，以便安置仪器和保存点位。

（3）导线边长最长不超过 400m，最短不小于 50m，当地形平坦，视线清晰时，亦不应长于 500m。当采用电磁波测距仪测距时，导线点间距离可增至 1000m，并应在不远于 500m 处增设直线加点。

（4）附合于两高级点间的电磁波测距中心导线长度不超过 50km，电磁波测距附合高程路线的长度：四等导线不超过 80km，五等导线不超过 30km。

（5）导线点应尽量靠近渠、堤中心线的可能位置。此外，在与道路、大沟相交处，严重地质不良地段和沿途重要建筑物附近，均应设置导线点。设计阶段，应在施工区外适当留设水准点。为便于恢复已测量过的路线和施工放样的需要，均应在中心导线上及其附近埋设一定数量的标石。平面和高程控制的埋石点宜共用，并利用中心导线的转折点和公里桩。埋石点的间距可在表 4.1 中选择。渠、堤中心线上未埋石的转折点、公里桩、圆曲线的起终点，均应埋设大木桩。

表 4.1　　　　　　　　　　　　　平高控制埋石点的间距

阶　　段		平面控制点	高程控制点
规划阶段		每隔 3~5km 埋设 2 座标石	应联测平面控制点的埋石点
设计阶段	线路上主要建筑物处	每隔 3~5km 埋设 2 座标石，每处埋 2 座标石	每隔 1~3km 埋设 1 座标石，每处埋 1 座标石

4.3.2　导线测量实施

1. 精度要求

渠、堤测量的中心导线点及中心线桩的测量精度，应符合表 4.2 的规定。

表 4.2　　　　　　　　　　　中心导线及中心线桩的测量精度

点的类别	对邻近图根点的点位中误差（mm）	对邻近基本控制点的高程中误差（mm）
	平地，丘陵地，山地，高山地	平地，丘陵地，山地，高山地
中心导线点或中心线桩	±2.0	±0.1

2. 测量方法

一般来说，中心导线测量包括测角和量边，中心导线点的平面位置和纵断面里程可用经纬仪量距导线测定，但其高程应用水准仪施测。中心导线宜用电磁波测距导线施测。随着电磁波测距仪和全站型电子速测仪的普及，中心导线点的平面位置和高程以及纵断面里程的施测可一次完成。中心导线上所有各点，除施测标顶、桩顶高程外，还应施测地表高程。

3. 中心导线点的编号

中心导线点的编号可用里程加控制点号的方法。不在渠、堤中心线上的点，仅编控制点点号，不加里程。转折点的编号应为 P_1、P_2、P_3、…、P_n。也可按总干渠、干渠、分干渠、支渠、分支渠等分类分项编号。

学习任务 4.4 中 线 测 量

当中线的起点、转折点（交点桩）、终点在地面上标定后，接着就沿选定的中线测量转角、测设中桩、定出线路中线或实地选定线路中线平面位置，这一过程称为中线测量。中线测量的主要内容有测设中线交点桩、测定转折角、测设里程桩和加桩。如果中线转弯，且转角大于6°，还应测设曲线的主点及曲线细部点的里程桩等。

4.4.1 测设中线交点桩

测定中线交点桩有两种情况：

（1）中线的起点、转折点（交点桩）和终点桩在踏勘选线时已选定了位置并已埋设。

（2）交点桩在选线时没有实地埋设，只在图纸上确定了交点桩的位置。前一种情况须测定交点桩的坐标，以便为以后的线路恢复以及绘制线路平面图时使用；后一种情况，不但要根据图纸上交点桩的定位条件来放出交点桩的位置，而且还应测定其坐标。测定交点桩的位置及坐标可采用极坐标法、直角坐标法、方向交会法或距离交会法，并做好点之记。由于定位条件和现场情况的不同，测设方法应根据具体情况合理选择。

4.4.2 转折角测定

当渠道或管道中线的转折角大于6°时应在转折点（交点）上架设仪器测定转折角。

转折角的测定方法：如图4.1所示，将经纬仪置于JD_1点上，对中整平，倒镜（盘右）后视A点，度盘置于$0°00'00''$照准部不动倒转望远镜（成盘左）得AB的延长线，松开照准部，向BC方向转动照准部，使水平度盘读数改变α_1即得BC方向，同法可测得其他转折角。从路线前进方向看，路线向右偏转折角称为右偏角，向左偏称为左偏角。图4.1中，沿A、B、C、D，α_1、α_3为右偏角，α_2为左偏角。左偏角α_2用上述方法测定其角值$\alpha_2=360°-L$，其中L为照准前视方向的水平度盘读数。

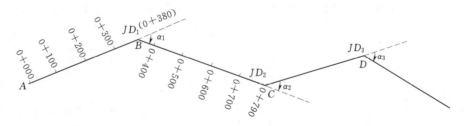

图 4.1 渠道（堤线）中线示意图

转角的测量精度要求见表4.3。

表 4.3　　　　转 折 角 测 量 精 度

仪器	转折角测回数	测角中误差	半测回差	测 回 差
J_2	2个半测回	30″	18″	
J_6	2个测回	30″		24″

4.4.3 圆曲线的测设

渠堤圆曲线上的点可用偏角法、切线支距法和极坐标法测设。圆曲线测设应符合下列要求：

（1）沿曲线桩丈量的曲线距离与理论计算的距离比较，其不符值应不大于曲线长度的 1/1000。

（2）测设曲线的横向误差应不大于 0.2m。

另外，测设曲线的工作非常繁重，费时较多。因此，在曲线测设中应注意以下问题：

（1）当交角为 6°时，"切曲差"与曲线长度之比，即 $(2T-L)/L≈1/1088$，亦即在量距容许误差之内。即使曲线半径为 500m，曲线长度亦仅 52.36m，外矢距 $E=0.69$m，对于渠、堤定线和土方量计算影响很小，可以忽略不计。因此，无论是选线测量还是定线测量，当交角小于 6°时，均可不测曲线，也不计算曲线长度。

（2）当交角为 12°时，若测设曲线的半径 $R=500$m，则 $(2T-L)/L≈1/272$，$E=2.75$m。因此，当交角为 6°～12°时，定线测量中应测设曲线起点、中点和终点，并计算曲线长度 L，这样可以使曲线桩距在 50m 之内。

（3）当交角大于 12°时，定线测量中，曲线桩一般为计算土石方量的横断面中心桩，曲线的测试工作不能简化。并且规定：$L≤100$m 时，测设曲线起点、中点、终点，计算曲线长度；$L>100$m 时，按 50m 间距测设曲线桩，计算曲线长度。

4.4.4 测设里程桩和加桩

当渠道（堤线）路线选定后，首要工作就是在实地标定其中心线的位置，并实地打桩。中心线的标定可以利用花杆或经纬仪进行定线。在定线过程中，一边定线一边沿着所标定的方向进行丈量。为了便于计算渠道线路长度和绘制纵横断面图，应按表 4.4 的要求沿中线每隔 50m、100m、1000m 打一木桩标定中线位置，这一木桩称为整数桩。整数桩的桩号都是以起点到该桩的水平距离进行编号。起点桩的桩号为 0+000，若每隔 100m 打一里程桩，以后的桩号依次为 0+100，0+200，0+300，0+400，…"+"前面的数字是千米数，"+"后面的是米数，如 3+500 表示该桩至渠道起点的距离为 3500m。

表 4.4 纵 横 断 面 测 量 间 距

阶 段	横断面间距（m）		纵断面间距（m）	
	平地	丘陵地、山地	平地	丘陵地、山地
规划	200～1000	100～500	基本点距同左，特殊部位应加	
设计	100～200	50～100		

渠、堤中心线上，除在地面设置 50m 桩、100m 桩、千米桩等整数桩以外，还应在下列地点增设加桩，并用木桩在地面上标定：

（1）中心线与横断面的交点。

（2）中心线上地形有明显变化的地点。

（3）圆曲线桩。

（4）拟建的建筑物中心位置。

（5）中心线与河、渠、堤、沟的交点。

（6）中心线穿过已建闸、坝、桥、涵之处。

（7）中心线与道路的交点。

（8）中心线上及其两侧（横断面施测范围内）的居民地、工矿企业建筑物处。

（9）开阔平地进入山地或峡谷处。

（10）设计断面变化的过渡段两端。

上述加桩一律按起点的里程进行编号，如在距起点 352.1m 处遇有道路，其加桩编号为 0＋352.1。每个点既要测出里程，又要测出桩顶高和地面高。无论是整数桩或是加桩均用直径 5cm、长 30cm 左右的木桩打入地下，应注意露出地面 5～10cm。桩头一侧削平，并朝向起点，以便注记桩号，桩号可用红漆注记在木桩上。注记形式如图 4.2 所示。

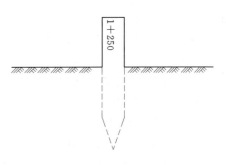

图 4.2　里程桩注记图

加桩和部分整数桩可与中心导线一同测定，也可先测中心导线后测设加桩。其里程可用电磁波测距仪、钢带尺测定；其高程可用图根级附合水准（少数点亦可用间视法施测）、电磁波测距三角高程测定。测量中误差应符合表 4.2 的规定。可在中线测量过程中，如遇局部改线、计算错误或分段测量，均会造成里程桩号的不连续，这种现象叫断链。桩号重叠叫长链，桩号间断叫短链。发生断链时，应在测量成果和有关文件中注明，并在实地打断链桩，断链桩不宜设在圆曲线上，桩上应注明路线来向和去向的里程及应增减的长度。一般在等号前后分别注明来向、去向的里程，如 3＋870.42＝3＋900，短链 29.58m。

所测渠道或堤线较长时，应绘出草图，作为设计时参考。草图的绘制方法：用一条直线表示中线，在中线上用小黑点表示里程桩的位置，点旁写桩号。转弯处有箭头指出转角方向，注明转角度数。沿线的地形、建筑物、村庄等用目测勾绘下来并注记地质、水位、植被等情况（图 4.3），以便为绘制断面图和设计、施工提供参考。

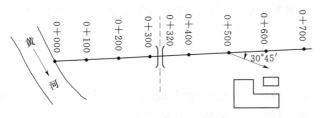

图 4.3　渠道中线测量草图

山丘地区的中线测量除用上述方法确定外，还应概略确定中线的高程位置。具体作业方法是：从渠道的起点开始，用皮尺或绳尺大致沿山坡等高线向前量距，按设计要求规定的里程间隔打一木桩，在打木桩时用水准仪测量其高程，看中线是否偏高或偏低。例如，设 0＋000 桩的设计高程为 60.0m，水准点 BM_1 的高程为 59.684m，要确定 0＋000 桩的概略位置，应在水准点与 0＋000 桩之间架设水准仪，后视水准点 BM_1，读得后视尺读数为 1.964m，则视线高为 59.684＋1.964＝61.648（m），然后将前视尺沿山坡上、下移动，使前视尺读数为 61.648－60＝1.648（m），此时该立尺点的高程即为 60.0m，打一木桩，该木桩即为 0＋000 桩。起点桩 0＋000 确定后，用同样的方法测设出其他各里程桩的位置。

学习任务 4.5　纵 断 面 测 量

渠、堤中线标定后，直线和曲线上所有的控制桩、中线桩和加桩都已测设定位，即可进行纵横断面测量。纵横断面测量的目的在于了解渠道（堤线）沿线具有一定宽度范围内的地形起伏情况，并为渠道（堤线）的坡度设计、计算工程量提供依据。纵断面测量就是沿着地面上已经定出的线路，测出所有中线桩处地面的高程，并根据各桩的里程和测得的高程绘制线路的纵断面图，供设计单位使用。

4.5.1　纵断面测量的步骤

4.5.1.1　基平测量

为提高测量精度和成果检查，根据"从整体到局部，先控制后碎部"的原则，纵断面测量分两步进行：首先是沿线路方向设置若干水准点，建立线路的高程控制，称为基平测量；然后是根据各水准点的高程分段进行中桩水准测量，称为中平测量。

1. 水准点的设置

渠、堤高程控制点可根据需要和用途设置为永久性或临时性水准点。线路起、终点或需长期观测的重点工程以及一些需长期观测高程的重要建筑物附近应设置永久性水准点。水准点的密度应根据地形和工程需要而定，在重丘区和山区每隔 0.5～1km 设一个，在平原和微丘区每隔 1～2km 设置一个水准点应统一编号，以"BM_i"表示，i 为水准点序号，为便于寻找，应绘点之记。

2. 水准点的高程系统

渠、堤水准点的高程系统一般应与国家水准点进行联测，以获得绝对高程。当引测有困难时，也可参考地形图选定一个与实地高程接近的数值作为起始水准点的假定高程。

3. 测量方法

测量的方法以水准测量为主，应根据等级要求采用四等或五等水准进行，应使用精度不低于 S_3 水准仪，采用一组往返或两组单程在两水准点之间进行观测。精度要求详见有关测量规范。

4.5.1.2　中平测量

中平测量是在基平测量设置的水准点间进行单程附合水准测量，在每个测站上观测转点以传递高程，观测中桩以测地面高程。观测点为整桩点和加桩点。

1. 水准测量法

如图 4.4 所示，该渠道每隔 100m 打一里程桩，在坡度变化的地方设有加桩 0＋070、0＋250、0＋350 等。

先将仪器安置于水准点 BM_{II_1} 和 0＋000 桩之间，整平仪器，后视水准点 BM_{II_1} 上的水准尺，其读数为 1.123，记入表中第 3 栏（表 4.5），旋转仪器照准前视尺（0＋000 桩）读数为 1.201，记入表格第 4、第 5 栏。

第一站测完后，将仪器迁至 0＋100 桩与 0＋200 桩之间，此时以 0＋000 桩上的尺为后视尺，照准后视尺读数为 2.113，记入与 0＋000 桩对齐的第 3 栏内，并计算视线高：72.045＋2.113＝74.158（m），计入相应栏内。转动仪器，照准立在 0＋200 桩上的前视尺，读数为 1.985，记入表格第 5 栏，并与 0＋200 桩对齐。为加快观测速度，仪器不迁站紧接着读 0＋070、0＋100 桩上立的水准尺，读数分别为 0.98、1.25，记入表格第 6 栏，应分别与各自的桩号对齐。前视读数由于传递高程必须读至 mm，0＋070、0＋100 这些桩为中间桩，不传递高程，可读至 cm，又称间视点。

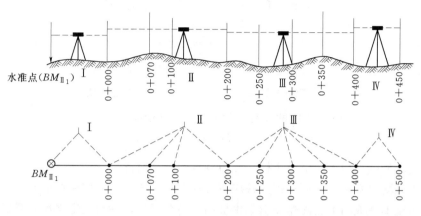

图 4.4　中平测量示意图

表 4.5　　　　　　　　　　　　中 平 测 量 记 录　　　　　　　　　　　单位：m

测站	测点桩号	后视读数	视线高	前视读数	间视	高程	说明
1	2	3	4	5	6	7	8
I	BM_{II_1}	1.123	73.246			72.123	已知
II	0＋000	2.113	74.158	1.201		72.045	
	0＋070				0.98	73.18	
	0＋100				1.25	72.91	
	0＋200	2.653	74.826	1.985		72.173	
III	0＋250				2.7	72.13	
	0＋300				2.72	72.11	
	0＋350				0.85	73.98	
	0＋400	1.424	74.562	1.688		73.138	
IV	0＋500	1.103	74.224	1.441		73.121	
V	BM_{II_2}			1.087		73.137	已知 BM 高程 73.140
检核		$\sum a=8.416$		$\sum b=7.402$		$\sum a-\sum b=1.014$	

已知点 BM_{II_1}、BM_{II_2} 的高差 73.140－72.123＝1.017

$f_h=1.014-1.017=0.003$（m），$f_{h容}=\pm 40L^{1/2}=\pm 28$（mm）

　　在两个水准点之间的中平测量完成后，就进行内业计算。

　　首先计算水准路线的闭合差。由于中线桩的中视读数不影响到路线的闭合差，因此，只要计算后视点的后视读数 a 的前视点和前视读数 b，水准路线观测高差为 $\sum h_测 = \sum a -$

Σb，水准路线理论高差为 $\Sigma h_{理}=H_{终}-H_{始}$，$f_h=\Sigma h_{测}-\Sigma h_{理}$。

在闭合差满足条件的情况下，不必进行闭合差的调整，可直接进行中线桩高程的计算。中视点的地面高程以及前视转点高程一律按所属测站的视线高程进行计算，每一测站的各项计算按下列公式进行：

视线高程＝后视点高程＋后视点的读数

转点高程＝视线高程－前视读数

中桩高程＝视线高程－中视读数

如上述前视桩 0＋200，中间桩 0＋070、0＋100 的高程计算分别为

0＋070 的高程＝74.158－0.98＝73.18（m）

0＋100 的高程＝74.158－1.25＝72.91（m）

0＋200 的高程＝74.158－1.985＝72.173（m）

将上述高程分别记入表格第 7 栏，并与各自的桩号对齐。

进行中桩高程测量时，测量控制桩应在桩顶立尺，测量中线桩应在地面立尺。为了防止因地面粗糙不平或因上坡陡峭而引起中桩四周高差不一，一般规定立尺应紧靠木桩不写字的一侧。

2. 用全站仪进行中平测量

如果全站仪竖直角观测精度不低于 $2''$，测距精度不低于 $(5+5\times10^{-6}D)$mm，边长不超过 2km，观测时采用对向观测，测定高程的精度可达到四等水准测量的精度要求。因此，只要满足上述条件，用全站仪进行中平测量，完全可以达到测量中桩地面高程的精度要求。实际中一般采用单向观测计算高差的公式，计算中桩的地面高程。用全站仪进行中平测量的地面点 P 的高程为 H_P：

$$H_P=H_A+h=H_A+S\sin\alpha+(1-k)S^2\cos^2\alpha/2R+i-l$$

式中　H_A——测站的点位高程；

其他符号含义同前。

用全站仪进行中平测量的要求和步骤如下：

（1）中平测量在基平测量的基础上进行，并遵循先中线后中平测量的顺序。

（2）测站应选择渠（堤）中线附近的控制点且高程应已知，测站应与渠（堤）中线桩位通视。

（3）测量前应准确丈量仪器高度、反射棱镜高度、预置全站仪的测量改正数。

（4）将测站高程、仪器高及反射棱镜高输入全站仪。

（5）中平测量仍需在两个高程控制点之间进行。

4.5.2　特殊地形的中平测量

1. 跨越沟谷测量

中平测量跨越沟谷时，在沟底和沟坡均有中桩点。因高差大，按一般增加测站和转点方法会影响测量的精度和速度，可采用沟内、外分开测量的方法进行。如图 4.5 所示，当测至沟谷边缘时，仪器在Ⅰ处设站，同时设两个转点 ZD_{16} 和 ZD_A，后视 ZD_{15}，前视 ZD_{16} 和 ZD_A。此后，沟内、沟外即分开施测。测量沟内中桩时，仪器下沟置于测站 E，

后视 ZD_A，观测沟谷内两侧的中桩并设置转点 ZD_B。再将仪器迁至测站Ⅲ，后视 ZD_B，观测沟底各中桩。至此沟内观测结束。然后仪器置于测站Ⅳ，后视 ZD_{16}，继续前测。

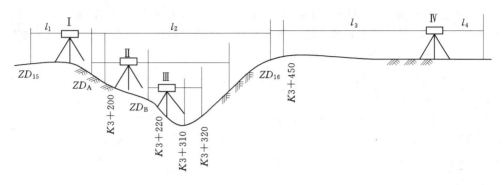

图 4.5　跨沟谷中平测量

这种测法可使沟内、沟外高程传递各自独立，互不影响。沟内测量不会影响到整个测段的闭合，造成不必要返工。但由于沟内测量为支水准路线，缺少检核条件，故实测时应备加注意，并在记录本上单独记录。为了减小Ⅰ站前、后视距不等所造成的误差，仪器置于凹站时，应尽可能使 $l_3 = l_2$，$l_1 = l_4$，$(l_1 - l_2) + (l_3 + l_4) = 0$。

2. 特殊方法的中平测量

如图 4.6 所示，个别特殊地形的中平测量可采用比高法、抬杆法、钓鱼法、接尺法、水下水深测量等方法进行。

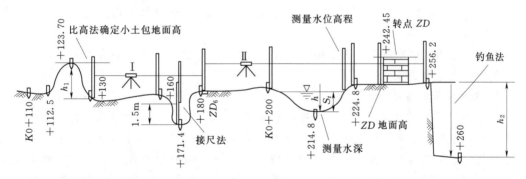

图 4.6　特殊地形的中平测量

学习任务 4.6　横 断 面 测 量

对垂直于路线中线方向的地面高低所进行的测量工作，称为横断面测量。路线上所有里程桩一般都应测量其横断面。横断面图是确定渠道横向施工范围、计算土石方数量的必需资料。现将横断面测量的要求和基本方法介绍如下。

4.6.1　横断面测量的精度及其测设要求

横断面地形点的精度，包括地形点对中心线桩的平面位置中误差。平地、丘陵地应 ≤ ±1.5m，山地、高山地应 ≤ ±2.0m，地形点对邻近基本高程控制点的高程中误差应

≤±0.3m。从以上数据可知，只要采用适当的测量方法，其精度是容易达到的。进行横断面测量时，应注意如下要求：

（1）中心线与河道、沟渠、道路交叉时，应先测出中心线与其交角。当交角大于85°、小于95°时，可只沿中心线施测一条所交河、渠的横断面；当交角小于85°或大于95°时，应垂直于所交河、渠和沿中心线方向各测一条断面。

（2）横断面通过居民地时，一侧测至居民地边缘，并注记村名，另一侧应适当延长。横断面遇到山坡时，一侧可测至山坡上 1~2 点，另一侧适当延长。

（3）横断面遇到水域时，一般仍沿原横断面方向施测水下断面。若用断面法施测有困难时，可测出该区域水下地形图，然后，从图上量取有关数据，再绘制横断面图。

（4）横断面上地形点密度，在平坦地区最大点距不得大于 30m。地形变化处应增加测点，提高横断面图的精度。

4.6.2   横断面测量方法

横断面测量方法视仪器设备和地形条件而定，一般可采用经纬仪视距法、水准仪量距法和花杆置平法等。现将各种方法介绍如下。

1. 经纬仪视距法

当横断面较宽时，可采用经纬仪视距法。当横断面一侧宽度小于 50m 时，允许用目测标定；横断面方向：大于 50m 时，用经纬仪标定方向。如果断面过长或视线遇到障碍必须转站，则转站点（即测站点）的平面位置和高程可以用视距法测定，其视距最大长度不得超过 200m。视距应用正、倒镜并往、返观测，其往、返测距离较差不得大于距离的1/200；高差不符值应不大于 0.1m，山地可放宽为 0.2m；转站数不得超过 3 个；山地路线全长不应大于 600m。

测站至断面上地形点的最大视距应不大于 200m，当仪器只在中心线桩上设站时，其视距长度可放宽为 300m。

2. 水准仪量距法

当中心导线两侧地形较平坦，或对测量精度要求较高时，可用水准仪量距法。如果量距不方便，也可用水准仪视距法。当采用水准仪量距法时，可用地形尺代替水准尺测定地形点高程。量距工具可用皮尺、竹尺或测绳。横断面方向可用带有水平度盘的水准仪标定，也可用木制的十字直角器标定；当横断面每侧长度小于 50m 时，可用目测法标定方向。转站点之间，水准仪至地形点的最大距离一般应不大于 300m。测量记录可采用间视法水准测量格式，地形点按左、右分别编号，用视线高原理计算测点高程。十字直角器及水准仪量距法测量示意图。

当横断面每侧宽度小于 30m 且地势起伏不大、可用于水准仪量距法精度要求不高时，施测横断面。横断面方向用十字直角器或目测标定。

3. 花杆置平法

在丘陵地、山地横向坡度较大时，当横断面每侧宽度小于 30m 时，可采用花杆置平法或皮尺拉平法施测横断面。断面上两地形点间的距离与高差用花杆置平或皮尺拉平读取。

若测加桩（0+235）的横断面，一人将地形尺或花杆立于测点上，另一人从中心线桩用花杆或皮尺量至测点。花杆或皮尺可用简易水准器定平或目估水平。在花杆与地形尺（或花杆）交点读出水平距离，并读出或量出交点至地面的高度即得高差。如果从中心桩向上坡观测时，地形尺或花杆立于中心线桩上，高差从起端地形尺上读出下坡时，地形尺或花杆先立于测点上，然后读取距离和高差。总之，花杆或皮尺只能一端与地面相交，另一端置平在地形尺上读数。

用花杆置平法测量横断面，记录格式，中心桩（0＋235）的高程 158.57m 是从纵断面测量成果中抄来的，它是推算横断面地形点高程的起始数据。地形点的编号仍按中心线前进方向进行，即以观测者面向渠道下游，用左、右手划分横断面的左、右分别记录，分式的分子表示横断面测点间高差，分母表示测点的间距。表中累计栏，分别是地形点对中心线桩高差与距离总和，以方便绘图。

如果测绘技术熟练，横断面测量时可随测随绘，不作记录。为统一测绘精度，测站点与断面地形点的距离读数、计算取位均为 0.1m；测站点高差读数、计算取位均为 0.01m，而地形点高程的计算取位则为 0.1m。

学习任务 4.7　纵 横 断 面 图 的 绘 制

纵横断面图是根据外业观测成果并参考地表性质及草图绘制的。一般可绘在透明方格纸的反面。绘图前，要检查外业资料，做好绘图器具的准备。绘图时，先用铅笔点绘底图，经检查后再着墨。下面分别介绍纵、横断面图的绘制方法。

4.7.1　纵断面图的绘制

（1）图面布局要合理，使用方便，应预留渠、堤设计线和高程注记位置。要做到上述要求，应根据中心线桩的高程和路线长度，按照不同的建设阶段，既要突出地面起伏，又要尽量使地面线居于适中位置。为此，应选择恰当的绘图比例尺。一般是水平比例尺较垂直比例尺小 10 倍、20 倍，甚至 100 倍。在相同的建设阶段中长路线的水平比例尺应小些；短路线的水平比例尺可大些。在高程方面比高差大的，竖直比例尺可小些；高差小的，竖直比例尺应大些。水平比例尺为 1∶5000，竖直比例尺为 1∶100。

（2）绘制图表栏。图表栏是填写纵断面测量内、外业资料及有关设计数据的位置，应绘在图纸的下方，一般约占图纸宽度的 2/5，填写时自上而下进行，其中包括中线挖填、设计高程、地面高程、渠底比降和里程桩号等。

（3）选择高程起始注记。渠道所经地带，高程一般较大，或者沿线地面起伏。为了使用方便，节省图纸，竖直比例尺的注记不从零开始，应尽量选择使路线最高与最低部分都能绘出的高程。如果地面高程一直增加，地面线连续绘下去将会超出图纸，此时，可从某点起，将其高程沿同一坐标纵线降低 5～10cm，使之成一阶梯，再继续绘下去，个别点的高程有可能超出图纸时，可采用绘断裂线并注记其高程的方法。如果地面高程不断降低，则采用相反的措施。

（4）抄入资料，计算有关数据。根据选定的水平比例尺，按里程桩的间距，标出各桩点；从纵断面测量成果中，抄入各点的地面高程；如果渠底比降已经确定，也可计算各点的设计高程。例如：（0+000）桩的设计高程为 158.50m，比降 $s=1:5000$，整桩间距为 100m，故向下游每增加 100m 距离，渠底设计高程就减少 0.02m，所以渠底点设计高程分别为 158.48m、158.46m、158.44m 等。

中心桩挖填数按式（4.1）计算，即

$$\Delta h = H_地 - H_设 \tag{4.1}$$

式中　Δh——挖填数，当 Δh 为正号时，中心桩必即挖深，Δh 为负号时，即填高；

$H_地$——中心桩地面高程：

$H_设$——该中心桩的设计高程。

（5）绘图。依据里程桩的间距和各桩点的地面高程，按选定的竖直比例尺，沿方格纸的纵坐标，定出各点的位置，然后，连接各同名点，即得地面线。渠底设计线或水面线的画法与此相同。

路线平面图和地表性质，是根据草图并参考纵断面高程测量手簿、选线记录等资料绘制的。纵断面图绘制后，应进行图幅整饰，其中包括图名、图签、必要的说明、图纸排列序号等。图中右上角的 t 即为序号，其中分母为该项工程纵断面图的总张数，分子为本张图纸的序号。

4.7.2　横断面图的绘制

横断面图的比例尺，应根据断面宽度、地形坡度等选用。绘图时，应自上游向下游按桩号顺序从左至右排列。同一列中各断面的中心线桩，应位于方格纸上粗线的同一条线上，中心线桩位置用"Δh"符号标出。

横断面图一般也可绘在透明方格纸的反面。为了便于土方计算，一般水平比例尺应与竖直比例尺相同。但是，如果地面起伏较大，为了节省图纸，也可采用不同的比例尺。横断面图是计算土方的必备资料，绘图时，应预留套绘设计段面线的位置。一条渠道短则数千米、数十千米，长则几百千米，其横断面少则几十个，多则上百个甚至以千计，所以绘图工作量往往很大。为了提高测绘横断面图的效率和质量，允许随测随绘。

学习任务 4.8　土方计算及其精度分析

渠道工程必须在地面上挖深、填高，使渠道断面符合设计要求。所填挖的体积，以 m^3 为单位，称为土方。土方计算方法虽然较简单，但是，计算工作量较大。土方的多少，往往是总工程量的重要指标。为了制定合理的施工方案，编制工程预算，必须认真做好土方计算，并估算其精度。

4.8.1　确定挖方或填方面积范围

渠道的设计断面，是根据土壤情况和过水流量，由水力学公式计算确定的，在土质渠段的设计断面采用等腰梯形。组成梯形断面的要素有内边坡、外边坡、渠底宽、渠顶宽、水深、超高和内外肩宽及坡脚宽等。在岩石地带，设计断面采用矩形，此时内边坡垂直于渠底。

确定挖或填面积时，可以根据设计断面的要素，绘在相应桩号的地形横断面图上，但是，这样既费工，精度上也不必要。因此，在实际工作中，可按地形横断面图的比例尺，制成设计断面模片。计算土方前，先将模片按照渠底设计高程套绘在地形横断面图上，然后，用铅笔沿模片边缘，绘出设计横断面的轮廓．按照设计断面与地形的关系，渠道土方可分为挖方、填方、半挖半填方。

东干渠设计流量 $Q=50\text{m}^3/\text{s}$，梯形设计断面要素为：展底宽 $b=12\text{m}$，正常水深 $h=2.6\text{m}$，内边坡系数 $m=3$，外边坡系数 $n=2.5$，安全超高 $h_0=0.8\text{m}$。渠顶宽 $a=4\text{m}$ 试绘制设计断面。

解： 除已知设计断面要素外，还应计算内、外肩宽和坡脚宽，计算方法如下：

内肩宽　　　　$d_1=\dfrac{b}{2}+(h+\Delta h)m=6+3(2.6+0.8)=16.2$（m）

外肩宽　　　　　　　$d_1=\dfrac{b}{2}+(h+\Delta h)m+a=20.2$（m）

坡脚宽　　　$d_1=\dfrac{b}{2}+(h+\Delta h)m+a+(h+\Delta h)n=28.7$（m）

按以上资料，即可根据地形横断面图的比例尺绘制模片。设计断面的模片套绘在(0+100) 桩横断面图上的情况，图上虚线即为挖填方范围线。

4.8.2　计算面积

设计断面与地形断面交线围成的面积，即为该断面挖方或填方的面积。计算面积时，可把交线围成的面积分割成三角形、梯形或长方形等几何图形，分别算出各图形的面积，然后，求各图形面积的总和，这种方法即解析法，是大家较熟悉的。在实际工作中，对于面积较大、精度要求较高的不规则图形，常采用图解法或机械法。由于使用的工具不同，图解法又分为两种方法。

（1）数方格法。以 cm^2 为基本单位，分别数出挖方或填方范围内的方格数，再乘以每 1cm^2 代表的实际面积，即得挖或填方面积。数方格时，先数整方格，再用目测法取长补短，将不整齐的部分，折合成几个整方格，最后一起相加，得到总方格数。为防止重复或遗漏方格，可用铅笔画上记号。

（2）均值法。它的基本原理，是将套绘的设计断面近似地分为三角形和若干个梯形图，各图形的水平间距均为 1cm，各小块的填方面积分别为：

第 1 部分为三角形，其面积 $a_1=h_1\times 1$；

第 2 部分为梯形，其面积 $a_2=h_2\times 1$；

第 3 部分为梯形，其面积 $a_3=h_3\times 1$；

第 4 部分为三角形，其面积 $a_3=h_4\times 1$。

其中，h_1、h_2、h_3、h_4 为三角形或梯形中线之长度，则填方总面积为

$$A=a_1+a_2+a_3+a_4$$
$$=(h_1+h_2+h_3+h_4)\times 1$$

同理，可算出右侧渠堤断面的挖、填方面积。在实际工作中，可采用卡规、直尺或纸条于每个图形中间，即宽度 5mm 处，量出平均高差，所得结果与公式计算相同。

如果采用卡规量测，先量出第 1 个三角形高度为 1/2 处（即 5mm）的底宽 h_1，保持卡规 h_1 时的开度；再量第 2 个图形，即梯形中线 h_2，此时卡规开度为 (h_1+h_2)；同法，再量第 3 个、第 4 个图形的有关数据，当量出第 4 个图形的数据后，卡规的开度为 $(h_1+$

$h_2+h_3+h_4$）。然后，用卡规在方格纸上量，根据绘图比例尺即可换算出挖填方面积。由此可知，用卡规或直尺等工具量测时，量具上累计的数据，是各个几何图形 1/2 高度处底宽的总和。

4.8.3　计算土方体积

根据相邻中心桩的设计横断面面积及两断面间的距离，计算出相邻横断面间的挖方或填方。然后，将挖方和填方分别求其总和。总土方量应等于总挖方与总填方之和。若（0+000）桩的设计断面面积为 A_1，相邻的（0+100）桩设计断面面积为 A_2，两个横断面的距离为 D。根据平均断面法原理，则土方体积为

$$V=\frac{A_1+A_2}{2}D$$

一个设计横断面既有挖方又有填方时，应分别计算面积。如果相邻断面有挖和填方，则两断面之间必有不挖也不填的点，该点称为零点。

从理论上讲，零点处横断面面积不等于零。求出 X 值后，应到实地补测零点处的横断面。在实际工作中，也可采用平均断面法计算土方，但是，土方误差可能要大一些。

从渠道路线勘测设计完成到开始施工，要相隔一段时间，在此期间有一部分转折点、里程桩可能丢失，因此，渠道边桩放样之前，应将路线恢复起来。恢复路线的测量工作，一般包括转折点、里程桩、曲线局部测设和局部改线测量。具体工作方法与定线测量相同。

在渠道施工前，应将设计横断面与地形横断面的交点，测设到地面上，并用木桩标定，作为挖深或填高的依据。测设渠道横断面上有关边桩的工作称为边桩放样。当挖、填方不很大，而且地面较平坦时，渠道边坡的位置一般可采用简便的方法，直接套绘在断面上。并量取中心桩至开口桩，内、外肩桩和边坡脚桩的距离。为便利放样工作，应将图解的数据填入放样数据表中。

按照图解的数据进行放样，先沿中心线的垂直方向，用皮尺从中心桩向一侧量出至开口桩，内、外肩桩和外坡脚桩的距离，并用木桩标定。然后，依同法再放出另一侧的边桩，最后，将相邻断面上同名木桩用白灰连接起来，即为施工边线。小型渠道，一般每隔几百米竖立一个施工坡架，以便掌握断面形状，大、中型渠道采用机械化施工时，可用白灰线及控制桩标定有关边线。由于机械化施工对测量标志破坏性大，应及时补测。

自然地面往往是起伏不平的，平坦地面仅是一种特殊情况。

现归纳其步骤如下。

第一步：根据设计横断面图和地面实际情况，估计边桩位置。

第二步：测出估计位置与中心桩地面间的高差，按此高差算出边桩的相应位置。若计算值与估计值相等，即得边桩。否则再按实测资料进行估计，即重复上述步骤，直到计算值与估计值相等或很接近为止。

测设边坡时，提高横断面方向与中心线的垂直精度，可减少估计误差。测设一段边桩后应注意复核。如果沿中心路线及其两侧的纵坡为一个等斜坡时，则边桩连接起来应为一平顺曲线，否则，应检查错误原因。

渠道测量内外业工作结束后，应整编上交的成果和资料有：各级平面、高程控制点测

量手簿与计算资料，埋石标志、中心导线点成果表，曲线测设手簿与计算资料，纵横断面图与观测手簿，技术总结和检查验收报告等。各种测量记录子簿应统一编号，表头的各项内容均应填写，检查验收人员应签名等。

学习任务 4.9 渠 道 边 坡 放 样

边坡放样的主要任务是：在每个里程桩和加桩上将渠道设计横断面按尺寸在实地标定出来，以便施工。其具体工作如下。

4.9.1 标定中心桩的挖深或填高

施工前首先应检查中心桩有无丢失，位置有无变动。如发现有疑问的中心桩，应根据附近的中心桩进行检测，以校核其位置的正确性。如有丢失应进行恢复，然后根据纵断面图上所计算各中心桩的挖深或填高数，分别用红油漆写在各中心桩上。

4.9.2 边坡桩的放样

为了指导渠道的开挖和填土，需要在实地标明开挖线和填土线。根据设计横断面与原地面线的相交情况，渠道的横断面形式一般有三种：图 4.7（a）为挖方断面（当挖深达5m 时应加修平台）；图 4.7（b）为填方断面；图 4.7（c）为挖填方断面。在挖方断面上需标出开挖线，填方断面上需标出填方的坡脚线，挖填方断面上既有开挖线也有填土线，这些挖、填线在每个断面处是用边坡桩标定的。所谓边坡桩，就是设计横断面线与原地面线交点的桩（如图 4.8 中的 d、e、f 点），在实地用木桩标定这些交点桩的工作称为边坡桩放样。

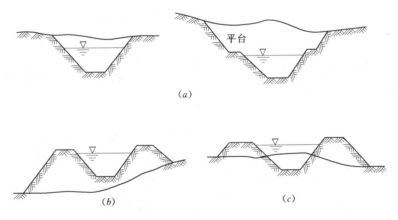

图 4.7 渠道横断面图

标定边坡桩的放样数据是边坡桩与中心桩的水平距离，通常直接从横断面图上量取为便于放样和施工检查，现场放样前先在室内根据纵横断面图将有关数据制成表格，见表 4.6。

表内的地面高程、渠底高程、中心桩

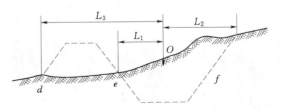

图 4.8 边坡桩放样示意图

115

的填高或挖深等数据由纵断面图上查得；堤顶高程为设计的水深加超高加渠底高程；左、右内边坡宽、外坡脚宽等数据是以中心桩为起点在横断面图上量得。

表 4.6　　　　　　　　　　　　渠道断面放样数据表　　　　　　　　　单位：m

桩　号	地面高程	设计高程		中心桩		中心桩至边坡桩的距离			
		渠底	渠堤	填高	挖深	左外坡脚	左内边坡	右内边坡	右外坡脚
0+000	77.31	74.81	77.31	—	2.50	7.38	2.78	4.40	—
0+100	76.68	74.76	77.26	—	1.92	6.84	2.80	3.65	6.00
0+200	76.28	74.71	77.21	—	1.57	5.62	1.80	2.36	4.15

放样时，先在实地用十字直角器定出横断面方向，然后根据放样数据沿横断面方向将边坡桩标定在地面上。如图 4.8 所示，从中心桩 O 沿左侧方向量取 L_1 得到左内边坡桩 e，量 L_3 得到左外坡脚桩 d，再从中心桩沿右侧方向量取 L_2 得到右内边坡桩 f，分别打下木桩，即为开挖、填筑界线的标志，连接各断面相应的边坡桩，洒以石灰，即为开挖线和填土线。

4.9.3　验收测量

为了保证渠道的修建质量，对于较大的渠道，在其修建过程中，对已完工的渠段应及时进行检测和验收测量。

渠道的验收测量一般是用水准测量的方法检测渠底高程，有时还需检测渠堤的堤顶高程、边坡坡度等，以保证渠道按设计要求完工。

学习单元 5　施工道路与桥梁的施工测设

学习任务 5.1　圆 曲 线 的 测 设

当路线由一个方向转到另一个方向时，必须用曲线连接。曲线的形式较多，其中，圆曲线（又称为单曲线）是最常见的曲线形式。圆曲线的测设一般分为两个步骤：首先是圆曲线主点的测设，即圆曲线的起点（直圆点 ZY）、中点（曲中点 QZ）和终点（圆直电 YZ）的测设；然后在各主点之间进行加密，按照规定桩距测设曲线的其他各桩点，称为圆曲线的详细测设。

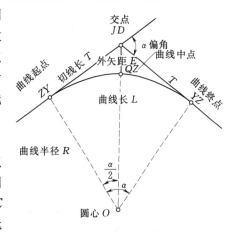

图 5.1　圆曲线示意图

5.1.1　圆曲线元素的计算

如图 5.1 所示，已知数据为路线中线交点（JD）的偏角 α 和圆曲线的半径为 R，要计算的圆曲线的元素有：切线长度 T、曲线长 L、外矢距 E 和切线长度与曲线长度之差（切曲差）D。各元素可以按照以下公式计算

切线长度
$$T = R\tan(\alpha/2) \tag{5.1a}$$

曲线长度
$$L = R\alpha(\pi/180°) \tag{5.1b}$$

外矢距
$$E = \frac{R}{\cos\dfrac{\alpha}{2}} - R = R\left(\sec\frac{\alpha}{2} - 1\right) \tag{5.1c}$$

切曲差
$$D = 2T - L \tag{5.1d}$$

5.1.2　圆曲线主点里程的计算

曲线上各点的里程都是从一已知里程的点开始沿曲线驻点推算的。一般已知交点 JD 的里程，它是从前一直线段推算而得，然后再由交点的里程推算其他各主点的里程。由于路线中线不经过交点，所以圆曲线的终点、中点的里程必须从圆曲线起点的里程沿着曲线长度推算。根据交点的里程和曲线测设元素，就能够计算出各主点的里程，如图 5.1 所示。

$$ZY\text{ 点里程} = JD\text{ 点里程} - T$$
$$YZ\text{ 点里程} = ZY\text{ 点里程} + L$$
$$QZ\text{ 点里程} = YZ\text{ 点里程} - (L/2)$$
$$JD\text{ 点里程} = QZ\text{ 点里程} + (D/2)$$

【例 5.1】　已知某交点的里程为 $K3+135.12\text{m}$，测得偏角 $\alpha_右 = 40°20'$，圆曲线的半

径 $R=120$m，求圆曲线的元素和主点里程。

解：（1）圆曲线计算元素。

将各参数代入式（5.1），可得

切线长度　　　　$T=R\tan(\alpha/2)=120\times\tan20°10'=44.072$（m）

曲线长度　　　　$L=Ra(\pi/180°)=120\times40\dfrac{20}{60}\times\dfrac{\pi}{180°}=84.474$（m）

外矢距　　　$E=R(\sec\dfrac{\alpha}{2}-l)=120(\sec20°10'-1)=7.837$（m）

切曲差　　　$D=2T-L=2\times44.072-84.474=3.670$（m）

（2）主点里程的计算。根据以上计算的结果，代入式（11.2），可得

JD	K3+153.12
$-)T$	44.07
ZY	K3+091.05
$+)L$	84.47
YZ	K3+175.52
$-)L/2$	42.24
QZ	K3+133.28
$+)D/2$	1.84
JD	K3+135.12

通过对交点 JD 的里程校核，说明计算正确。

5.1.3　圆曲线主点的测设

在圆曲线元素及主点里程计算无误，即可进行主点测设，如图 5.2 所示，其步骤如下：

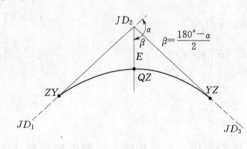

图 5.2　圆曲线主点测设示意图

（1）测设圆曲线起点（ZY）和终点（YZ）。安置经纬仪在交 JD_2 上，后视中线方向的相邻点 JD_1，自 JD_2 沿着中线方向量取切线长度 T，得曲线起点 ZY 点位置，插上测钎；逆时针转动照准部，测设水平角（180°－α）得 YZ 点方向，然后从 JD_2 出发，沿着确定的直线方向量取切线长度 T，得曲线终点 YZ 点位置，也插上测钎。再用钢尺丈量插测钎点与最近的直线桩点距离，如果两者水平长度之差在容许的范围内，则在插测钎处打下 ZY 桩与 ZY 桩。如果误差超出容许的范围，则应该找出原因，并加以改正。

（2）测设圆曲线的中点（QZ）。经纬仪在交点 JD_2 上照准前视点 JD_3 不动，水平度盘置零，顺时针转动照准部，使水平度盘读数为 $\beta[\beta=(180°-\alpha)/2]$，得曲线中点的方向，在该方向从上交点 JD_2 丈量外矢距 E，插上测钎。同样，按照以上方法丈量与相邻桩点距离进行校核，如果误差在容许的范围内，则在插测钎处打下 QZ 桩。

5.1.4　圆曲线的详细测设

当地形变化比较小，而且圆曲线的长度小于 40m 时，测设圆曲线的三个主点就能够

满足设计与施工的需要。如果圆曲线较长，或地形变化比较大时，则在完成测定三个圆曲线的主点以后，还需要按照表 5.1 中所列的桩距 L，在曲线上测设整桩与加桩。这就是圆曲线的详细测设。

圆曲线详细测设的方法比较多，下面仅介绍两种常用的方法。

表 5.1   中　桩　间　距

直　线 (m)		曲　线 (m)			
平原微丘区	山岭重丘区	不设超高曲线的	$R>60$	$30<R<60$	$R<30$
≤50	≤25	25	20	10	5

注　表中 R 为平曲线的半径，以 m 计。

5.1.4.1　偏角法

偏角法测设圆曲线上的细部点是以圆曲线的起点 ZY 或终点 YZ 作为测站点，计算出测站点到圆曲线上某一特定的细部点 P_j 的弦线与切线 T 的偏角——弦切角 Δ_j 和弦长 C_j 来确定 P_j 点的位置。按照整桩号法测设细部点时，该细部点就是圆曲线上的里程桩。可以根据曲线的半径 R 按照表 5.1 来选择桩距（弧长）为 L 的整桩。R 越小，则 L 也越小。

用偏角法测设圆曲线的细部点，因测设距离的方法不同，分为长弦偏角法和短弦偏角法两种。长视距法是测设 ZY 或 YZ 点至细部点的距离（长弦），适合于用经纬仪加测距仪（或用全站仪）；短弦偏角法是从 ZY 点开始，沿选定的桩点，逐点迁移仪器进行测设，适合于用经纬仪加钢尺。

1. 测设数据的计算

为便于计算工程量和施工方便，细部点的点位通常采用整桩号法，从 ZY 点出发，将曲线上靠近起点 ZY 的第一个桩的桩号凑整成大于 ZY 桩号且是桩距 L 的最小倍数的整桩号，然后按照桩距 L 连续向圆曲线的终点 YZ 测设桩位，这样设置桩的桩号均为整数。

按照整桩号法测设细部点时，该细部点就是圆曲线上的里程桩。可以根据曲线的半径 R 按照表 5.1 来选择桩距（弧长）为 L 的整桩。R 越小，则 L 也越小。

如图 5.3 所示，P 为圆曲线上的第一个整桩，它与圆曲线起点的弧长为 l_1（$l_1<l$），P_1 以后各相邻点之间的弧长为 l，圆曲线的最后一个整桩到圆曲

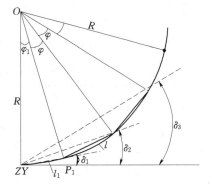

图 5.3　偏角法详细测设圆曲线

线的终点的弧长为 l_{n+1}。若 l_1 对应的圆心角为 φ_1，$\varphi_1=\dfrac{l_1}{R}\dfrac{180°}{\pi}$，$l$ 对应的圆心角为 φ，$\varphi=\dfrac{l}{R}\dfrac{180°}{\pi}$。$l_{n+1}$ 对应的圆心角为 φ_{n+1}，同时，弦切角是同弧所对应的圆心角的 1/2，可以

按下式计算 [角度单位为（°）]。

（1）长弦偏角法

$$
\left.\begin{aligned}
\varphi_i &= \varphi_1 + (i-1)\varphi \\
\delta_i &= \varphi_i/2 \\
C_i &= \varphi_i\frac{180°}{\pi}R
\end{aligned}\right\} \tag{5.2}
$$

（2）第一个点

$$
\left.\begin{aligned}
\delta_1 &= 180° - \varphi_1/2 \\
C_1 &= 2R\sin(\varphi_1/2)
\end{aligned}\right\} \tag{5.3}
$$

短线偏角法其余各点

$$
\left.\begin{aligned}
\delta &= 180° - \varphi \\
C &= 2R\sin\varphi/2
\end{aligned}\right\} \tag{5.4}
$$

根据最后个整桩再次测设中点，以作检核：

$$
\left.\begin{aligned}
l_{n+1} &= L - l_i - (n-1) \\
\varphi_{n+1} &= \frac{180°}{\pi}\frac{l_{n+1}}{R} \\
C_{n+1} &= 2R\sin(\varphi_{n+1}/2) \\
\delta_{n+1} &= 180° - \frac{\varphi + \varphi_{n+1}}{2}
\end{aligned}\right\} \tag{5.5}
$$

【例 5.2】　仍按上例，已知 JD 的桩号是 $K3+135.12$，偏角 $\alpha = 40°20'$，设计圆曲线半径 $R = 120\text{m}$，桩距 $l_0 = 20\text{m}$。求用偏角法测设该圆曲线的测设元素。

解：（1）采用长弦偏角法计算。

$$
\varphi_1 = \frac{180°}{\pi}\frac{l_1}{R} = \frac{180°}{\pi} \times \frac{8.95}{120} = 4°16'20''
$$

$$
\varphi_0 = \frac{180°}{\pi}\frac{l_0}{R} = \frac{180°}{\pi} \times \frac{20}{120} = 9°32'5''
$$

依据式（5.2）计算测设数据见表 5.2。

表 5.2　　　　　　　　　　长弦偏角法圆曲线细部点测设数据

曲线里程桩桩号	相邻桩点间弧长 l_i（m）	偏角 δ_i（° ′ ″）	弦　长 C_i（m）
ZY　$K3+091.05$		0　00　00	0
	8.95		
P_1　$K_3+100.00$		2　08　12	8.95
	20.00		
P_2　$K_3+120.00$		6　54　41	28.88
	20.00		
P_3　$K_3+120.00$		11　41　10	48.61
	20.00		
P_4　$K_3+120.00$		16　27　39	68.01
	15.52		
YZ　$K3+175.52$			82.74

（2）采用短弦偏角法计算。依据式（5.3）和式（5.4），计算测设数据见表 5.3。

表 5.3   短弦偏角法圆曲线细部点测设数据

曲线里程桩桩号	相邻桩点间弧长 l_i（m）	偏角 δ_i（° ′ ″）	相邻桩点弦长 C_i（m）
ZY K3+091.05	8.95	0 00 00	8.95
P_1 K3+100.00		175 51 48	
	20.00		19.98
P_2 K3+120.00		170 27 03	
	20.00		19.98
P_3 K3+120.00		170 27 03	
	20.00		19.98
P_4 K3+120.00		171 31 31	
YZ K3+175.52	15.52		15.51

5.1.4.2 测设方法

1. 长弦偏角法

仍按上例，具体测设步骤如下：

（1）安置经纬仪（或全站仪）于曲线起点（ZY）上，瞄准交点（JD），使水平度盘读数置为 $0°00'00''$。

（2）水平转动照准部，使度盘读数为 $2°08'12''$，沿此方向测设弦长 $C_1=8.95\text{m}$ 的 P_1 点。

（3）再水平转动照准部，使度盘读数为 $6°54'41''$，沿此方向测设弦长 $C_2=28.8\text{m}$，定出 P_2 点；依此类推，测设 P_3、P_4 点。

（4）测设至曲线终点（YZ）作为检核：水平转动照准部，使度盘读数为 $20°10'10''$（方向上测设弦长 $C_{YZ}=82.74\text{m}$，定出一点。此点如果与 YZ 不重合，其闭合差一般按如下要求：半径方向（路线横向）不超过 0.1m；切线方向（路线纵向）不超过 L/1000（曲线长）。

2. 短弦偏角法

仍按上例，具体测设步骤如下：

（1）安置经纬仪（或全站仪）于曲线起点（ZY），瞄准交点（JD），使水平度盘置为 $0°00'00''$。

（2）水平转动照准部，使度盘读数为 $2°08'12''$，沿此方向测设弦长 $C_1=8.95\text{m}$，定出 P_1 点。

（3）将仪器安置在 P_1 点，后视 ZY 点，再逆时针水平转动照准部，拨角 $170°27'03''$，此方向测设弦长 19.98m，定出 P_2 点；依此类推，在 P_2 点后视 P。点定出 P_3 点，在 P_3 点后视 P_2 点定出 P_4 点。

（4）在 P_4 点后视 P_3 点测设至曲线终点（YZ）作为检核，其闭合差要求同前。

5.1.4.3 弦线支距法

弦线支距法又称"长线支距法"，也是一种直角坐标法。此法以每段圆曲线的起点为原点，以每段曲线的弦长为横轴，垂直于弦的方向为纵轴，曲线上各点用该段的纵横坐标

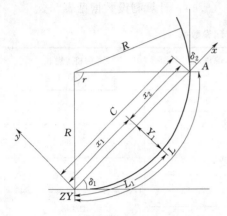

图 5.4　弦线支距法测设圆曲线

值来测设。实际工作中，先可以是 ZY 至 YZ 之间的距离，也可以是任意的，如图 5.4 中 ZY 至 A，A 应根据实地需要选择。

测设所需数据的计算公式如下：

$$
\left.
\begin{aligned}
X_i &= L_i - \frac{\left(\dfrac{L}{2}\right)^3 - \left(\dfrac{L}{2} - L_i\right)^3}{6R^2} \\[2mm]
Y_i &= \frac{\left(\dfrac{L}{2}\right)^2 - \left(\dfrac{L}{2} - L_i\right)^2}{2R} - \frac{\left(\dfrac{L}{2}\right)^4 - \left(\dfrac{L}{2} - L_i\right)^4}{24R^3} \\[2mm]
C &= 2R\sin\frac{r}{2}
\end{aligned}
\right\}
\tag{5.6}
$$

式中　L_i——置仪点至测设点 i 的圆曲线长；

　　　L——分段的圆曲线长。

弦线支距法的测设步骤：

（1）安置仪器于 ZY（YZ）点，后视交点，拨角 δ_1 定出圆曲线第一段弦的方向，在弦的方向上按 X_i、Y_i 值，测设圆曲线上各点。

（2）若圆曲线较长，则置仪 A 点，后视 ZY 点或 YZ 点，拨角 δ_2 定出第二段弦的方向，按同样方法继续测设圆曲线上其他点。

5.1.4.4　弦线偏距法

这是一种适用于隧道等狭窄场地测设曲线的方法。如图 5.5 所示，PA 为中线的

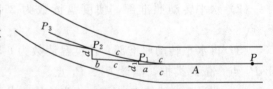

图 5.5　弦线偏距法测设圆曲线

直线段，A 为圆曲线的起点，要求每隔 c 米放样一个细部点 P_1、P_2、P_3，则放样步骤如下：

（1）先延长 PA 至 a 点，使 $Aa = c$。

（2）由 a 点量距 d_1，由 A 点量距 c，两距离交会定出细部点 P_1。

（3）再延长 AP_1 至 b，使 $P_1 b = f$。

（4）由 b 点量距 d，由 P_1 量距 c，两距离交会定出细部点 P_2。

（5）如此反复，以 d_1。两距离交会定出其余各细部点。交会距离计算公式如下：

$$
\left.
\begin{aligned}
d_1 &= 2c\sin\frac{c}{4R} \\[2mm]
d &= 2c\sin\frac{c}{2R}
\end{aligned}
\right\}
\tag{5.7}
$$

这种方法的精度较低，放样误差累积快，因此，不宜连续放样多点。

学习任务 5.2　综 合 曲 线 的 测 设

车辆在曲线路段行驶时，由于受到离心力的影响，车辆容易向曲线的外侧倾倒，直接影响车辆的安全行驶以及舒适性。为了减小离心力对行驶车辆的影响，在曲线段路面的外侧必须有一定的超高，而在曲线段内侧要有一定量的加宽。这样就需要在直线与曲线之间、两个半径不同的圆曲线之间插入一条起过渡作用的曲线，这样的曲线称为缓和曲线。因此，缓和曲线是在直线段与圆曲线、圆曲线与圆曲线之间设置的曲率半径连续渐变的曲线。由缓和曲线和圆曲线组成的平面曲线称为综合曲线。

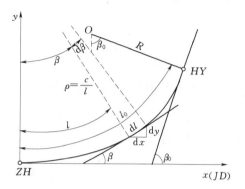

图 5.6　缓和曲线示意图

5.2.1　缓和曲线点的直角坐标

缓和曲线可以采用回旋线（辐射螺旋线）、三次抛物线、双纽线等线型。我国现行的《公路工程技术标准》（JT 001—97）规定：缓和曲线采用回旋线，如图 5.6 所示。从直线段连接处起，缓和曲线上各点单位曲率半径 ρ 与该点离缓和曲线起点的距离 l 成反比，即 $\rho_i = \dfrac{c}{l_i}$，其中 c 是一个常数，称为缓和曲线变更率。在与圆曲线连接处，l_i 等于缓和曲线全长 l_0，ρ 等于圆曲线半径 R，故 $c = Rl_0$，c 一经确定，缓和曲线的形状也就确定。c 愈小，半径变化愈快；反之，f 愈大，半径变化愈慢，曲线也就愈平顺。当 c 为定值时，缓和曲线长度视所连接的圆曲线半径而定。

由上述可知，缓和曲线是按线性规则变化的，其任意点的半径为

$$\rho_i = \frac{c}{l_i} = \frac{Rl_0}{l_i}$$

缓和曲线上各点的直角坐标为

$$\left. \begin{array}{l} X_i = l_i = \dfrac{l_i^5}{40R^2 l_0} = l_i - \dfrac{l_i^5}{40c^2} \\[3mm] Y_i = \dfrac{l_i^3}{6Rl_0} = \dfrac{l_i^3}{6c} \end{array} \right\} \tag{5.8}$$

缓和曲线终点的坐标计算为（取 $l_i = l_0$，并顾及 $c = Rl_0$）

$$\left. \begin{array}{l} X_0 = l_0 - \dfrac{l_0^3}{40R^2} \\[3mm] Y_0 = \dfrac{l_0^2}{6R} \end{array} \right\} \tag{5.9}$$

5.2.2　有缓和曲线的圆曲线要素计算

综合曲线的基本线型是在圆曲线与直线之间加入缓和曲线，成为具有缓和曲线的圆曲线，如图 5.7 所示，图中虚线部分为一转向角为 α、半径为 R 的圆曲线 AB，今欲在两侧

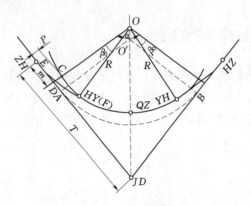

图 5.7　具有缓和曲线的圆曲线

入长度为 l_0 的缓和曲线。圆曲线的半径不变而将圆心从 O' 移至 O 点，使得移动后的曲离切线的距离为 P。曲线起点沿切线向外侧移至 E 点，设 $DE = m$，同时将移动后圆曲线的一部分（图中的 $C \sim F$）取消，从 E 点到 F 点之间用弧长为 l_0 的缓和曲线代替，故缓和曲线大约有一半在原圆曲线范围内，另一半在原直线范围内，缓和曲线的倾角 β_0。即为 $C \sim F$ 所对的圆心角。

1. 缓和曲线常数的计算

缓和曲线的常数包括缓和曲线的倾角 β_0、圆曲线的内移值 P 和切线外移量 m，根据设计部门确定的缓和曲线长度 l_0 和圆曲线半径 R，其计算公式如下

$$\beta_0 = \frac{l_0}{2R}\frac{180°}{\pi} = \frac{l_0}{2R}o''$$

$$P = \frac{l_0^2}{24R} - \frac{l_0^4}{2688R^3} \approx \frac{l_0^2}{24R}$$

$$m = \frac{l_0}{2} - \frac{l_0^3}{240R^2} \approx \frac{l_0}{2} \tag{5.10}$$

2. 有缓和曲线的圆曲线要素计算

在计算出缓和曲线的倾角 β_0、圆曲线的内移值 P 和切线外移量 m 后，就可计算具有缓和曲线的圆曲线要素：

切线长度
$$T = (R+P)\tan\frac{\alpha}{2} + m \tag{5.11a}$$

曲线长度
$$L = R(\alpha - 2\beta_0)\frac{\pi}{180°} + 2l_0 = R\alpha\frac{\pi}{180°} + l_0 \tag{5.11b}$$

外矢距
$$E = (R+P)\sec\frac{\alpha}{2} - R \tag{5.11c}$$

切曲差
$$D = 2T - L \tag{5.11d}$$

3. 综合曲线上圆曲线段细部点的直角坐标

在计算出缓和曲线常数之后，从图 11.7 不难看出，圆曲线部分细部点的直角坐标计算公式为

$$X_i = R\sin\varphi_i + m$$

$$Y_i = R(1 - \cos\varphi_i) + P$$

其中
$$\varphi_i = \frac{180°}{\pi R}(l_i - l_0) + \beta_0$$

式中　β_0、P、m——前述的缓和曲线常数；

l_i——细部点到 ZH 或 HZ 的曲线长；

l_0——缓和曲线全长。

5.2.3 曲线主点里程的计算和主点的测设

具有缓和曲线的圆曲线主点包括直缓点 ZH、缓圆点 HY、曲中点 QZ、圆缓点 YH、缓直点 HZ。

1. 曲线主点里程的计算

曲线上各点的里程已知里程的点开始沿曲驱点推算。一般已知归的里程，它是从前一直线段推算而得，然后再从 JD 的里程推算各控制点的里程。

$$HZ_{里程} = JD_{里程} - T$$

$$HY_{里程} = ZY_{里程} + l_0$$

$$QZ_{里程} = HY_{里程} + (L/2 - l_0)$$

$$YH_{里程} = QZ_{里程} + (L/2 - l_0)$$

$$ZH_{里程} = YH_{里程} + l_0$$

算检核条件为：

$$HZ_{里程} = JD_{里程} + T - D$$

2. 曲线主点的测设

（1）ZH、QZ、HZ 点的测设。ZH、QZ、HZ 点可采用圆曲线主点的测设方法。经纬仪安置在交点（JD）瞄准第一条直线上的某点（D_1），经纬仪水平度盘置零。由 JD 出发沿视线方向丈量 T 定出 ZH 点。经纬仪向曲线内转动 $\alpha/2$，得到分角线方向，在该方向线上沿视线方向从 JD 出发：量 E，定出 QZ 点。继续转动 $\alpha/2$，在该线上丈量 T，定出 HZ 点。如果第二条直线已经确定，则该点就应位于该直线上。

（2）HY、YH 点的测设。ZH 和 HZ 点测设好后，分别以 ZH 和 HZ 点为原点建立直角坐标系，利用式（5.6）计算出 HY、YH 点的坐标，采用切线支距法确定出 HY、YH 点的位置。

通过式（5.6）计算出 HY、YH 点的坐标，在 ZH、HZ 点确定后，可以采用切线支距法进行放样。如以 $ZH \sim JD$ 为切线，ZH 为切点建立坐标系，按计算的直角坐标放荐出 HY 点，同样可以测设出 YH 点的具体位置。

在以上主点确定后，应及时复核距离，然后分别设立对应的里程桩。

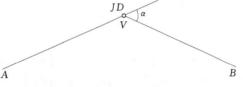

图 5.8 综合曲线计算

【**例 5.3**】 如图 5.8 中综合曲线，已知 $JD = K5 + 324.00$，$\alpha_右 = 22°00'$，$R = 500\text{m}$，缓和曲线长 $l_0 = 60\text{m}$。求算缓和曲线诸元素、曲线主点里程桩桩号。

解：（1）计算综合曲线元素。

缓和曲线的倾角

$$\beta_0 = \frac{l_0}{2R} \frac{180°}{\pi} = 3°26'3''$$

圆曲线的内移值

$$P = \frac{l_0^2}{24R} - \frac{l_0^4}{2688R^3} \approx \frac{l_0^2}{24R} = 0.3\text{m}$$

切线外移量

$$m = \frac{l_0}{2} - \frac{l_0^3}{240R^2} \approx \frac{l_0}{2} = 30.00\text{m}$$

切线长度
$$T=(R+P)\tan\frac{\alpha}{2}+m=127.24\text{m}$$

曲线长度
$$L=R(\alpha-2\beta_0)\frac{\pi}{180°}+2l_0=251.98\text{m}$$

外矢距
$$E=(R+P)\sec\frac{\alpha}{2}-R=9.66\text{m}$$

切曲差
$$D=2T-L=2.5\text{m}$$

（2）计算曲线主点里程桩桩号。

JD	$K5+324.00$
$-T$	127.24
ZH	$K5+196.76$
$+l_0$	60.00
HY	$K5+256.76$
$+(L-2l_0)/2$	65.99
QZ	$K5+322.75$
$+(L-2l_0)/2$	65.99
YH	$K5+388.74$
$+l_0$	60.00
HZ	$K5+448.74$

校核计算：

JD	$K5+324.00$
$+T$	127.24
$-D$	2.5
HZ	$K5+448.74$

学习任务 5.3　困难地段的曲线测设

在进行曲线的测设时，由于受到地势或地貌等条件的限制，经常会遇到各种各样的障碍，导致不能按照前述的方法进行曲线测设，这时可以根据具体情况，提出具体的方法。

5.3.1　路线交点不能安置仪器

路线交点有时落在河流里或其他不能安置仪器的地方，形成虚交点，这时可通过设置辅助交点进行曲线主点测设。常见的发生虚交的情况有以下几种：

（1）交点落入河流中间，无法在河流中间定出交点的具体位置。

（2）道路依山修筑，在山路转弯时，交点在山中或半空中无法实际得到。

（3）路线中线上有障碍物无法排除，交点无法直接得到。

（4）路线转角较大，切线长度过长，获得交点对工作不利，没有意义。

在实际工作中遇到虚交时，通常可以采用的测设方法有以下几种。

1. 圆外基线法

如图 5.9 所示，由于路线自落入河流中间，无法在交点设桩虚交。这时可以在曲线的两切线选择一个便于安置仪器的辅助点 A、B，将经纬仪分别安置在 A、B 点，测量出两点连线与切线的交角 α_a、α_b，同时用钢尺往返丈量 A、B 间的距离，应注意测量角度和距离应分别规定的限差要求。

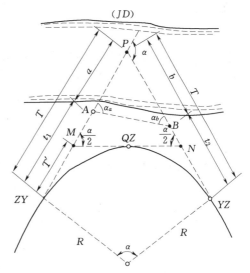

图 5.9 圆外基线法

在图中可以发现，辅助点 A、B 与交 JD 点构成一个三角形，根据几何关系，利用正弦定律可以得到

$$a = AB \frac{\sin\alpha_b}{\sin(180° - \alpha)} = AB \frac{\sin\alpha_b}{\sin\alpha}$$

$$b = AB \frac{\sin\alpha_a}{\sin(180° - \alpha)} = AB \frac{\sin\alpha_a}{\sin\alpha}$$

$$(5.12)$$

根据已知的偏角 α 和选定的半径 R，就可以计算出切线长 T 和弧线长 L，再结合 a、b、T 计算出辅助点到圆曲线的 ZY、YZ 点之间的距离 t_1、t_2。

$$t_1 = T - a, \quad t_2 = T - b$$

根据计算出的 t_1、t_2，就能定出圆曲线的 ZY 点和 YZ 点。如果计算的 t_1、t_2 出现负值，说明辅助点定在曲线内侧，而圆曲线的 ZY、YZ 点位于辅助点与虚交点之间。A 点的里程确定以后，对应圆曲线主点的里程也可以推算出。

测设时，在切线方向上分别量取（根据计算的正负可以确定在切线上的方向）t_1、t_2 即可测设出圆曲线的 ZY 点和 YZ 点。曲中点 QZ 的测设可以采用"中点切线法"，过曲中点 QZ 的切线与过虚交点的两条切线的交点分别为 M、N 点，可以使 $\angle PMN = \angle PNM = \alpha/2$，显然

$$T' = R\tan\frac{\alpha}{4}$$

在确定了 ZY 点和 YZ 点后，沿着过该点的切线方向量取长度 T' 后就能确定出 M、N 两点，从 M 点或 N 点出发沿着 MN 量取长度 T' 就得到 QZ 点。该点同时也是 MN 的中点。

在圆曲线的主点确定后，就可以根据具体情况采用前述三种方法的一种进行圆曲线详细测设。

如图 5.9 所示，测出 $\alpha_a = 15°18'$，$\alpha_b = 18°22'$，选定圆曲线的半径 $R = 150m$，$AB = 54.68m$，已知 A 点的里程桩号为 $K3 + 123.22$。试计算测设主点的数据和主点的里程桩号。

解： 根据 $\alpha_a = 15°18'$，$\alpha_b = 18°22'$，有

$$\alpha = \alpha_a + \alpha_b = 15°18' + 18°22' = 33°40'$$

根据 $\alpha = 33°40'$，$R = 150m$，参考式（5.1）计算切线长 T 和弧线长 L 为

切线长度
$$T = R\tan\frac{\alpha}{2} = 150\tan\frac{33°40'}{2} = 45.383 \text{（m）}$$

127

曲线长度

$$L=R\alpha\frac{\pi}{180°}=150\times33°40'\times\frac{\pi}{180°}=88.139\ (\text{m})$$

又

$$a=AB\frac{\sin\alpha_b}{\sin\alpha}=54.68\times\frac{\sin18°22'}{\sin33°40'}=31.080\ (\text{m})$$

$$b=AB\frac{\sin\alpha_a}{\sin\alpha}=54.68\times\frac{\sin15°18'}{\sin33°40'}=26.027\ (\text{m})$$

$$t_1=T-a=45.383-31.080=14.303\ (\text{m})$$

$$t_2=T-b=45.383-26.027=19.356\ (\text{m})$$

计算出主点的里程如下：

A 点	K3+123.22
$-)\ t_1$	14.30
ZY	K3+108.92
$+)\ L$	88.14
YZ	K3+197.06
$-)\ L/2$	44.07
QZ	K3+152.99

在确定圆曲线的主点后，还应该按照前面所述，进行圆曲线的详细测设。

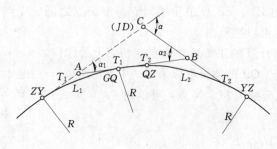

图 5.10 切基线法

2. 切基线法

如图 5.10 所示，由于受地形限制曲线出现虚交后，同时曲线通过 GQ（公切点）点，这样圆曲线被分为两个同半径的圆曲线 L_1、L_2，其切线的长度分别为 T_1、T_2，通过 GQ 点的切线 AB 是切基线。

在现场进行实际测设时，根据现场实际，在两通过虚交点的切线上选择点 A、B，形成切基线 AB，用往返丈量方法测量出其长度，并观测该两点连线与切线的交角 α_1、α_2，有

$$T_1=R\tan\frac{\alpha_1}{2},\quad T_2=R\tan\frac{\alpha_2}{2}$$

同时有 $AB=T_1+T_2$，代入上式整理后有

$$R=\frac{AB}{\tan\frac{\alpha_1}{2}+\tan\frac{\alpha_2}{2}}=\frac{T_1+T_2}{\tan\frac{\alpha_1}{2}+\tan\frac{\alpha_2}{2}} \tag{5.13}$$

在求得 R 后，根据 α_1 和 α_2 代入式（5.1），可分别求得 L_1、L_2 和 T_1、T_2，将 L_1、L_2 相加就得到曲线的总长。

实际测设时，先在 A 点安置仪器，沿着切线方向分别丈量长度 T_1，就定出圆曲线的 ZY 点和 GQ 点；在 B 点安置仪器，沿着切线方向分别丈量长度 T_2，就定出圆曲线 YZ 的点和 GQ 点；其中 GQ 点可用做校核。

在选择用切基线法时，如果计算出的半径 R 不能满足规定的最小半径或不能适应地形变化时，应将选定的参考点 A、B 进行调整，使切基线的位置合适。

在测定圆曲线的主点后，应该按照前述方法进行圆曲线的详细测设。

3. 弦基线法

连接圆曲线的起点与终点的弦线，称为弦基线。该方法是当已经确定圆曲线的起（或终）点时，运用"弦线两端的圆切角相等"来确定曲线的终点（或起点）。

如图 5.11 所示，如果 A 点是圆曲线的起点位置，而 E 点是其后视点，假设另一条直线的方向已知并且有初步确定 B' 点和前视点 F，具体测设步骤如下：

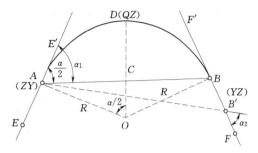

图 5.11　弦基线法

（1）首先分别在 A、B' 点安置仪器，测量线 AB' 与切线的夹角 $\angle E'AB'$、$\angle F'B'A$，显然两个角度一般不相等，但是两者之和就是角 α。

（2）根据测量结果计算出偏角 α，同时测站点的弦切角为偏角 α 的 $1/2$。

（3）在 A 点安置经纬仪，以 AE' 为起始方向，拨角 $\alpha/2$，这时经纬仪的视线与直线 FB' 的交点就是点的正确位置。

（4）用往返丈量取平均值的方法测量改正后的 AB 长度。

（5）计算圆曲线的曲率半径 R，有

$$R = \frac{AB}{2\sin\dfrac{\alpha}{2}} \tag{5.14}$$

（6）确定曲中点 QZ 的位置，可以先计算图中 CD 的长度，再确定点 QZ 的位置。

$$CD = R\left(1 - \cos\frac{\alpha}{2}\right) \tag{5.15}$$

当曲线起点或终点不能到达时，可采用极坐标法曲线点。如图 5.12 所示，i 点位于测设的线点在至 JD 点安置仪器，以外矢距方向定向，拨 β 角，沿此方向量距 d_i，即得 i 点。图中可见

$$H_i = R\sin\varphi_i$$

$$b_i = R(1 - \cos\varphi_i)$$

$$\tan\beta_i = \frac{h_i}{b_i + E} = \frac{\sin\varphi_i}{\left(\dfrac{E}{R} + 1\right) - \cos\varphi_i} \tag{5.16}$$

$$d_i = \frac{h_i}{\sin\beta_i} = R\frac{\sin\varphi_i}{\sin\beta_i}$$

β_i 和 d_i 值还可用坐标反算求得。

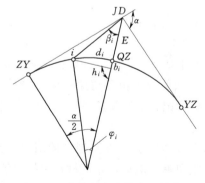

图 5.12　曲线起点或终点不能安置
　　　　　仪器的测设方法

测设时，为了避免以 QZ 点为后视时视线太短所带来的影响，可以在测设 QZ 点的沿外矢距较远处定一点，以作为后视点。或者以切线方向定向，使度盘读数为 $\alpha/2$，转动照

准部使度盘读数为零时即为外矢距方向。

5.3.2　视线受阻时用偏角法测设圆曲线

如图 5.13 所示，由于在圆曲线的起点测设点 P_4 时，视线图受阻挡，可采用以下方法测设。

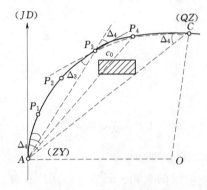

图 5.13　视线受阻时偏角法
测设圆曲线

（1）由于在同一圆弧两端的偏角相等，如果在 P_4 点受阻，在 P_3 点测设完成后，可改为短弦偏角法，将测站迁移到 P_3，后视起点 A 并将度盘读数置零，纵转望远镜并顺时针转动照准部，当度盘读数为原先计算的 P_4 点的偏角时，该方向就是 P_3P_4 的方向，在该方向上丈量弦长 c_0，就能够得到 P_4 点，然后可以继续测设余下各点。

（2）可以应用同一圆弧段的弦切角与圆周角相等的原理，将仪器架设在中点 QZ，度盘置零后先后视 A 点，然后转动照准部到度盘读数为 P_4 原先计算出的偏角，确定 P_4QZ 方向，从 P_3 点出发丈量相应弦长 c_0 与视线相交，交点就是 P_4 点。同时可以确定其他各点。

5.3.3　全站仪任意设站测设曲线

全站仪任意设站法是利用全站仪的优越性能在任何可架设仪器的地方设站进行直线段、曲线段的中线测量的方法。该方法适用于高等级公路的中线测量。因为高等级公路的中线位置大都用坐标表示。当设计单位提供的逐桩坐标或是控制桩（交点桩）的坐标，经施工单位复测后，就可推算其他中线桩（里程桩、加桩）的坐标。

全站仪任意设站测设曲线，须首先计算出曲线上各拟测设点坐标，然后就可以利用全站仪在无任何障碍的地方安置仪器，用极坐标法测设曲线或直接根据细部点坐标进行测设。因此，该方法主要用于已计算曲线细部点坐标的情况。

学习任务 5.4　施 工 道 路 测 设

入场后，应复核业主的交桩，如业主交桩符合规范要求，承包商可以开始施工导线选点，如不符合要求，应向业主提交复核报告，要求业主尽快解决。由于道路一般在野外，面积大、线路长，因此有必要对导线桩、高程桩进行拴桩标记和采取保护措施。导线点应尽可能靠近道路，以方便使用。

开工之前，应与相邻标段进行平面和高程控制桩联测，以检验双方控制桩的附合性。如发现两标段的控制桩不吻合，应以书面形式向业主和监理单位汇报，并在材料中提出解决方案，待方案批准后，按方案实施。

5.4.1　测设前的准备

1. 原地面清理

道路施工的第一道工序是清除杂草和腐殖土，在该工序开始前，应首先测设出道路中线，根据所测设的道路中线、道路边坡及原地面横坡，计算出道路中线到清理边缘的宽度。

放线前，测量人员应认真阅读施工组织设计或施工方案，据方案要求计算出清理宽度。

原地面坡度不大时，原地面清理总宽度为

$$B = L + R + 2Y + 2H/i$$

式中　B——原地面清理总宽度，m；

　L、R——中线两侧基层宽度，m；

　　Y——为保证路基边缘压实度而预留的宽度，m，一般为 0.5～1m；

　　H——道路中线处填土顶面到道路中线处原地面的高度，m；

　　i——设计道路边坡坡度。

当原地面坡度较大时，道路中线两侧的清理宽度必须分别计算。

高侧清理宽度为

$$BR = [(R+Y)i_1 + H]/(i_1 + i_2)$$

式中　BR——高侧清理宽度，m；

　　R——高侧基层宽度，m；

　　Y——为保证路基边缘压实度而预留的宽度，m，一般为 0.5～1m；

　　i_1——设计道路边坡坡度；

　　H——道路中线处填土顶面到道路中线处原地面的高度，m；

　　i_2——原地面坡度。

低侧清理宽度为

$$BL = [(L+Y)i_1 + H]/(i_1 - i_2)$$

式中　BL——低侧清理宽度，m；

　　L——低侧基层宽度，m；

　　Y——为保证路基边缘压实度而预留的宽度，m，一般为 0.5～1m；

　　i_1——设计道路边坡坡度；

　　H——道路中线处填土顶面到道路中线处原地面的高度，m；

　　i_2——原地面坡度。

如果路基需要在原地面向下开挖，开挖宽度与管道上口开挖宽度的计算相同，或将上面算式分母间符号取反。

用全站仪将中桩和清理范围的边桩测设到实地，推土机、压路机根据边桩清理草皮和腐殖土并进行碾压。测设时应在一定间隔或在曲线的起点、终点里程桩上用不易褪色的红油漆清楚地标出里程。

2. 回填土及基层

清理、压实完毕后，即可开始回填土。应对路基的最后一层回填土进行中线、边线及高程控制，保证路基的位置、宽度和高程。控制方法是测设出路基的中线、边线桩，并布设不大于 20m 的高程方格网控制路基高程。回填土完成后，应精确地测设出道路中线，并将中线桩固定于路中，以长期使用。

路基施工完成后，测设出基层边线，并在中、边线桩上测设出基层顶面高程或在桩上

图 5.14　基层及面层结构

标出原地面至基层顶面的上返数。道路基层及面层的结构如图 5.14 所示，由上至下一般为沥青混凝土面层、水泥稳定层、灰土。

灰土或二灰碎石施工前，应先在路基上用白灰撒出等面积方格网，根据基层的厚度、宽度、配比、压实系数及运输工具的容积计算出摊铺量，将混合料按计算数量倾倒在方格网内，然后用推土机、刮平机找平。混合料可用搅拌机械搅拌也可用拌料摊铺，无论采用哪种方式，都应尽量准确地计算出混合料的数量并合理地划分方格网。

在找平、压实过程中，测量人员应现场跟踪测量，发现高程不符合要求后，应及时要求施工人员调整。

3. 水泥稳定层及沥青混凝土

水泥稳定层一般采用机械摊铺。如使用挖掘机、推土机、装载机等机械摊铺，应根据道路中线桩测设出水泥稳定层的两侧边桩。水泥稳定层的底层一般为灰土或回填土，强度较高，因此，定位桩应使用钢筋或铁钉。可在钢筋桩上测设出水泥稳定层的顶面高程，也可将铁钉打入地面，将每个铁钉到水泥稳定层顶面的上返数以书面形式交给具体操作人员，两种方法都必须标明桩位的里程。

如使用摊铺机，则必须将钢钉沉入地面，将上返数以书面形式交与具体操作人员，操作人员根据该数据调整摊铺机的高程控制支架，并在支架上挂钢绞线或铝合金梁，供摊铺机的电子触点行走。

用铝合金梁控制摊铺高程虽然精度高，控制灵活，但操作繁琐。

摊铺水泥稳定层的控制关键是点位测设要准确、快速，同时还要保证高程控制精度。GPS 和全站仪的工作效率都很高，GPS 的成本相对较高、受地形影响大，还没有在道路建设中广泛应用。全站仪在道路施工测量中的应用已经十分普遍，道路施工测量人员必须熟悉全站仪的基本操作。

由于道路的点位测设量大，测设时必须掌握一定技巧，以减少不必要的工作量。点位测设时，应先用简易棱镜粗略确定点位后，再用幌标精确定位。仪器严禁架设在沥青混凝土路面上，尤其是高温天气。如果无法避免，应时刻检查水准器，发现气泡偏离中心位置应及时纠正。

每一结构层完成后都应根据情况测设下一层结构的边桩和高程桩，为下一道工序作准备。由于在混凝土或沥青混凝土上打桩比较困难，可用红油漆或红蓝铅笔标记代替控制桩。但油漆和铅笔所做标记容易脱落和褪色，因此，重要位置应采用刚度和强度都比较高的射钉打入结构层，并用红油漆标记。

道路一般用摊铺机铺筑沥青混凝土层，摊铺的测量控制方法与水泥稳定层相同，只是精度要求更高一些。

施工过程中，测量人员要时刻在现场检验铺筑完成的结构高程，发现超差应及时通知操作人员纠正。高程检验通常用视线高法，一次后视，计算出视线高，根据待测点的设计高程计算出应读前视，与实际观测的前视读数进行比较。

4. 削坡

路基填土完成后，即可开始削坡，如图 5.15 所示。削坡的主要目的是保证边坡整齐，为护坡施工作准备。测设回填土削坡线时要考虑剩余结构层放坡后的底边宽度。

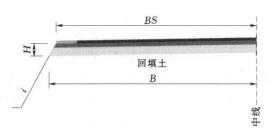

图 5.15 削坡宽度线

$$B = BS + H/i$$

式中　B——削坡宽度，m；

　　BS——设计道路宽度，m；

　　H——回填土以上带边坡的结构层厚度，m；

　　i——边坡坡度。

用边坡样板或坡度尺控制削坡坡度，或现场测设削坡桩。根据中线桩和边桩定出路基的削坡边线，在该线上置桩 A，定出下返数 S，设 A 桩处土路基设计高程为 H_s，同一横断面上另一坡度桩 B 与 A 桩的水平距离为 D，后视高程为 H，后视读数为 a，则 A 桩的应读前视为 $b_A = H + a - (H_s + S)$，坡度桩 B 的应读前视为 $b_B = H + a - (H_s + S) + iD$。其中，$i$ 为边坡坡度。

将塔尺分别置于 A、B 桩上，上下移动塔尺，直到水准仪中丝分别对准塔尺 b_A、b_B 处，用红蓝铅笔在桩上划出坡度点。在 A 桩坡度点上挂线，将线对准 B 桩上的坡度点，该线的坡度即为设计坡度，从该线垂直向下量取 S 值即为削坡面。

5. 激流槽

激流槽是排水设施，进入结构层施工后，即可开始激流槽的施工。只需量出路中到激流槽的距离，按道路边坡和激流槽深度施工即可。

激流槽顶面混凝土内侧到道路中线的距离为

$$B = B_1 - \sqrt{H^2 + \left(\frac{H}{i}\right)^2}$$

式中　B——激流槽顶面混凝土内侧到道路中线的距离，m；

　　B_1——设计道路宽度，m；

　　H——激流槽结构总高度，m；

　　i——设计道路边坡坡度。

由于道路的具体形式不同，测量人员应根据具体情况计算道路削坡和激流槽的测量数据。

6. 通道及涵洞

高速道路桥涵一般供行人、车辆通行或用作过水通道。供车辆、行人通行的通道，必须保证净空。通道实质是简易桥梁，其施工测量和桥梁类似，必须严格控制位置和高程。必须根据平面和高程控制桩认真测设通道的轴线与高程，并对施工平面控制桩作桩处理，避免重复测设。

通道有上下两层道路的两条交叉中线，一般来说，上层高速道路的中线精度要求高一些。测量人员应根据设计图纸和两条中线的关系计算出通道中线的两端点坐标，同时计算出该点的拴桩坐标和其他桩位与中线的位置关系。

根据开槽深度、工作面宽度、开槽坡度放出开槽线。如通道有桩基础，应首先定位桩基础，桩基础完成后再进行其他部分施工。

需要注意的是，通道台背通常有横坡，施工过程中应在桥台模板上弹出高程或坡度控制线。台背上支座的高程要求比较高，不但要保证高程、坡度，还要保证平整度，因此应严格进行高程控制。

至少应在通道周围引测 2 个水准点，并多次测量取平均值使用。

7. 防撞栏杆

防撞栏杆直接影响人的视觉，是突出的形象部位，因此，必须认真计算和测设。栏杆的立柱控制栏杆的弧线，必须保证立柱的正确位置，从而保证栏杆顺直，尤其是小半径曲线。

5.4.2　高程测量

应沿道路沿线设置满足使用要求的水准点，为减少控制桩的数量，方便使用，可将平面和高程控制桩合并在一起。水准点布设时，应尽量靠近道路中线，既要方便施工测量，又要保证水准点不被后期施工破坏。水准点应设在地基坚实、地势突出的位置，并按四等水准网的要求施测，水准路线应小于 16km。

根据地形和工程需要确定水准点的密度，平原微丘区一般不超过 2km，山岭重丘区不超过 1km。在线路起点、大桥两岸、隧道两端等位置应增设水准点。为满足使用需要，应根据已知高程点进行水准点加密，加密后的高程点间距不应超过 200m，以方便使用和校核。

水准观测时，要注意控制水准点之间两次观测高差之差的累计值，即水准尺的黑红面高差之差或变换仪器高后高差之差的累计值，该值不能超过 $\pm20\sqrt{L}$（$\pm6\sqrt{n}$），L 为水准路线长度。

必须边测量边计算，随时掌握累计误差，以保证水准测量的成功。容许误差可用抛物线图表示，以该抛物线为界，实际观测的累计误差值折线图不能突破该界限。

5.4.3　三角高程测量

当道路位于山区时，三角高程测量的应用较多。采用三角高程测量时，应对向观测并取平均值，测量结果要符合测量规范的要求。为保证高程测量精度，应将三角高程测量仪器的望远镜置水平后直接后视已知高程点求出仪器高。

5.4.3.1　跨河水准测量

当水准路线通过宽度为各级水准测量的标准长度的两倍以上，且需要在河两岸布置水准点时，应按跨河水准测量的要求施测。

5.4.3.2　跨沟谷测量

当水准线路跨越沟谷时，为提高施测速度和保证测量精度，一般采用沟内和沟外分开测量的方法。即当测量到沟谷边缘时，转点直接设在对面山顶上，而不经谷底传递，以消除沟内的累积误差，沟谷内可设支线转点进行测量。

沟谷测量属山地高程测量，由于山地的种种不利条件限制，提高水准观测精度比较困难，因此，测量人员应认真观测每个测站，保证观测精度。例如在高程控制测量中，可采用变换仪器高的方法多次观测沟谷两侧高程点的高差，从而保证观测精度。

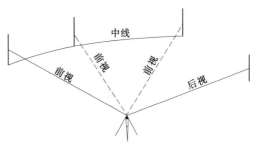

图 5.16　视线高法测量

5.4.3.3　视线高法测量

如图 5.16 所示，该方法的特点是一次后视，计算出视线高，用该视线高与前视已知高程之差求出前视读数，从而实地测设出高程点，该视线高可以多次重复使用。例如，已知后视高程为 56.117m，后视读数 3.746m，前视设计高程为 58.395m，则视线高为 56.117＋3.746＝59.863（m），前视 59.863－58.395＝1.468（m）。指挥前视司尺人员在该点的高程桩上垂直移动塔尺，直至水准仪中丝读数为 1.468m 为止，另一人用红蓝铅笔在尺底画出高程线即可，该方法的前视距离可以适当放长。

5.4.3.4　道路横断面测量

道路中线的任意一点法线方向的断面称为道路横断面。横断面测量首先是测定路线的横断面方向，然后在断面方向上测定地面特征点的高程和地面特征点与中桩的水平距离，并按一定比例绘制成横断面图。横断面主要用于路基横断面设计、桥涵设计、挡土墙设计及土石方数量计算。

横断面测量一般分为横断面方向的测定、横断面测量及绘制横断面图等步骤。

1. 横断面方向的测定

平原地势平坦，横断面方向的偏差对设计、施工放样、土方量计算的影响不大。山岭、丘陵区地形复杂多变，横断面方向的偏差直接影响路基设计、土石方数量计算、施工放样等。因此，横断面方向的测定在横断面测量中占有重要地位。

横断面方向的测定一般可采用方向架、方向盘等，当横断面方向测定的精度要求较高时，可使用经纬仪、全站仪等测量仪器。

（1）直线段。道路直线段的横断面方向即为道路中线的垂线方向。按测定工具不同可分为方向架法、经纬仪法和全站仪法。

1）方向架法。用两块窄术板或金属板，在中部成 90°交叉连接，在板的中线两端分别置 4 个瞄准用的细柱状物，并在板中间打孔。将桩的一端削成锥状，以方便插入地下，桩顶部做一与孔等径的轴，将轴插入孔中即可。为方便测定曲线道路的横断面，还可在轴上安装一个可以转动和锁紧的指针。

将方向架置于待定横断面的中线桩上，用十字板上的两个瞄准器瞄准中线上的另一个中线桩，则另一个轴的指向即为横断面方向。

2）经纬仪法。将经纬仪置于待测定横断面的中线桩上，瞄准较远的中线桩，拨 90°即为横断面方向。如需要更精确的横断面，可用正倒镜分中法测定。

3）全站仪法。

（2）圆曲线段。

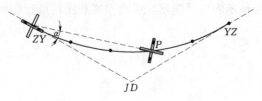

图 5.17　圆曲线段的横断面定向

1）方向架法。如图 5.17 中，将方向架置于圆曲线的 ZY（YZ）点，将方向架的其中一个方向瞄准圆曲线切线上的点或切线交点。用指针瞄准待测点 P，锁紧指针，将方向架移到 P 点，用方向架的另一个方向瞄准 ZY（YZ）点，则指针所指方向即为横断面方向。

2）经纬仪法。如图 5.17 中，将经纬仪置于 ZY 点，后视 JD 或圆曲线切线上的点，前视 P 点，测角为 α。再将仪器置于 P 点，后视 ZY 点，拨角 90°±α 即得 P 点的横断面方向。

3）全站仪法。根据前面所述方法，将横断面上某点的坐标计算出来，然后用极坐标法通过全站仪测设出方向点，即得横断面方向。

（3）缓和曲线段。设缓和曲线上任意一点 P 与起点 ZH（HZ）连接形成的弦 C_H 与 P 点的切线 PQ 形成的夹角为 β，弦 C_H 与起点的切线夹角为 α，则有 β＝2α，利用该关系可定出 P 点的横断面方向。

1）方向架法。先求出过 P 点的切线与 ZH（HZ）点切线的交点 Q 到缓和曲线起点的距离

$$T_D = 2L/3 + L^3/336R^2$$

式中　　L——P 点到缓和曲线起点的弧长，m；

　　　　R——缓和曲线半径，m。

从 ZH（HZ）点沿曲线切线量取 T_D 得到 Q 点，将方向架置于 P 点，其中一个方向瞄准 Q 点，则另一个方向即为 P 点的横断面方向。

2）经纬仪法。将经纬仪置于 ZH（HZ）点，测出 P 点与缓和曲线切线之间的夹角（弦切角）α。将仪器移到 P 点，后视 ZH（HZ）点，拨 90°±2α，即得到过 P 点的横断面方向。

3）全站仪法。先用角关系求出被测点 P 的切线方位角，再求出横断面上点 M 的坐标，实地测设出 M 点，M 与 P 所确定的方向即为横断面的方向。

2. 横断面测量

横断面测量的目的是测出横断面各个特征点的高程和各特征点与中线的距离。定出横断面方向后，在该方向上找出地面特征点。

根据道路边坡和开挖边坡，计算出地面特征点的测量范围，该范围应比路基的开挖、填土宽度稍大。横断面的宽度和高程测量的精度要求比较低，精度计算见下式。

$$f_h = \pm(h/100 + l/200 + 0.1)$$

$$f_w = \pm(l/100 + 0.1)$$

式中　　f_h——高程容许偏差，m；

　　　　f_w——距离容许偏差，m；

h——特征点与中桩的高差，m；

l——特征点与中桩的水平距离，m。

3. 横断面的绘制及面积的计算

根据特征点高程和距中线的距离在毫米方格纸上绘出各特征点折线图。为计算填挖面积，还应将路基设计高程同步绘制在方格纸上。横断面图的比例一般为 1∶200。

可将所计算的面积分成宽度为 I 的几个三角形或梯形条，量取各条上的平均高度 h_i，则横断面面积 $S=I\sum h_i$。也可将所计算的面积分成几个规则的几何图形，计算各几何图形的面积，累积相加得到横断面的面积。

由于地面的不规则性和计算误差，以上的计算精度比较低。为提高精度，更精确地利用横断面图，除了提高距离和高程的测量精度外，还可提高绘图精度。用 AutoCAD 将各个特征点和路基设计高程绘制成图，为使横断面更接近，应根据横断面的变化程度确定横断面的间距，横断面变化较大的山区要加大横断面的测量密度，平原地区可适当放大横断面间距。

挖方量 $$VW_i=(SW_i+SW_{i+1})l_{i-i+1}/2$$

填方量 $$VT_i=(ST_i+ST_{i+1})l_{i-i+1}/2$$

式中 VW_i、VT_i——第 i 个断面与第 $i+1$ 个断面之间的挖填方体积，m³；

SW_i、ST_i——第 i 个断面的挖填方面积，m²；

SW_{i+1}、ST_{i+1}——与第 i 个断面相邻的第 $i+1$ 个断面的挖填方面积，m²；

l_{i-i+1}——第 i 个断面到相邻的第 $i+1$ 个断面的间距，m。

据上式分别将相邻两个断面的挖填方面积取平均值，然后用平均值与断面间距相乘，即得到两个断面间的填、挖方量。

5.4.3.5 高程数据计算

道路都有横坡和纵坡，其中纵坡计算是重点。为适应各种地形情况以及排水、驾驶的需要，常在各级道路的纵坡变换处设置竖曲线，竖曲线可采用抛物线或圆曲线两种形式，本书只介绍圆曲线形式。

1. 纵坡的计算

道路竖曲线常采用圆曲线，设计时通常给出曲线半径 R 以及变坡点两侧纵坡坡度 i_1、i_2。曲线要素包括竖曲线长 L，切线长 T，外距 E 和纵坡转角 ω，由于纵坡较小，竖曲线半径又较大，因此竖曲线纵坡转角为

$$\omega=(\arctan i_1-\arctan i_2)180°/\pi$$

式中 ω——竖曲线纵坡转角；

i_1、i_2——变坡点两侧纵坡坡度。

圆曲线长为 $$L=R\omega 180°/\pi$$

式中 L——圆曲线长，m；

R——圆曲线半径，m；

ω——竖曲线纵坡转角。

切线长为 $$T=R\tan(\omega/2)$$

式中 T——曲线的切线长，m；

R——圆曲线半径，m；

ω——竖曲线纵坡转角。

外矢距 $\qquad E=R[\sec(\omega/2)-1]\approx T^2/(2R)$

式中　E——外距，m；

R——圆曲线半径，m；

ω——竖曲线纵坡转角；

T——曲线的切线长，m。

设竖曲线上任意一点 P 与圆曲线切点的水平距离（里程间距）为 X，与切线的纵距为 Y，则有

$$Y=X^2/(2R)$$

式中　Y——P 点到切线的纵距，m，当曲线为凸曲线时，该值为负，竖曲线为凹曲线时，该值为正；

X——P 点与圆曲线切点的水平距离，即两点的里程之差，m；

R——圆曲线半径，m。

$$凸竖曲线设计高程＝切线高程－Y$$
$$凹竖曲线设计高程＝切线高程＋Y$$

2. 横坡的计算

道路横坡一般分为两种：一种是向两边降坡，即路拱横断面；一种是向一面降坡，即超高横断面。

（1）路拱横断面。如图 5.18 所示，路拱上任意一点 P 的高程为：

$$H_P=H_S-Di$$

式中　H_P——P 点高程，m；

H_S——中线设计高程，m；

i——道路设计横坡；

D——P 点到中线的水平距离，m。

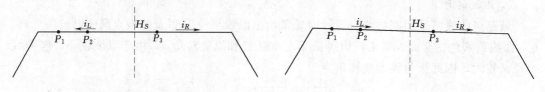

图 5.18　路拱高程计算　　　　　　图 5.19　超高高程计算

（2）超高横断面。如图 5.19 所示。进行超高高程计算。

路拱左侧任意一点 P 的高程 $\qquad H_P=H_S+Di_L$

路拱右侧任意一点 P 的高程 $\qquad H_P=H_S+Di_R$

式中　H_P——P 点高程，m；

H_S——中线设计高程，m；

i_L、i_R——中线左侧、右侧的道路设计横坡；

D——P 点到中线的水平距离，m。

（3）横坡渐变段的横坡计算。超高渐变路面是指道路横坡不断地按一定规律变化。

3．高程测量中需要注意的事项

经常校核水准仪，以保证测量精度。道路的线路较长，测量时要注意前后视距离，防止前后视距离过于悬殊。铺筑沥青混凝土路面之前，一般要喷洒黏层油，这时进行高程测量时要特别注意塔尺底部，防止尺底粘上杂物，致使高程点的值增大。严禁在沥青混凝土路面上支设经纬仪和水准仪，防止仪器三角架产生不均匀沉降，影响测量精度，如不能避免，应时刻观察仪器的水准器，发现问题后应重新对中、整平和后视。

5.4.4　附属设施

路缘石、防撞墩及防撞栏杆道路两侧一般有路缘石、防撞墩或防撞栏杆，路中隔离带一般设防撞墩和防撞栏杆。

路缘石、防撞墩及防撞栏杆是形象部位，直接影响人的视觉，测设时要保证这些附属设施的曲线平滑，直线顺直。

测量人员应认真计算路缘石、防撞墩边线坐标和防撞栏杆立柱中心坐标，并用全站仪认真测设。

防撞墩及路缘石直线段的桩位间距以方便施工为准，曲线部分的桩距应根据曲线半径确定，用下式：

$$L = 2R\arccos(R - D_G)/R$$

式中　L——桩位间距极值，m；

　　　R——平曲线半径，m；

　　　D_G——规范要求的位置限差，m。

学习任务 5.5　桥梁的施工放样

5.5.1　桩基础

由于桥梁的种类较多，施工测量技术也不尽相同，本书仅以梁式立交桥的施工测量技术为例进行阐述。桥梁的施工测量包括桩基础、柱、梁及桥面的测设。

桥梁的中心线称为桥梁轴线，在施工阶段，为保证施工质量，达到设计要求的平面位置、高程和几何尺寸，必须采用正确的测量方法进行桥梁轴线的测定及桥梁桩基础、墩台的放样。桥梁的施工前准备与道路基本相同，也需要业主交桩和与相邻标段的控制桩进行连测。

由于立交桥的面积大，结构复杂，用经纬仪测量难以满足要求，因此，应使用全站仪进行平面位置测设。根据控制桩坐标，用极坐标法测设出桩基础中心。由于打桩时中心桩易遭到破坏，应对桩中心作拴桩处理。打桩机的体积较大，拴桩距离应大一些，使它处于打桩影响范围之外。拴桩不应少于 4 个，如果不是圆桩，还应拴出桩的轴线方向。在欲拴桩的位置先打入两根木桩，在桩上打入小铁钉，两桩与桩基础中心约成 90°夹角。将全站仪置于桩基础中心，分别后视两根木桩上的铁钉，水平制动，纵转望远镜，在望远镜视准轴方向再打两根木桩，在观测者的指挥下，将小铁钉钉入木桩，小铁钉应在视准轴上。拴桩不必十分重视距离，只要保证方向准确即可，利用两个方向的拴桩挂线交叉即得到桩基

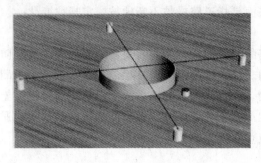

图 5.20　桩基础定位

础中心。如图 5.20 桩应稳固地打入地下，尽量少地露出地面，拴桩完毕后，应采取必要的保护措施。

以桩基础中心为依据，将护筒置于指定位置后即可开始钻孔。在距桩基础较近的位置测设一高程桩用以测量钻孔深度，该点不能放在护筒上，因为随着钻孔的加深，护筒可能下沉。将高程点放在护筒上的结果是桩身加长，成本增加，尤其是冲击钻钻孔更加明显。设高程桩的高程为 H_Z，桩底高程 H_D，桩顶高程为 H_T，从该高程桩起算，实际打桩深度 $H_1 = H_Z - H_D$，到设计桩顶的距离 $H_2 = H_Z - H_T$，可用这些数值检验桩基础是否达到设计要求。

可用高强度测绳坠重铅锤的方法测量桩孔深度。由于铅锤比较重，可能造成实测读数小于实际深度。打桩过程中要经常复核高程桩，防止下沉和碰撞变形，影响测量的准确性。

施工人员凿完桩头后，测量人员应立即检验桩位是否符合设计及相关规范要求。

5.5.2　柱

桩基础施工完毕后就可测设立柱中心，测设方法与桩基础相同，但桩基础的拴桩点和高程点不能再使用，必须清除后重新测设。当立柱有方向时，拴桩点应置于该立柱的轴线方向和与之垂直的方向，拴桩点应设在立柱施工影响范围之外。利用拴桩点在桩基础表面上弹出立柱的中心点和方向线，供绑扎钢筋和支模板使用。立柱模板支设完成后，应用线垂对准立柱底部的中心点和方向线，在立柱上部用尺量测立柱模板各部分到立柱中心的距离，以检验立柱的垂直度。

有的桥梁在桩基础和立柱之间还有承台或连梁，对于该种类型，可在立柱施工之前，根据两个桩基础的中心和附近的高程桩测设出承台的轴线、边线及垫层的顶面高程。浇筑完垫层后，在垫层上用墨斗弹出轴线和结构边线，并在垫层上标出结构顶面的上返数，供支设模板用。承台或连梁施工完毕后，再按照上述步骤测设立柱的位置，如图 5.21 所示。

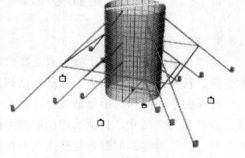

图 5.21　立柱模板的测量控制

5.5.3　梁

1. 盖梁

立柱上一般都有与桥梁中线垂直的横向盖梁，起横向支撑桥梁的作用。如图 5.22 立柱完成后，在施工人员搭设出盖梁的施工平台后，测量人员应根据立柱中心测设出盖梁的轴线和边线。因盖梁顶部带有坡度，因此，盖梁模板支设完成后，应在模板内侧按设计高程和坡度测设出高程点，最好画出坡度线。

因立柱较高，用水准仪传递高程比较困难，可用钢尺向上量测的办法。先用水准仪在立柱上精确测设出至少两个不同高度的高程点 H_A、H_B，然后用钢尺某一刻度分别对准 H_A、H_B，在立柱上部用水准仪分别后视钢尺，读数分别为 a_1、a_2，前视待测点 H，读数为 b_1、b_2，则：

$$H=[(H_A+a_1-b_1)+(H_B+a_2-b_2)]/2$$

2. 预制梁

有一些纵向铺设的大梁需要现场预制，由于大梁预制时需要预留起拱高度，因此，在大梁底模高程测设时应按预先计算好的起拱数据进行测设，如图 5.23 所示。如采用抛物线拱，则起拱高度的算式为

图 5.22　盖梁

$$y=-ax^2+b$$

该算式以大梁未起拱前的底边轴线中点为坐标原点。a、b 可根据坐标原点处最大起拱值和梁的长度求解，对于固定的最大起拱高度和梁长，a、b 为常数。

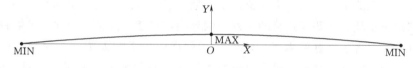

图 5.23　预制梁起拱

3. 预制梁的吊装

预制梁与盖梁之间一般都有橡胶支座，橡胶支座安装前要打磨盖梁，以使支座完全与盖梁接触。应先测设出稍大于橡胶支座轮廓的打磨范围线，控制打磨位置，同时测设出橡胶支座底面（盖梁顶面）的设计高程，控制打磨平面高度。打磨平整后，不仅要准确地测设出支座中心，还应画出支座的外轮廓线，以控制橡胶支座的安装位置，外轮廓线可以是间断线。橡胶支座的位置测设如图 5.24 所示。

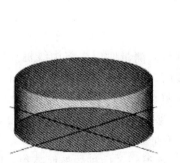

图 5.24　橡胶支座的位置测设

图 5.25　T 形梁吊装

吊装预制梁之前，应根据图纸在盖梁上测设出预制梁轴线和梁端位置，同时在预制梁上弹出梁的轴线。

吊装时，大梁的轴线对准盖梁上的轴线，大梁两端对准盖梁上的梁端线。图 5.25 为 T 形梁吊装示意图。

现浇梁和桥面的施工测量与道路基本相似，在此不再叙述。

学习任务 5.6　GPS 技术在道路施工测量中的应用

GPS（全球定位系统）具有高精度、观测时间短、测站间不需要通视和全天候作业等优点，已广泛应用到工程测量的各个领域，并显示了极大的优势。在铁路、道路工程中应用 GPS 技术，可以进行线路、桥梁、隧道的勘测和施工放样等多种工作。

1. 工程控制测量

应用 GPS 建立控制网，对于特大桥、长大隧道、互通式立交等进行控制，宜采用静态 GPS 测量；对于一般线路的控制，可采用实时 GPS 动态测量（RTK）。

目前，国内已逐步采用 GPS 技术布设各等级的线路带状平面控制网、桥梁及隧道平面控制网。如沪宁、沪杭高速道路的上海段就是利用 GPS 建立了首级控制网，然后用常规方法布设导线加密。实践证明，在几十公里范围内的点位误差只有 2cm 左右，达到了常规方法难以实现的精度，同时大大提前了工期。浙江省测绘局利用 Wild200GPS 接收机的快速静态定位功能，实测了线路的全部初测导线，快速、高精度地建立了数百公里的高速道路控制网，取得了良好的效果。GPS 技术同样应用于特大桥梁的控制测量中，由于无需通视，可构成较强的网形，提高点位精度，同时对检测常规测量的支点也非常有效。如在江阴长江大桥的建设中，首先用常规方法建立了高精度边角网，然后利用 GPS 对该网进行了检测，GPS 检测网达到了毫米级精度，与常规网相比较符合得较好。

2. 绘制大比例尺地形图

道路选线多是在大比例尺（通常是 1∶2000）带状地形图上进行。用传统方法测图，先要建立控制网，然后进行碎部测量，绘制成大比例尺地形图。其工作量大，速度慢，花费时间长。用实时 GPS 动态测量（RTK），在沿线每个碎部点上仅需停留较短时间，即可获得每点坐标，结合输入的点特征编码及属性信息，构成碎部点的数据，在室内即可由绘图软件成图。由于只需要采集碎部点的坐标和输入其属性信息，而且采集速度快，大大降低了测图的难度，既省时又省力。

3. 中线测量

进行线路中线测量，可应用实时 GPS 动态测量。测量时，先将中线桩点的里程和坐标输入接收机中，RTK 测量系统在野外施测中线时，逐一调出待放样的中桩点坐标，根据流动台 RTK 控制器屏幕显示的导引，把需要放样的点逐一测设到地面上，这样可以一次性地完成全部中桩（直线交点和转点、曲线控制桩及各细部中线桩）的测设，每放样一个点只需几分钟，而且成果可靠。由于每个点的测量都是独立完成的，不会产生累积误差，各点放样精度趋于一致。在中桩放样的同时还可得到各中桩的地面高程，同时完成纵断面的测量。应用 GPS 测量，可极大地提高中线测量的工效。

4. 线路纵、横断面测量

线路中线确定后，可以利用测绘地形图时采集来的数据及所绘制地形图，并根据中桩点坐标，通过绘图软件，绘出线路纵断面和各桩点的横断面。由于不需要再到现场进行纵、横断面测量，从而大大减少了外业工作，若需要到现场进行断面测量，也可采用实时

GPS 动态测量。

5. 施工测量

应用 GPS 技术，使得道路工程测量的手段和作业方法产生了革命性的变革。特别是实时动态（RTK）定位技术系统，既有良好的硬件，也有极为丰富的软件可供选择，施工中对点、线、面以及坡度的放样均很方便、快捷，精度可达厘米级，在道路勘测、施工放样、监理、竣工测量、养护测量、GIS 前端数据采集等诸多方面有着广阔的应用前景。

学习单元 6 管道的施工测设

学习任务 6.1 地下管道施工放样

6.1.1 施工准备

测量人员进场后，应首先校核业主所交的平面和高程控制桩是否准确，是否符合规范要求，然后根据需要布设施工导线控制桩。由于距离长，导线点数量多，恢复比较困难，因此，应对控制桩采取必要的保护措施，并在周围的明显地貌或建筑物上作拴桩标记，标出 2～3 个固定点到控制桩的距离及方向。

导线桩的布设要以靠近管道，不易破坏，方便使用为原则。开工前，要沿管路进行必要的调查，目的是检查现场情况是否与图纸相符。城市市政管道施工时，还应调查已建管道与新建管道交叉、连接部位的位置和高程是否与图纸相符。调查工作非常重要，它涉及到新建管道的准确走向、高程以及能否正常使用的问题。施工过程中，已建管道与设计图纸标注不符的情况并不罕见，测量过程中要特别注意。如需要进入管道调查，应提前通风，并采取一定的防毒措施。

如果管道分为若干标段，必须与相邻标段进行控制桩联测，检验控制桩的一致性。

为便于计算，管道中桩都按管道起点到该桩的里程（平距）进行编号，编号形式为 $k+m$，k 为整千米数，m 为米数，一般保留两位小数。如 1284.25m 则写成 $1+284.25$m。在线路中线与地物相交处、线路中线坡度或高程变化处一般设加桩。

6.1.2 开槽

对于一般管道，放线前，测量人员应认真阅读施工组织设计或基坑开挖、支护方案，根据方案计算出上口开槽线。如基槽较深，应根据设计坡度制作边坡样板和坡度尺检验基坑坡度，并随时纠正。开挖至槽底时，应预留 100mm 人工清槽。

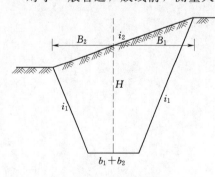

图 6.1 管道开槽

以控制桩为依据，用极坐标法测设出管道中线。由于开槽施工会破坏管道中线，因此，应将管道中线延长到开槽范围以外，并设临时控制桩。在检查井位置埋设与管道中线大致垂直的井位控制桩。管道开槽测量如图 6.1 所示。原地面坡度不大时，管道的上口开槽宽度

$$B=b_1+b_2+2H/i$$

式中　B——管道上口开槽宽度，m；

　　　b_1——管道两侧工作面总宽度，m；

　　　b_2——管道外直径或管道基础宽度，m；

H——管道中线处地面至槽底的深度，m；

i——管道两侧开槽坡度。

当地面坡度较大时，管道两侧的开槽宽度必须分别计算。

高侧开槽宽度
$$B_1 = \frac{\dfrac{b_1 + b_2}{2} i_1 + H}{i_1 - i_2}$$

式中　　B_1——高侧开槽宽度，m；

b_1——管道两侧工作面总宽度，m；

b_2——管道的水平投影的最大宽度，m；

H——管道中线处地面至槽底的深度，m；

i_1——管道开槽坡度；

i_2——原地面坡度。

低侧开槽宽度
$$B_2 = \frac{\dfrac{b_1 + b_2}{2} i_1 + H}{i_1 + i_2}$$

总开槽宽度 $B = B_1 + B_2$，如果管道深度不超过2m，且土质较好，开槽可以不放坡。

管道的类型不同，管道壁厚、接口形式也不尽相同，并直接影响开槽深度，因此，必须了解管道的外观和几何尺寸。

管道的开槽深度　　　　　　　　$H = H_1 - H_2 + T$

式中　　H_1——原地面高程，m；

H_2——管内底设计高程，m；

T——管内底到槽底高度，m。

管道检查井的开槽半径、宽度及长度应根据设计井室类型的结构尺寸、工作面宽度、坡度等计算出基槽底面的几何尺寸，上口开槽宽度的计算与管道类似。

（1）钢筋混凝土管。钢筋混凝土管有平口、企口或承插口3种类型。平口钢筋混凝土管一般有混凝土基础，计算开槽深度时应将基础厚度计入，基础尺寸可在相应图集中查到。企口和承插口钢筋混凝土管一般直接安装，没有基础，承口处外直径比较大，施工时应将该处的基槽相应加深。钢筋混凝土管道的类型不同，壁厚差别很大，计算开槽深度和槽底宽度时应实量壁厚。

（2）玻璃钢管。玻璃钢管道的单节长度较长，多为承插连接，承口稍大，需要加深承口处的基槽深度。玻璃钢管的壁厚差别较小，计算开槽深度时可使用理论壁厚，计算槽底宽度时可忽略壁厚。

（3）球墨铸铁管。球墨铸铁管一般用于上水及一些有耐腐蚀要求的管道，单节长度长、壁厚小，计算开槽深度时可使用理论壁厚，计算槽底宽度时可忽略壁厚。

（4）采暖管。由于采暖管道外侧包有较厚的保温材料，而且是双向，计算开槽深度时必须实量保温材料厚度。

槽底宽度　　　　　　　　　　$W = D + 2R + T + B$

式中 W——槽底宽度，m；

   D——进水管与回水管管中间距，m；

   R——管道外半径，m；

   T——保温层厚度，m；

   B——工作面总宽度，m。

（5）PE 和 UPVC 管。有些 PE 和 UPVC 管有环向加强肋、厚度较大，计算开槽深度和槽底宽度时必须实量管道壁厚。

（6）钢管。钢管的长度大、壁厚小，壁厚比较标准，计算开槽深度时可使用理论壁厚，计算槽底宽度时可忽略壁厚。

（7）方沟。计算开槽深度时要计算底板和垫层的厚度，计算槽底宽度时要以基础最大宽度为准。

6.1.3 管道交叉处理

施工过程中难免出现新建管道之间或新建管道与已建管道的冲突问题，此时必须依照一定原则进行处理。如果设计有明确要求，可按照设计要求施工，否则按下面原则进行处理。

当排水管道与上水、电缆、通信电缆管道交叉时，排水管道应在下侧。当排水管道在下方穿越铸铁管和钢管时，应在铸铁管和钢管下方每隔 2～3m 砌筑砖墩，且每节管道不少于 2 个砖墩，以支撑管道。当排水管道在上方穿越铸铁管道和钢管时，应对下方的铸铁管和钢管加设套管或管廊加以保护。

当重力流管道与其他管道设计高程冲突时，应对其他管道进行调整，被调整管道如果位于重力流管道下方，应采取必要的保护措施。

为避让其他管道或工艺需要，复杂空间管道中线可能设计成比较复杂的空间曲线，测设这种类型管道的关键是管道中线转折点、变坡点的坐标和高程。开槽前应根据图纸、控制桩将管道中线的平面转折点和变坡点测设出来，再根据管道中线和设计高程分别放出各段开槽线。

清槽是该类型管道的施工重点，尤其是变坡处，应至少预留 100mm 人工清槽。开槽完成后，首先清理平直段，然后将转折点和变坡点精确测设到槽底。

槽底变坡点应采用下返数的方法测设，如果坡度变化比较大，且设计高程为管中高程时，应根据管道设计坡度、管道外半径计算出槽底高程。

管中到槽底的垂直距离 $\qquad H=\dfrac{R}{\cos(\arctan i)}$

式中 H——管中到槽底的垂直距离，m；

   R——管道外半径，m；

   i——管道设计坡度。

槽底高程 $\qquad\qquad H_D=H_Z-H$

式中 H_D——槽底高程，m；

   H_Z——管中设计高程，m；

   H——管中到槽底的垂直距离，m。

6.1.4　管道安装

管道开挖至槽底，人工清槽之前，应采取一些必要手段对中线、坡度、高程进行控制。如在基槽上部埋设龙门板，龙门板可很好地指导管道安装人员作业，是一项很好的技术控制措施。

在管道两侧适当位置打入两根木桩或木方，在两根木桩上横向架设一龙门木板，在木板中部钉一小方木板。用经纬仪在小方木板上投测出管道中线，用水准仪在木板上测出高程点，该高程点应等于设计高程与下返数之和。龙门板既可以指导清槽也可以指导管道安装，使用比较方便。龙门板的埋设间隔宜为 10～20m，也可根据管道的整节长设置。

施工过程中，在龙门板中线处悬挂线垂，在槽底或管道上投测出管道中线，用尺从龙门板的高程点向下量取下返数控制管道的高程和坡度。

如果管道基槽深度和宽度较大，且施工速度非常快时，龙门板显然不太适用，此时应采用实时测量的方法，在中线上架设经纬仪，准确后视并水平制动，纵转望远镜观察管顶置平的水平尺。用十字丝竖丝读出距水平尺中心的距离，如果十字丝竖丝读数偏离水平尺中心小于 30mm，将水平尺中点投测到管道上，然后用水准仪观测该点高程，如果高程偏差在 ±10mm 之内，即符合要求，否则需要反复调整。由于实时监测使测量仪器长时间暴露于野外，应对测量仪器采取必要的遮挡措施，以保证测量精度。

对于玻璃钢管、球墨铸铁管、UPVC 管、PE 管等单节长度较大的管道，可根据管道长度在接口处设测设平面和高程控制桩。

当管道坡度较大时，计算实际管道用量或按管道长度排控制桩时，要注意管道铺设的是斜距，而设计的是平距，两者有一定差距。例如长 12m 的管道，当坡度为 10% 时，平距和斜距的差值达 60mm。

管道端口必须全部进入检查井的砌筑结构内边，因此，必须严格计算和控制管道安装长度，尤其是圆形检查井。管道与检查井相接。

6.1.5　管渠

管渠分为砌筑管渠和现浇钢筋混凝土管渠两种，管渠应以变形缝为界分段进行施工。根据控制桩用极坐标法测设出管渠中线，再根据中线放出上口开挖线，并在中线延长线上留置临时控制桩。基槽开挖完成后，用临时控制桩恢复出中线并测设出基础边线，再根据边线支设模板。垫层浇筑完成后，将中线恢复到垫层上，并根据中线放出结构边线，明确标出变形缝位置，并弹出墨线。将两个以上的临时高程点引测到垫层上，以方便使用和校核。

学习任务 6.2　架空管道施工放样

当管道跨越河流或沟谷时，一般采用架空形式。架空管道的施工测量与梁相似，但相对简单。架空管道施工测量的重点是基础的平面及高程控制。

根据控制桩和设计图纸将管道基础位置测设于实地，在基础施工范围之外呈十字形埋设临时定位桩。地下部分的基础完成以后，将立柱轴线和方向线测设到基础上，并弹好墨线。支模过程中，用一横梁挂住线垂，线垂尽量靠近基础面，将线垂尖端对准立柱中心或方向线，在上部量取垂线到模板边缘的尺寸，并与图纸或计算数据相比较，然后根据差值调整模板。

立柱施工完毕后，将管道中线测设于立柱顶面，把高程测设于立柱顶面和侧面，以便安装桁架和管道。测设高程时可将钢尺倒垂于立柱顶端，用倒尺的方法测设立柱的顶面高程。

立柱顶面高程　　　　　　　　　　$H = H_B + a + b$

式中　H——立柱顶面高程，m；

　　　H_B——已知的后视高程，m；

　　　a——后视读数，m；

　　　b——前视倒垂钢尺的读数，m。

应采用变换仪器高的方法反复观测该点高程，并取平均值使用。

学习任务 6.3　顶　　管

在重要或特殊地段，为了维护正常交通和避免大量拆迁，经常采用暗挖方法进行管道施工。暗挖方法包括盾构和顶管施工两种方法，本章只介绍顶管的施工测量方法。顶管开始前应先挖好工作坑，在坑内固定好导轨，将管材放在导轨上，用顶铺将管材沿中线方向和设计高程顶入已挖好的洞中。顶到位后再继续挖土、顶进，反复挖土、顶进，直至达到预定位置。

顶管施工测量的主要任务是控制管道的中线、高程和坡度。

顶管坑一般采用人工开挖，用锚喷或支撑护壁，不需要放坡。

6.3.1　准备工作

1. 中线测设

依据控制桩在管道中线上、工作坑的两侧各设两个临时控制桩，其中两个应设在工作坑边缘，并与其他两个控制桩的间距不小于 50m。将经纬仪分别置于坑边的临时控制桩上，后视另两个较远的控制桩，水平制动后，纵转经纬仪用盘左、盘右分中法将中线投测到两侧坑壁和坑底上。最好用金属材质制作施工控制桩，打入坑壁和坑底 500mm 以上，并用混凝土保护起来。由于工作坑有可能变形，因此应经常复核工作坑上的方向点。

用经纬仪和钢尺在槽底测设出导轨中线，导轨必须等距离位于管道中线两侧，两导轨都必须严格平行于管道中线。

将地面高程控制点引测到坑边，用钢尺向下测量或用上下两台水准仪同时对钢尺读数来传递高程。应向槽底引测两个以上水准点，每个水准点应至少测量 3 次，每次高程差不能大于 3mm，取平均值使用，并将高程桩用混凝土固定起来。

2. 导轨间距

导轨是输送管材的工具，为保证顺利输送管道，应根据不同管道外径计算导轨的铺设宽度。

导轨顶面内边间距　　　$B = 2 \sqrt{(r+t)^2 - [(r+t) - (h-c)]^2}$

式中　B——导轨顶面内边间距，m；

r——管道内半径，m；

　　　　t——实量管道壁厚，m；

　　　　h——导轨高度，m；

　　　　c——管道与枕木之间的预留空隙，m。

3. 导轨顶面高程

导轨顶面上某点高程　　　　　　$H_D = H_S + (h - c - t)$

式中　　H_D——导轨顶面上某点高程，m；

　　　　H_S——管内底设计高程，m；

　　　　h——导轨高度，m；

　　　　c——预留空隙，m；

　　　　t——管道壁厚，m。

6.3.2　顶进

　　调整好轨道方向和高程后，即可开始顶进。每顶进一节管道，应校核一次中线和高程。将经纬仪置于坑底中线上，后视坑壁或坑沿上的控制桩，水平制动经纬仪。将长度略小于管道直径并带有刻度的水平尺置于管道底部，使气泡居中。纵转望远镜，用经纬仪竖丝观测水平尺，读出管道偏移值，读数在水平尺中点的左侧表示管道右偏，反之左偏。如果中线偏差超出相关规范要求，应及时校正管道。顶进管道容许偏差值见表 6.1。

表 6.1　　　　　　　　　　　　顶 进 管 道 容 许 偏 差

项　　目		容许偏差 （mm）	检 验 频 率	
			范围	点数
中线位移		50	每节管	1
管内底高程	$D < 1500\text{mm}$	$+30，-40$	每节管	1
	$D \geqslant 1500\text{mm}$	$+40，-50$		

　　注　D 为管内径，单位为 mm。

　　将水准仪置于管道外的中线位置上，用钢板尺或塔尺的其中一节前视和后视。前视尺应立在管底中线上，根据后视高程和前视读数计算出管底高程，并与设计管底高程进行比较，如果高程偏差超出相关规范要求，应及时校正管道。

　　当顶进距离较远时，测量时应采取一定照明措施，保证能清晰读数。测量人员应严格控制顶进管道的高程、方向，保证其误差在容许范围内。由于顶管纠偏需要较长的距离和时间，比较困难。因此，测量人员应经常测量中线及高程，发现误差较大时应及时纠正。

　　顶进距离较长时，可采用激光经纬仪定向、定坡。激光经纬仪定向和光学经纬仪定向原理基本相同，但激光经纬仪可以实时测量。将经纬仪定好向后，激光束可时刻投测到顶进方向的土壤上，达到实时定向的目的。将激光经纬仪置平于管道中线上，调平望远镜，后视水准点上的塔尺，求出仪器高 H_y，用管道设计坡度求出竖直角 $\alpha = \arctan i$，其中 α 为竖直角，i 为管道设计坡度。

　　例如管道设计坡度 $i = 4\%$，则仰角 $\alpha = 2°17'26''$。

　　用激光经纬仪后视坑壁上的中线点，旋紧水平制动螺旋，纵转望远镜，如果管道为升坡，则将竖直角向上拨 $2°17'26''$，如果管道为降坡，则将竖直角向下拨 $2°17'26''$。按管道设计坡度求出仪器点的管内底或管外底设计高程 H_S，则从激光束向下量取的常数 $K = H_y - H_S$。从激光束处向下量取常数 K，即可得到管道内底或顶进处的管道外底高程，从而达到实时控制顶进方向和高程的目的。

学习任务 6.4　管 道 施 工 测 量

6.4.1　熟悉管道图纸

管道平面图又称条形图、带形图，它按管线走向，包括管线附近地形的平面图。

图 6.2 为某给水管线平面图，图 6.3 是这段管线的纵剖面图。为了明显表示出地形起伏状况和管道坡度，高程的比例尺要比水平距离比例尺大 10～20 倍，粗横线以上是管道的纵剖面图，粗横线以下是管道的各项数据，图中包括的主要内容如下：

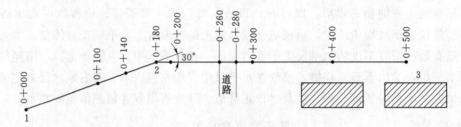

图 6.2　管道平面图

（1）表示管线位置的长度的起、止点和折转点。这些点称为管线的主点，如图 6.2 中 1 点为起点，2 点为折转点，3 点为终点。

（2）对于规模较大的管线要从起点开始，标有里程桩。起点桩为 0＋000 （＋号前面的数值表示公里数，＋号后面的数值为米数），以后每 100m 钉一桩，编号分别为 0＋100，0＋200，…，如果百米桩之间有重要地物 （如穿越道路或地形变化较大处），应增加标桩，称为加桩。加桩的编号按该桩所在位置表示，如 1＋140 表示该桩距起点为 1140m。

（3）表示两相邻点间的水平距离，该点处的管底设计高程、地面高程、管径、埋置深度和管线衔接关系。

（4）表明管道设计坡度，纵剖面图上表示坡度的方法是："↗"表示上坡，"↘"表示下坡，"——"表示水平。斜线上方注字是坡度系数，以千分数表示；斜线下方是两桩之间的距离。

（5）表明构筑物 （检查井、阀门井）的平面位置、高程及构筑物的编号。

（6）场区控制点，管线主要点位的坐标及高程。

（7）地面横向坡度较大时主要特征点的横剖面图。

6.4.2　管线定位测量

要深入现场，了解场地环境，按管线平面图找出管道在地面上的位置，检查设计阶段测设的各种定位标志是否齐全，能否满足施工放线的需要。如果点位太少或被毁，应了解场区控制点分布情况，进行补测。

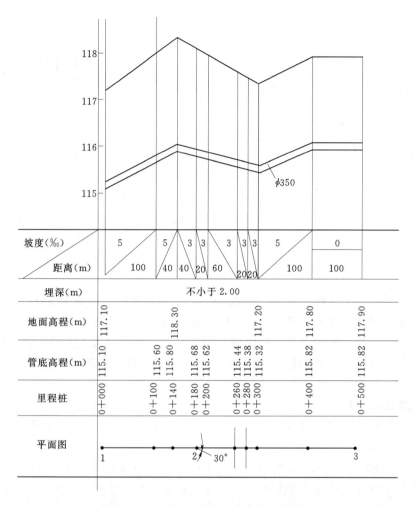

图 6.3　管道平面及剖面图

图 6.4 是给水管道平面及剖面图。图 6.4（a）是某污水管道平面图，图 6.4（b）是这段管道的纵剖面图，现以图 6.4 为例介绍地下管道施工过程的测量方法。

1. 根据建筑物定位

图 6.4 中定 1 点时，先作建筑物南墙的延长线，从建筑物量 6m 定出 a 点，再过 a 点作延长线的垂线，从 a 点量 8m，定出 1 点。

2. 平行线法定位

从建筑物以南墙量出 8m，定 b 点。将仪器置于 1 点，照准 b 点，在视线方向从 1 点起依次量取各点间距离，便可定出 2～7 点。

3. 导线法定位

将经纬仪置于 7 点后视 1 点，顺时针测角 150°，在视线方向从 7 点量距定出 8 点。同法将仪器置于 8 点，后视 7 点测角可定 9、10 点。

4. 极坐标法定位

为校核 10 点位置是否正确，根据管线终点 10 点的坐标和控制点 4、5 点的坐标计算

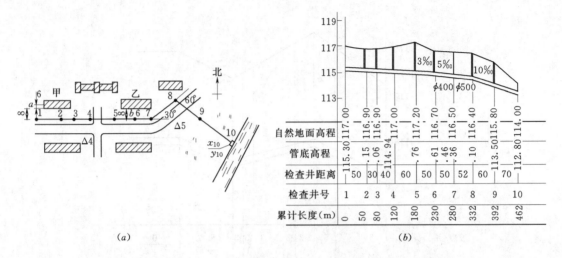

图 6.4 管道平面及纵剖面图

检查井号	1	2	3	4	5	6	7	8	9	10
自然地面高程	117.00	116.90	116.90	117.00	117.20	116.70	116.50	116.40	115.80	114.00
管底高程	115.30	115.15	115.06	114.94	113.76	113.61	113.46	113.36	113.10 / 113.50	112.80 / 112.00
检查井距离		50	30	40	60	50	50	52	60	70
累计长度(m)	0	50	80	120	180	230	280	332	392	462

出测量数据,将仪器置于控制点 5,后视控制点 4,用极坐标法校核 10 点位置。管线主点定位测量,新建管道与原有管道衔接时,以原有管道为准。厂外管道与厂内管道衔接时,以厂内管道为准。厂房外管道与厂房内管道衔接时,以厂房内管道为准。管道定位测量,其测角误差不大于 30″,量距精度误差不大于 1/5000,无压力管道高程测量精度不得低于四等水准测量,以保证坡度要求。

6.4.3 管道中线放线

因为挖方时管道中线上各桩将被挖掉,所以挖方前要引测中线控制桩和井位控制桩。

1. 引测控制桩

引测控制桩的方法如图 6.5 所示。即在中线端点作中线的延长线,定出中线控制桩。在每个井位垂直于中线引测出井位控制桩。控制桩应设在不受施工干扰、引测方便、易于保存的地方。控制桩至中线的距离应为整米数,以便利用控制桩恢复点位。为防止控制桩毁坏,一般要设双桩。

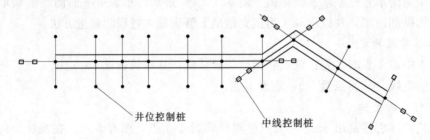

图 6.5 管道控制桩布置图

2. 设置龙门板

挖方前沿中线每隔 20～30m,或在构筑物附近设置一道龙门板,根据中线控制桩(主点桩)把中线投测到龙门板上,并钉上中线钉,如图 6.6 所示。在挖方和管道铺设过程中,利用中线钉用吊垂线的方法向下投点,便可控制中线位置。

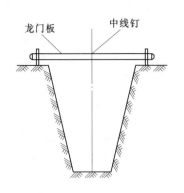

图 6.6　龙门板

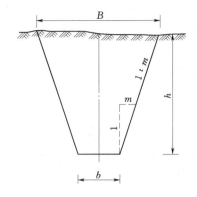

图 6.7　挖方宽度示意

3. 确定沟槽开挖边线

为避免塌方，挖土时需要放边坡，坡度的大小要根据土质情况而定。挖方开口宽度按下式计算，如图 6.7 所示。

$$B = b + 2mh$$

式中　b——沟底宽度（管外径加 2 倍工作面）；

　　　h——挖方深度；

　　　m——边坡放坡率。

若横剖面坡度较大，中线两侧槽口宽度不同，如图 6.8 所示，要分别计算出中线两侧的开挖宽度

$$B_1 = b/2 + mh_1$$

$$B_2 = b/2 + mh_2$$

确定放坡率是一项慎重的工作，尤其沟槽较深时放坡率过大会增加挖填方量，放坡率过小又容易塌方（特别是松散土质、春季解冻后及雨季），测量人员要按施工方案规定的放坡系数来确定开挖宽度。

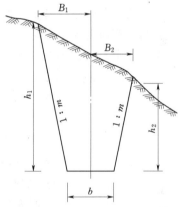

图 6.8　挖方宽度计算示意图

6.4.4　测设龙门板标高

1. 各点高程的计算方法

如在图 6.4 中，已知 1 点管底设计高程为 115.30m，1～6 点的坡度为 3‰，求各点管底高程，计算方法如下：

　　　　　　2 点管底高程＝115.30－50×0.003＝115.15（m）

　　　　　　3 点管底高程＝115.30－80×0.003＝115.06（m）

　　　　　　4 点管底高程＝115.30－120×0.003＝149.94（m）

管底高程系指管底内径高程，沟底挖方高程如图 6.9（a）所示。

沟底高程＝管底高程－（管壁厚＋垫层厚）

龙门板顶面高与管底高程之差称为下返数，实际挖方深度应等于下返数＋管壁厚＋垫层厚。

如果龙门板顶面连线与管道坡度相同（即各龙门板下返数为一个常数），如图 6.9

(b) 所示，则利用龙门板控制挖方深度、铺设管道就方便多了。因此，龙门板顶面标高宜随管道标高而变化，即和管道坡度相同。

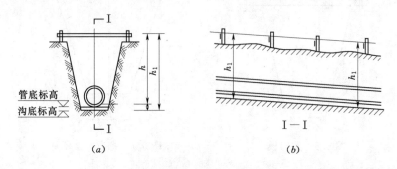

图 6.9　龙门板与管底高程的关系

2. 高差法测龙门板高程

高差法测龙门板高程下返数的大小要根据自然地面高程来选择。下返数确定后，那么

龙门板顶面高程＝管底高程＋下返数

图 6.4 中，1 点管底设计高程是 115.30m，设下返为 2.10m，那么

$$1 点龙门板高程＝115.30＋2.10＝117.40 （m）$$
$$2 点与 1 点高差＝50×0.003＝0.15 （m）$$
$$2 点龙门板高程＝117.40－0.15＝117.25 （m）$$
$$3 点与 1 点高差＝80×0.003＝0.24 （m）$$
$$3 点龙门板高程＝117.40－0.24＝117.16 （m）$$
$$4 点与 1 点高差＝120×0.003＝0.36 （m）$$
$$4 点龙门板高程＝117.40－0.36＝117.04 （m）$$

依此类推，如果水准点的高程为 117.60m，后视读数为 1.22m，视线高为 118.82m，那么

$$1 点龙门板应读读数＝118.82－117.40＝1.42 （m）$$
$$2 点龙门板应读读数＝1.42＋0.15＝1.57 （m）$$
$$3 点龙门板应读读数＝1.42＋0.24＝1.66 （m）$$
$$4 点龙门板应读读数＝1.42＋0.36＝1.78 （m）$$

测设方法如图 6.10 所示。

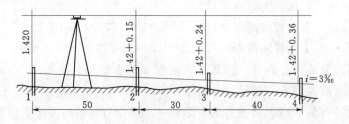

图 6.10　高差法测龙门板高程

3. 斜线法测龙门板高程

仍按图 6.4 中有关数据，测设方法如图 6.11 所示。

(1) 在距 1 点 3m 处安置仪器，让仪器的一个调平螺旋在中线连线上，另两个调平螺旋的连线垂直于中线。仪器置平，后视水准点（视线高 118.82m），读前视读数 1.42m，测出 1 点龙门板高程（117.40m）。

(2) 4 点与 1 点高差：

$$120 \times 0.003 = 0.36 \ (\text{m})$$

立尺于 4 点，读前视读数

$$1.42 + 0.36 = 1.78 \ (\text{m})$$

测出 4 点龙门板高程。

(3) 计算 4 点与 A 点高差：

$$123 \times 0.003 = 0.369 \ (\text{m})$$

水准尺立在 4 点龙门板高程不动，调整位于中线上的仪器调平螺旋，使视线倾斜，照准尺面读数为：

$$1.78 - 0.369 = 1.411 \ (\text{m})$$

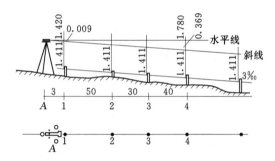

图 6.11　斜线法测龙门板高程　　　　图 6.12　水平线法测管底标高

这时视线的坡度与管道坡度相同。

(4) 在视线方向任意距离立尺，只要前视读数为 1.411m，其龙门板的高程都符合设计要求（下返 2.10m）。

4. 水平线法测龙门板标高

图 6.12 (a) 是某室外排水管道平面图。图 6.12 (b) 中龙门板标高都在 −0.500m 的水平线上，施工时各点要用不同的下返数来控制挖方和管底标高。

$$1 \text{点下返数} = (-0.50) - (-2.00) = 1.50 \ (\text{m})$$

$$2 \text{点与} 1 \text{点高差} = 30 \times 0.005 = 0.15 \ (\text{m})$$

$$2 \text{点下返数} = 1.50 + 0.15 = 1.65 \ (\text{m})$$

$$3 \text{点与} 1 \text{点高差} = 60 \times 0.005 = 0.30 \ (\text{m})$$

$$3 \text{点下返数} = 1.50 + 0.30 = 1.80 \ (\text{m})$$

$$4 \text{点与} 1 \text{点高差} = 90 \times 0.005 = 0.45 \ (\text{m})$$

$$4 \text{点下返数} = 1.50 + 0.45 = 1.95 \ (\text{m})$$

由于地形条件限制，各龙门板标高可以采用任意高程，只控制中心位置。然后在龙门板上另设坡度钉，如图 6.13 施工过程中利用坡度钉来控制管底高程。

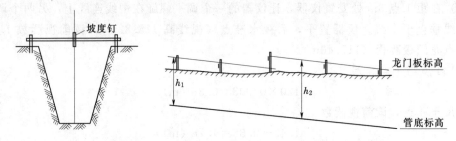

图 6.13 坡度钉的测设方法　　　　　图 6.14 分段测设坡度板

还可以选用不同的下返数分段测设龙门板，如图 6.14 所示。

当沟槽挖到一定深度时，在沟槽侧壁每隔 10～15m 测设一个坡度桩，坡度桩至沟底标高应为分米的整数倍，然后便可利用这些坡度桩随时检查沟底标高。

学习单元 7 输电线路的施工测设

学习任务 7.1 输电线施工控制网测量

输电线施工控制测量阶段的主要工作包括选线、实地踏勘、导线或 GPS 网的布设、平断面及风偏断面施测等。

7.1.1 选线、实地踏勘

选线就是将线路的起点、转点和终点落实在中小比例尺地形图上或实地。选线时应尽可能使线路接近直线、不占或少占农田、沿地面平坦或起伏不大、土质坚硬、有足够的施工场地；线路要绕过沼泽、山区、森林和重冰区，要绕过大居民区，尽量避免跨越大河、湖泊、峡谷；线路经过山区时，不宜选在高山顶上、分水岭或陡坡上，应尽量选在平缓山地或开阔的山谷中，从而避免暴风雨、山洪、滑坡或山崩的影响；当输电线跨越建筑物时夹角应接近直角。

高压输电线选线通常分为室内选线和实地踏勘两个步骤。

1. 室内选线

室内选线一般在 1∶50000 或 1∶10000 比例尺地形图上进行。先在图上标定出线路的起点和终点、中间必经点，将各点连线，得到线路布置的基本方向。在将沿线的工厂、矿山、军事设施、城市规划和农林建设的位置在图上标出后，按照选线的原则要求，选出几条线路方案，并标出线路的起止点、转角位置及与其他建筑设施接近或交叉跨越的情况。

2. 实地踏勘

实地踏勘是根据室内选线确定的几条线路方案，到现场逐条踏勘比较。一般是沿线调查察看与重点察看相结合，以重点察看为主。对影响线路方案成立的有关协议区、拥挤地段、大跨越、重要交叉跨越以及地形、地质、水文、气象条件复杂的地段，应重点察看。必要时要测绘发电厂或变电站进出地段、拥挤地段、大跨越点、交叉点的平面图或断面图。实地踏勘应在必要经过点处留下标志，并进行施工道路和影响范围内通信线等调查工作。实地踏勘后，通过经济技术综合比较，应选出一条经济合理、施工方便、运营安全的方案，并将路径标注在地形图上。

7.1.2 输电线路控制测量

输电线路控制测量首先要根据实地踏勘的线路位置，进行沿线布设导线或 GPS 控制网，这些工作在输电线路测量中通常称为平面联系测量。

7.1.2.1 导线测量

1. 导线布设与施测

导线布设的等级为一、二级导线或图根级导线，以便进行线路地形图或电站地形图的测绘。

2. 导线测量的精度要求

导线测量精度的限差，在没有特殊要求的情况下，城市规划要求转角塔中心点的误差，不应大于该城市规划用图图面上的 0.6mm。有特殊要求时，可按要求精度进行实测。

7.1.2.2　GPS 测量

1. 坐标系统的选择

送电线路工程应采用统一的平面和高程系统，可直接采用 WGS-84 大地坐标系统，也可根据需要采用其他坐标系统。当采用其他坐标系统时，应进行坐标连测和转换计算。

2. 精度要求 GPS 网相邻点间弦长精度应按下式计算，按 $a<10mm$、$b<20\times10^6$ 的规定执行

$$\sigma=\sqrt{a^2+(bd)^2}$$

式中　σ——标准差，mm；

　　　a——固定误差，mm；

　　　b——比例误差系数；

　　　d——相邻点间距离，km。

3. 作业要求

（1）作业前应在地形图上设计网点位置，并根据测区天气预报、交通情况、车辆和人员情况制定观测计划表。

（2）观测前应对 GPS 设备开箱检验并进行初始化。

（3）在观测站上必须确认电源、电缆和接收控制设备连接无误，接收机各项预置状态正确，方能启动接收机进行观测。

（4）在卫星图形几何因子达到各 GPS 接收机规定的数值，同步观测 4 颗及以上卫星信号时，可开始记录观测数据。GPS 测量作业截止高度角不宜低于 15°。

（5）观测前后应各量取天线高一次，量至毫米，两次量高之差不应大于 3mm，取平均值作为最后天线高。

学习任务 7.2　施　工　测　量

输电线施工测量主要包括：杆塔定位、杆塔基坑放样、拉线放样以及高压输电线的弧垂测量等工作。

7.2.1　杆塔定位测量

当设计人员在断面图上排杆设计后，测量人员就可以从设计图上求得塔位至邻近中线桩的水平距离和高差，在邻近中线桩上安置经纬仪，瞄准另一中线桩进行定线，用视距测量法在中线上测设杆塔桩位，打一大木桩，桩顶定一小铁钉标明点位。杆塔中心桩测设时，要求杆塔线路横方向偏离值不大于 50mm。杆塔桩位定好后，应根据观测值计算档距和高差，并将确定的数据绘在断面图上。

在杆塔施工中，施工基面是计算基础埋深（坑深）和定位塔高的起始基准面。杆塔定位桩地面至施工基面间的高差通常叫做基础施工基面值，习惯上把这段高差称为施工基面。如果杆塔在平坦地面上，就将塔位中心桩下地面作为施工基面，设计坑深由此算起；

如果杆塔基坑处在地面有坡度，为了保证杆塔基础有足够的埋深，而使基础稳定，要考虑下降施工基面，如图7.1所示。施工基面下降后，应重新验算高压送电线到地面的距离是否符合规定要求。每个杆塔有无施工基面，应在线路杆塔成果明细表中注明。

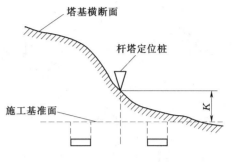

图 7.1 塔杆定位测量

在杆塔定位测量中，为了给线路设计人员提供确定施工基面下降高度的资料，当杆塔塔位处地面有坡度时，应将经纬仪安置在杆塔塔位桩上，测绘塔基断面。门型双杆塔的塔基断面就是过杆塔塔位桩且与线路方向垂直的地面横断面。铁塔（有正方形分布的4脚）的塔基断面就是由4脚所构成正方形的两条对角线方向的地面横断面。如果铁塔的基础间的距离相等，塔基断面就是与线路方向交角45°的两个方向的地面横断面。

杆塔定位测量外业工作完成后，应提交线路平断面图和杆塔塔位成果明细表。

7.2.2 杆塔基坑放样测量

杆塔基坑放样是把设计的杆塔基坑位置测设到线路上指定塔号的杆塔位桩处，并定坑位桩作为开挖的依据。根据杆塔基础施工图中的基础桩距 X（即相邻基础中心距离）、基础底座宽 D 和设计坑深 H 等数据，即可计算分坑数据，如图7.2所示。杆塔基础开挖时，一般要在坑下留出 $e=0.2\sim0.3\text{m}$ 的操作空地。为了防止坑壁坍塌，保证施工安全，要根据坑位土质情况选定坑壁安全坡度 m（如砂土为0.75，黏土为0.3，岩石为0）。所以，基坑放样数据计算公式为

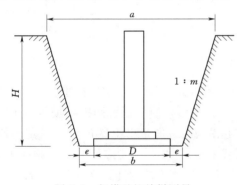

图 7.2 杆塔基坑放样测量

坑底宽　　　　$b=D+2e$

坑口宽　　　$a=D+2e+2mH$

杆塔基坑坑位放样方法随杆塔型式而异，下面主要介绍门型杆塔和直线四脚杆塔的基坑坑位放样测量方法。

1. 门型杆塔

门型杆塔由两根平列在垂直于线路中线方向上的杆子构成，若两根杆塔基础的中心距为 X，坑口宽度为 a，则坑位放样数据为

$$F=1/2(x-a)$$
$$F'=1/2(x+a)$$

坑位测定前，将经纬仪安置在杆塔桩上，如图7.3所示，瞄准前（或后）杆塔

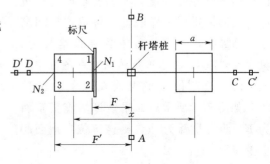

图 7.3 门型杆塔放样测量

桩或直线桩,沿顺线路方向定 A、B 辅助桩。再将照准部转 90°,沿线路中线的垂线方向定 4 个辅助桩 C、C'、D、D'。辅助桩距杆塔桩的距离一般为 20～30m 或更远,应定在不易碰动的地方。基础坑位测定时,沿线路垂直方向,用钢尺从杆塔桩量出距离 F 而得 N_1 点,将标尺横放在地上,使尺边缘与望远镜十字丝横丝重合,从 N_1 点向尺两侧各量出距离为 $a/2$,定 1、2 两桩;再量出距离 F',测出 N_2 点,将标尺移到 N_2 点,依同法定 3、4 桩。然后,依上法定另一侧的坑位桩。

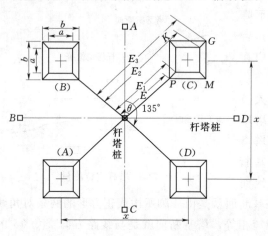

图 7.4 直线四角杆塔放样测量

2. 直线四脚杆塔

直线四脚杆塔的基础一般呈正方形分布,如图 7.4 所示,若杆塔基础间的距离为 x(通常也称为根开),坑口宽度为 a,坑底宽度为 b,则坑位放样数据为

$$
\left.\begin{array}{l}
E=\sqrt{2}/2(x-a) \\
E_1=\sqrt{2}/2(x-b) \\
E_2=\sqrt{2}/2(x+b) \\
E_3=\sqrt{2}/2(x+a)
\end{array}\right\} \tag{7.1}
$$

式中,E_1、E_2 检查坑底时使用。

测定基坑坑位时,将经纬仪安置在杆塔桩上,瞄准线路中线方向及线路垂直方向,测定 A、B、C、D 辅助桩,以备施工时标定仪器方向。然后,使望远镜瞄准辅助桩 A 时,水平度盘读数为 0°,再将照准部转 45°,由杆塔桩起沿视线方向量出距离 E 和 E_3,定下外角桩 P、G。再将卷尺零点对准 P 点桩,$2a$ 刻画线对准 G 桩,一人持尺上 a 刻画线处,将尺向外侧拉紧拉平,卷尺就在 a 刻画线处构成直角,将卷尺分别折向两侧钉立 K、M 坑位桩,这样就钉完了该坑位桩。然后,将照准部依次转动 135°、225°、315°,依上述方法测定其余各坑的坑位桩。

基坑坑位测定以后,为了计算出各坑由地面实际应挖深度以作为挖坑时检查坑深的依据,要测出杆塔桩与各坑位桩间高差。测量时,将经纬仪安置在杆塔桩上,量出仪器高 i,将水准尺依次立在各坑位桩上,读出经纬仪水平视线在尺上的读数 R_1,如图 7.5 所示。如果该杆塔施工基面为 K,设计坑深为 H,则该坑位自地面起应挖深为

$$H_1=H+K+i-R_1$$

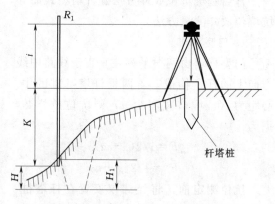

图 7.5 测杆塔桩与各坑位桩间高差

7.2.3 拉线放样

杆塔的稳定需要拉线来支撑。由于拉线杆塔可以节省钢材，节约投资，目前在我国送电线路上广泛使用。常用的拉线有 V 形拉线和 X 形拉线。

拉线放样就是根据杆塔施工图纸中的拉线与横担的水平投影之间的水平角 α、拉线上端至地面的竖直高度 H、拉线与杆身的夹角 β 和拉盘的埋深 h，计算拉线放样数据及拉线长度 L，在塔杆桩附近正确测定拉盘中心桩的位置。由于拉线上端与杆抱箍的金属具连接，下端与拉线棒相接，所以拉线全长中包括拉线棒和连接金属具的长度。拉线放样时，经纬仪一般应安置在杆抱箍的水平投影点上。该点至杆位桩的距离可从杆塔施工。

1. 平地的拉线放样

图 7.6 中，P 为杆位桩，A 为拉线出土桩，M 为拉盘中心桩，N 为拉盘中心，BN 为拉线。

在平坦地面上，$\angle BPA=90°$ 若已知拉线上短垂距 H、拉线中心桩至拉线出土点的距离 d 和拉线长度 L，其计算公式为

$$\left.\begin{aligned} D&=H\tan\beta \\ L&=(H+h)\sec\beta \\ d&=h\tan\beta \end{aligned}\right\} \tag{7.2}$$

放样时，将经纬仪安置在拉杆桩 P 上，先使水平度盘读数为 00001 才瞄准横担方向（即直线桩上垂直于线路中线的方向或转角桩上转角的角分线方向），再将照准部旋转水平角 α，视线方向即为拉线方向。沿视线方向，从 P 点量水平距离 D，测定拉线出土桩 A，再向前量距 d，测定拉盘中心桩 M。

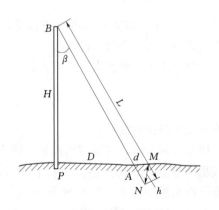

图 7.6 平地拉线放样

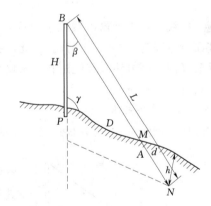

图 7.7 斜面的拉线放样

2. 斜面的拉线放样

在图 7.7 中，D、d 为地面斜距，$\angle BPA=\gamma$，其他符号同图 7.6，则计算公式为

$$\left.\begin{aligned} D&=(H\sin\beta)/\sin(\beta+\gamma) \\ L&=[(H+h)\sin\gamma]/\sin(\beta+\gamma) \\ d&=(h\sin\beta)/\sin(\beta+\gamma) \end{aligned}\right\} \tag{7.3}$$

放样时，在拉杆桩 P 上安装经纬仪，量出仪器高，使望远镜指向线路的垂直方向，

水平度盘读数为 $0°00'$，将照准部旋转水平角 α，视线方向即为拉线方向。沿视线方向竖直地形尺，转动望远镜使横丝照准尺上仪器高处，测出倾斜地面的天顶距 γ 角，测出地面倾斜距 D'。将已知的 H、β 和测得的 γ 角代入公式得 D，若 $D \neq D'$，则移动地形尺重新观测，直至 $D = D'$。此时，在立尺点钉桩即为拉线出土桩 A。再从 A 桩起沿 PA 方向量斜 d 后钉钉，即得拉盘中心桩 M。

7.2.4　高压输电线弧垂的放样和观测

悬挂在两相邻杆塔之间的导线，因自然下垂而呈一弧线，某点到两悬挂点连线的铅垂距离称做高压输电线在该点的弧垂。弧垂通常用 f 表示。在输电线两悬挂点等高的情况下，弧垂是指输电线最低点到悬挂点的铅垂距离，它恰好位于档距中点处。当输电线的两悬挂点不等高时，弧垂有两个：f_1 是最小弧垂，f_2 是最大弧垂。通常所说的弧垂 f 是指档距中点处输电线上点的弧垂（此点并非输电线的下垂最低点），称为中点弧垂。如图 7.8 (a)、(b) 所示。

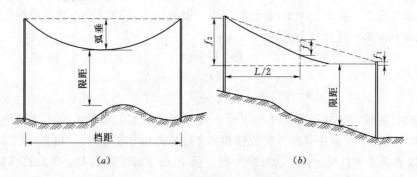

图 7.8　高压输电线弧垂的放样和观测

在施工拉线时，进行输电线弧垂放样，架线工程竣工后要对输电线进行弧垂检查观测，使其误差范围为 $-2\% \sim +5\%$。因此，我们必须学习弧垂放样的方法。

弧垂放样的常用方法有传统法和全站仪悬高测量法。传统法有：平行四边形法、中点高度法、角度法和解析法。

1. 平行四边形法弧垂放样

本方法适用于弧垂观测档内两悬挂点高差不太大的弧垂放样。

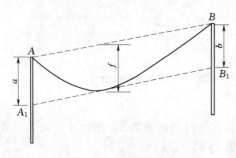

图 7.9　平行四边形法弧垂放样

如图 7.9 所示，在观测档两侧杆塔上，由架空线悬挂点 A、B 向下各量一段长度 a、b，使其等于观测档的弧垂，定出观测点 A_1、B_1。在 A_1、B_1 各绑一块视板。视板长度约为 2m，宽度为 $10 \sim 15cm$，板面颜色红白相间。紧线时，眼睛从一侧视板上边缘瞄向另一侧视板的上边缘，当输电线稳定后恰好与视线相切时，架空输电线弧垂等于观测档弧垂的大小 f。

因为在平行四边形法中，取 $a = b = f$，所以又称等长法。当弧垂观测档内两杆塔高度不等，而进行弧垂放样，这时，先根据架空线悬

挂点的高差情况，计算出观测档弧垂 f，然后选定一个适当的 a 值，计算出相应的 b 值为

$$b=(2\sqrt{f}-\sqrt{a})^2 \tag{7.4}$$

观测弧垂时，自 A 向下量 a 得 A_1 点，自 B 向下量 b 得 B_1 点，在 A_1、B_1 点绑上幌板，紧线时用目测进行弧垂放样。

2. 用中点高度法进行弧垂观测

此法适用于平原及丘陵地区的弧垂观测，精度较高。如图 7.10 所示，A_2、B_2 为输电线的悬挂点，D 为连线 A_2、B_2 的中点，过 D 点的铅垂线交输电线于 C_2，DC_2 就是弧垂 f。输电线上点 A_2、B_2、C_2 在假定平面上的投影位置就是 A_1、B_1、C_1，在地面上的投影位置 A、B、C。而 A_2、B_2、C_2 由假定平面起算的高程为 H_A、H_B、H_C、H_D。在梯形 A_2、A_1、B_1、B_2 中：

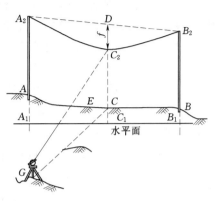

图 7.10 中点高度法弧垂观测

$$HA_2 = \overline{A_2A_1}$$
$$HB_2 = \overline{B_2B_1}$$
$$HC_2 = \overline{C_2C_1}$$
$$H_D = 1/2(HA_2 + HB_2)$$
$$f = H_D - HC_2 = 1/2(HA_2 + HB_2) - HC_2$$

只需测定三点高程，即可求出输电线弧垂。中点高度法观测弧垂的步骤如下：

（1）将输电线悬挂点 A_2、B_2 投影到地面上。首先在杆塔正侧两方向上安置经纬仪，瞄准 A_2、B_2 后，在每一悬挂点投影位置附近，每一视线方向上各钉两个术桩，将视线方向在地面上作出标志 5 在每一悬挂点的两视线方向交点处钉桩，即为 A_2、B_2 的投影点 A、B。

（2）用钢尺丈量 AB 的水平距离，得实测档距 f，在 AB 中点钉桩为 C 点。再沿线路中线任意量一段距离 d，钉钉得 E 点。假定 C 点高程为 H_c（H_c 为假定值，应使其余各点高程为正值）。

（3）在 C 点安置经纬仪定出线路中线的垂线方向，在此方向稍远一点的地方，定出 F、G 两点，打下木桩。

（4）用钢尺丈量水平距离 CF、CG，再用经纬仪平视法测定高差 h_{CE}、h_{CF}、h_{CG}，求出高程 H_E、H_F、H_G。

（5）依次在 C、E 点安置经纬仪，量出仪器高，观测悬挂点 A_2、B_2 的竖直角。根据 C、E 点至 A、B 点的水平距离和测得的竖直角、仪器高，分别计算 A_2、B_2 的高程，并求出两次测得高程的平均值 H_A 和 H_B。

（6）依次在 F、G 点安置经纬仪，量出仪器高，先瞄准 C 点，固定照准部，抬高望远镜瞄准输电线（照准点即为 C_2 点），测出竖直角，并记录气温。根据 F、G 点至 C 点的水平距离和测得的竖直角、仪器高，分别计算 C_2 点的高程，并求出两次高程的平均值 H_C。

（7）计算测得的输电线弧垂 f，它与设计弧垂之差就是输电线弧垂变化值。

3. 用角度法进行弧垂观测和弧垂放样

当输电线跨越河流、山丘或因档距太大而使中间点无法投影于地面或不便投影时，可用角度法进行弧垂观测。采用角度法时，用 J_6 级经纬仪观测竖直角来计算输电线弧垂。竖直角应观测一测回，仪器高量至厘米。所用经纬仪在检校时，要特别注意使竖盘指标差接近零。

如图 7.11 所示，A_2、B_2 为悬挂点，D 为 A_2、B_2 连线中点，过 D 点的铅垂线交输电线于 C_2 点，DC_2 为输电线弧垂 f，P 为输电线上一点，过 P 点作导线的切线，与过 A_2、B_2 的铅垂线相交于 A_1、B_1 点。

令　$\overline{A_2A_1}=a$，$\overline{B_2B_1}=b$，则输电线弧垂为

$$f=[(\sqrt{a}+\sqrt{b})/2]^2 \tag{7.5}$$

所以，只要求的 a、b 值，就可计算 f 值。为了保证观测弧垂的精度，当切线 P 靠近 C_2 点（测出的 a、b 均小于 $3f$ 时），才能使用本方法。

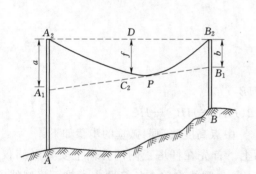

图 7.11　角度法弧垂观测和弧垂放样

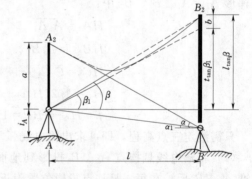

图 7.12　用角度观测弧垂

如图 7.12 所示的情况，用角度观测弧垂的方法如下：

（1）将输电线悬挂点 A_2、B_2 投影于地面并定桩得 A、B 点，用三角解析法测得 A、B 间水平距离为 l。

（2）在 A 点安置经纬仪，量出仪器高 i_A，瞄准 B_2 点测得竖直角 β，固定瞄准照准部后转动望远镜，使视线与输电线相切，测得竖直角 β_1，则有

$$b=l(\tan\beta-\tan\beta_1) \tag{7.6}$$

（3）在 B 点安置经纬仪，A 点竖立标尺，瞄准 A_2 点测得竖直角 α，固定照准部后转动望远镜，瞄准 A 点标尺上 i_A 读数处，测得竖直角 α_1，则有

$$a=l(\tan\alpha-\tan\alpha_1) \tag{7.7}$$

（4）观测输电线弧垂 f，它与设计弧垂之差就是输电线弧垂变化值。

如图 7.13 所示，用角度法进行弧垂的方法如下：

（1）将输电线悬挂点 A_2、B_2 投影于地面并钉桩得 A、B 点，用三角解析法测出 A、B 间的水平距离 l。

（2）将经纬仪安置在 A 点，量出输电线悬挂点 A_2 至仪器横轴的竖直距离 a 及仪器高 i_A，观测 B_2 点的竖直角为 β。若输电线观测档弧垂为 f，则有

$$b = (2\sqrt{f} - \sqrt{a})^2$$
$$d = l\tan\beta$$
$$c = d - b$$

经纬仪在 A 点，当弧垂正好为 f 且视线与输电线相切时的竖直角为

$$\beta_1 = \arctan(c/l)$$

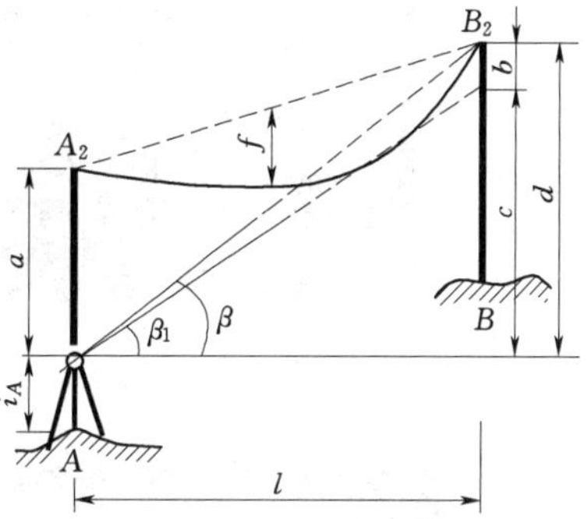

（3）紧线时，经纬仪安置在 A 点，使仪器高仍为 i_A，转动照准部，使望远镜对准紧线方向，且视线的竖直角为 β_1 待输电线恰好与视线相切时，输电线弧垂就是观测档的弧垂 f。

图 7.13　用角度法进行弧垂放样

4. 全站仪悬高弧垂测量法

在高压输电线路的弧垂测量中，使用全站仪进行悬高测量是非常有效而快捷的方法，目前已被广泛应用。

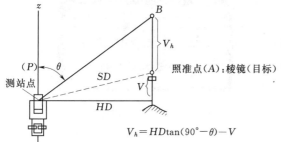

$$V_h = HD\tan(90° - \theta) - V$$

图 7.14　全站仪悬高弧垂测量法

基本原理是：如图 7.14 所示仪器首先测出测站到 A 点的斜距和天顶距，以 A 点作为高度的起始零点，随着望远镜的转动，天顶距变化，由内部程序，根据天顶距、平距、高差等数据，随时计算出 A 点到 B 点的垂直距离 V_h，并显示 B 点的实际高度为 V_h 值加上 A 点到地面的距离。

悬高测量方法如下：将棱镜（A 点）架设在被测目标（B 点）的铅垂线下，在图 7.15 中选第五项屏幕显示如图 7.16 所示，输入目标高，此时目标高可大致假设，后面还要进行校正。按"测量"键屏幕显示如图 7.17 所示，要求照准目标棱镜并按"测量"键，显示目标点高度，如图 7.18 所示。松开垂直制动旋钮，转动望远镜，对准目标 A 地面标志进行目标高检查，屏幕显示如图 7.19 所示，V_h 为校正数据，按"回车"键进行目标高更新。

目标高更新后望远镜照准被测目标（B 点），屏幕显示从 A 点地面到 B 点的垂直高度（图 7.20）。

按"ESC"键退出。注意：在进行悬高测量时，A 点必须在 B 点的铅垂线下，否则 V_h 将出现误差，A 点离 B 点的铅垂线越远，误差越大。在 A 点不能放在 B 点铅垂线上时，要视具体情况进行人工改正。

这时的悬高就是所要观测的高压线的弧垂。

对于弧垂放样，全站仪放样如同角度法放样弧垂一样，这里不再重述，希望读者在工作中认真体验。

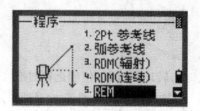

图 7.15　选择第五项

图 7.16　第五项屏幕显示

图 7.17　测量屏幕显示

图 7.18　目标点高度显示

图 7.19　目标高检查

图 7.20　AB 垂直距离显示

学习单元 8　水利枢纽施工控制网测设

学习任务 8.1　水工建筑物放样的顺序和精度要求

水利枢纽的技术设计批准后，即着手编制各项工程的施工详图。此时，在水利枢纽的建筑区开始进行施工前的准备工作，测量人员则开始施工控制网的建立工作。施工控制网由于其目的是直接为施工放样服务，所以必须根据施工总布置图和有关测绘资料来布设，它与测图控制网比较，具有以下特点：

（1）控制的范围小，控制点的密度大，精度要求高。施工阶段所有工作均集中在枢纽建筑区，对于大型水利枢纽，主体工程所占面积一般不超过 $10km^2$，中小型水利枢纽则只有 $1km^2$ 左右。为了控制施工，通常包括附属企业在内的施工控制网的控制面积，对于大型水利枢纽也不过十几平方公里（个别达几十平方公里），对于中小型水利枢纽一般只有几平方公里。在主体工程地区，由于建筑物很高（如大坝、闸等），而施工中又必须对不同高度进行放样，所以要求把控制点布设成平面和立体交叉，以便放样时至少有 3~4 个方向可供选择。

水利枢纽施工控制网除用于放样主要轴线外，还经常直接用于放样主要建筑物的轮廓点。主要水工建筑物轮廓点放样的点位中误差要求为 ±20mm，因此要求最低一级控制网的点位相对于坐标起算点的中误差不得超过 ±10mm。由此可见，施工控制网比测图控制网精度要求高得多。

（2）使用频繁。在水利枢纽建筑区，主要建筑物如坝、闸等一般很高，而一个大坝又分成 10~20 个坝段，一个坝段每浇高 1.5~3m 即需进行一次施工放样，据统计，我国葛洲坝第一期工程，为浇筑坝、闸所进行的施工放样次数超过 17000 次，由此可见，水利枢纽区放样控制点使用的频繁。这就对控制点点位的稳定性、方便性和精度提出了较高要求。

（3）受施工干扰。水利工程施工采用平行交叉作业，建筑物高度相差悬殊，施工机械多，以及施工过程中的临时建筑物等，都可能成为视线的障碍。因此，放样控制点的位置应分布恰当，密度也应较大，以便有所选择。对于峡谷建坝地区，要求控制点在不同高程上进行布设，形成一个平面立体交叉的控制网。

根据上述特点，施工控制网常分成基本网和定线网两层布设。基本网的点位尽量选在地质条件好、离爆破震动远、施工干扰小的地方，以便能长期保存和基本稳定。在此基础上用插点、插网、交会定点等方法在靠近建筑物的地方扩展定线网点，供直接放样用。

为了保证放样用的控制网点具有足够精度，同时又避免对基本网过高的精度要求，我国生产单位根据水工建筑物之间有联系又有独立性的特点，采用了局部加强的方法，即在低精度的上一级控制网下，加密精度高于上一级的加密控制网。

此外，随着测绘仪器的发展和电子计算机的普及，以及测量人员积累的经验，提出了控制网全面布网的方案，为提高控制网的精度创造了有利条件。

与一般测图工作相反，放样工作的目的是将设计建筑物的位置、形状、大小和高程在地面标定出来，以便进行施工。

设计建筑物须先作出总体布置，确定各建筑物位置间的相互关系，即主轴线间的相互关系，然后设计辅助轴线，再设计细部的位置、形状、尺寸。例如图 8.1 的水利枢纽，经设计后在地形图上给出大坝轴线 AB，3 号船闸轴线 CD（与大坝轴线垂直），2 号船闸轴线 EF（与大坝轴线交角为 $90°-\alpha$），1 号船闸轴线 GH（与大坝轴线垂直），1 号厂房主轴线 KL（平行于大坝轴线，间距为 b），2 号厂房主轴线 IJ（平行于大坝轴线，与大坝轴线之间的距离为 a）。除此以外，设计还给出环绕各轴线设计的各建筑物的细部位置、形状、尺寸等。

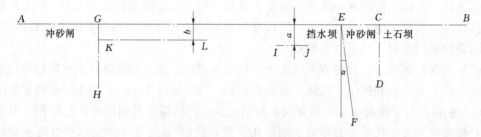

图 8.1　水工建筑物放样的顺序

水工建筑物放样的顺序也应遵循从总体到局部的原则。例如对图 8.1 所示水利枢纽，首先放出大坝轴线 AB（实际工作中，往往将它作为施工控制网的一条边），根据大坝轴线可以直接放样冲砂闸、泄水闸、非溢流坝的各坝段的分跨线（垂直于大坝轴线）与分仓线（平行于大坝轴线），以便分层、分块进行混凝土浇筑。在进行船闸与厂房施工时，则首先放样出船闸与厂房的主轴线。再根据这些主轴线放出各辅助轴线，最后确定各建筑物的细部结构。必须指出，上述原则往往由于条件限制而无法实行。这时就用控制点直接放样。有时同一建筑物的不同部位（尤其是不同高程上）的放样需要用到不同的控制点。因此，对测量控制点的密度和精度的要求就都明显提高了。

水工建筑物的放样精度可以分为两种：一种是绝对精度，主要对整体建筑物的位置放样而言。水工建筑物一般建于高山峡谷，即使平原地区的水利枢纽，其大坝位置也都选在河谷地带，不受先期建筑物的约束，因此，确定放样精度只需考虑建筑区的地形地质条件，一般精度要求不高。船闸、水电站厂房等轴线的放样除考虑自然条件外，还需考虑与已放样建筑物（如大坝）的相对关系，但通常这些建筑物之间没有特殊的联系，所以它们的放样精度要求也不很高。另一种是相对精度，这是对建筑物的细部或有相互关联的建筑物的放样而言的。建筑物各部分之间由于连续生产过程需要，具有一定的几何联系。如图 8.2 所示，由进水口到水轮机的引水钢管的剖面图，这

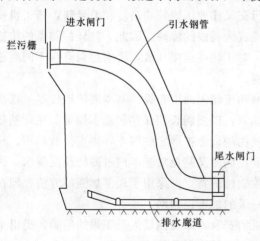

图 8.2　引水钢管的剖面图

种钢管的安装是随坝体施工升高过程进行的，因此钢管的安装轴线不可能固定，其每次定位中误差要求为±5mm。有些工程的结构也要求一定的几何联系，例如溢流坝面的放样，为了克服高速水流冲刷下可能发生的气融，施工后的溢流曲线与设计曲线的吻合度要求很高。此外，相对精度的要求也有完全从美观考虑提出的，例如要求各坝墩尽可能位于同一直线，坝面必须光滑、整齐等。

综上所述，水工建筑物放样的绝对精度要求不高，如主要水工建筑物轮廓点放样精度要求为±20mm。但相对精度要求则较高，如表 8.1 所规定的安装测量精度要求。测量人员必须了解放样误差可能对水工建筑物功能的影响，设法创造由轴线放样的条件。

表 8.1 安装工程项目测量中误差

安装工程项目		测量中误差（mm）	说 明
平面闸门底槛（主测反轨等）平面		≤±2	相对于门槽中心线和孔口中心线
平面闸门门相对门槽中心线距离		±1	
弧门底槛（侧止水座板及侧轮导板）平面		±2	相对于孔口中心线的距离
门楣	里程	+1	
	高程	+2	门楣中心至底槛面的高差
弧门绞座的基础螺栓中心和设计中心位置偏差		+2	与底槛距离
人字闸门底框蘑菇头中心偏差		+1	相对于中心线
	高程偏差	+2	相对于邻近安装高程点
钢管始装节及弯管起点里程偏差（包括在腰线上的测点）		≤3～6	相对于钢管安装基准里程点
水轮发电机基础坏、座环安装			
	中心	±1	相对于既定轴线
	高程	±2	
座环上水平面水平度		0.1～0.5	

学习任务 8.2 水利枢纽施工控制网的布设原则

水利枢纽勘测设计阶段建立测图控制网的设计精度，取决于测图比例尺的大小，点位采取均匀分布。测图控制网的点位精度和密度一般不能满足施工要求，需重新建立施工控制网。

分析水工建筑物放样的精度要求，可以看出有以下两个特点：一是松散性。一个水利枢纽建筑物可以分成不同的整体，各整体（如坝、溢洪道、船闸等）之间具有松散的联系。不仅如此，在散松联系的各整体内部，如电站中各机组之间，它们的联系也是松散的；可利用这些松散部位作误差调整或吸收误差（图 8.3）。二是整体性，一些相互关联的水工建筑物之间和金属结构的建筑物都具有较高的相对精度要求，需尽可能采用相同的控制点或建筑物轴线、辅助轴线进行放样。

根据水工建筑物放样要求的上述特点，在考虑布设施工控制网时首先应划分工程部位的松散区段和整体区段：将闸门区段、水电厂房、船闸段、溢流段等作为整体区段，而将

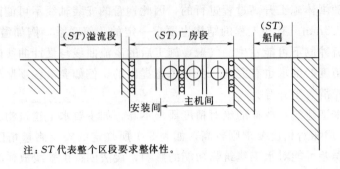

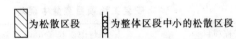

注：ST 代表整个区段要求整体性。

图 8.3 水工建筑物放样的精度要求

这些建筑物的连接处作为松散区段；以有金属结构联系的建筑物划分为整体区段，否则为松散区段；由此，区分开各部分对放样精度的不同要求，然后确定设计方案。

根据所划分的整体区段的多少、彼此相距的远近、面积的大小，以及所占整个施工区面积的比例，来考虑施工控制网的布设方案。如果整体区段相距较近，且合并面积占整个施工区面积的比例较大，而整个主要建筑区的面积又不大（1km² 左右）时，可考虑采用全面提高整个施工控制网精度的方案；采用这种布网方案的控制网精度，需根据整体性要求最高的建筑物来设计。当整体性区段彼此相距较远，或整体性建筑物虽相距较近但它们联合后的面积较大时，则以不合并为宜。此时整个施工场地的控制网可只考虑放样各整体性区段的轴线（即只考虑绝对精度），而对局部的整体性区段则通过加密控制网来进行放样；根据首级控制网（基本网）的精度（取决于仪器设备）及欲放样的整体性区段的放样要求来决定加密控制网作为附合网或独立加强网（即在精度上可高于首级控制）。

根据上述施工控制网的特点与水工建筑物对放样精度要求的特性，施工控制网布设时应遵循如下原则：

（1）施工控制网应作为整个工程技术设计的一部分，所布设的点位应画在施工设计总平面图上，以防止标桩被破坏。

（2）点位的布设必须顾及施工顺序和方法、场地情况、对放样的精度要求、可能采用的放样方法以及对控制点使用的频繁性等；以考虑放样精度要求高的主要建筑物密集处为主。一般来说，由于上游的点位随着坝身的升高，上下游间通视将被阻挡而使一部分点位失去作用，放在布网时点位的分布应以坝的下游为重点，但为了放样方便，布点时仍应适当照顾上游。

（3）河面开阔地区的大型水利枢纽以分级布设基本网和定线网为宜。对于高山峡谷、河面较窄地区的大中型水利枢纽，在条件允许时可布设全面网，条件不具备则可采用分级布网。根据具体情况，也可布设精度高于上一级的加密网。

（4）在设计总平面图上，建筑物的平面位置以施工坐标系表示。此时，直线型大坝的坝轴线通常取作坐标轴，所以布设施工控制网时应尽可能把大坝轴线作为控制网的一条边。

（5）施工放样需要的是控制点间的实际距离，所以控制网边长通常投影到建筑物平均高程面上，有时也投影到放样精度要求高的高程面上，如水轮机安装高程面上。

学习任务 8.3　水利枢纽施工控制网的精度设计

8.3.1　设计施工控制网的依据

施工控制网的任务是按一定精度要求将各建筑物的轴线放样到实地。在某些情况下还需满足主要建筑物轮廓点的放样要求。施工控制网的任务在很大程度上决定了施工控制网网点的选择，即根据施工总布置图和有关测绘资料初步选择布网方案。一般要求选择两个以上方案，以便进行分析比较，选出最佳图形方案。

设计施工控制网精度的依据是主轴线和主要建筑物轮廓点的放样要求。根据我国《水利水电工程施工测量规范》（以后简称"水利施规"）第 2.6.1 条的规定，大坝、厂房、船闸、水闸等建筑物的主要轴线点均应由等级控制点进行测设。主要轴线点相对于邻近控制点的点位中误差不应大于 10mm。表 8.2 为"水利施规"对施工测量的主要精度指标。由表 8.2 可知，施工测量中精度要求最高的是机电与金属结构安装（详见表 8.1），但安装测量的实践表明，安装工作一般均能根据安装轴线进行，因而在设计施工控制网时可以不考虑机电与金属结构安装的要求。由表 8.2 可知，施工控制网应满足混凝土建筑物轮廓点放样的要求，即保证放样点位中误差在 ±20mm 以内。

表 8.2　　　　　　　　　　　　　施工测量主要精度指标

序号	项　目		精　度　指　标			说　明
		内　容	平面位置中误差（mm）	高程中误差（mm）		
1	混凝土建筑物		轮廓点放样	±（20～30）	±（20～30）	相对于邻近基本控制点
2	土石料建筑物		轮廓点放样	±（30～50）	±30	相对于邻近基本控制点
3	机电与金属结构安装		安装点	±（1～10）	±（0.2～10）	相对于建筑物安装轴线和相对水平度
4	土石方开挖		轮廓点放样	±（50～100）	±（50～100）	相对于邻近基本控制点
5	局部地形测量		地物点	±0.75（图上）		相对于邻近测站点
			高程注记点		1/3 基本等高距	相对于邻近高程控制点
6	外部变形观测		水平位移测点	±（1—3）		相对于工作基点
			垂直位移测点		±（1～3）	相对于工作基点
7	隧洞贯通	相向开挖长度小于 4km	贯通面	横向±50 纵向±100	±25	横向、纵向相对于隧洞轴线，高程相对于洞口高程控制点
		相向开挖长度 4～8km	贯通面	横向±75 纵向±150	±38	

"水利施规"规定主要轴线和主要建筑物轮廓点放样的精度要求是相对于邻近控制点的精度要求，这体现了水工建筑物对放样要求的松散性和整体性特点。

当施工控制网采用两级（基本网与定线网）布网时，可以根据建筑物轮廓点放样的精度要求来确定定线网的精度要求。

8.3.2 定线网精度设计

定线网直接用于建筑物放样，选择点位应尽量便于施工放样，在可能的情况下，点位应选在厂房、船闸、水闸等建筑物的主要轴线上。

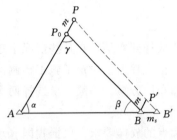

图 8.4 前方交会法

从定线网点放样建筑物轮廓点常用的方法是前方交会法。如图 8.4 所示，当从控制点 A、B 放样轮廓点 P_0 时，轮廓点的点位误差为

$$m_{P_0} = \sqrt{m_{控}^2 + m_{放}^2} \tag{8.1}$$

式中　$m_{控}$——控制点 A、B 的测定误差放样点 P_0 的影响误差；

　　　$m_{放}$——放样误差。

欲使控制点误差对放样点位的影响可忽略（仅占总误差的 10%），则要求

$$m_{控} = 0.4m_0 = \pm 8mm \tag{8.2}$$

对于用前方交汇放样，在不考虑交会基线方位误差的情况下，控制点误差对放样点位的影响 PP_0（参见图 8.4）可推证如下：

从相似三角形 $BP'B'$ 中，可得

$$PP_0 = P'B = m_0 \frac{\sin\beta}{\sin\gamma} \tag{8.3}$$

在一般情况下，可以选择合适的放样控制点，使 $\sin\gamma \geqslant \sin\beta$，故有 $PP_0 \leqslant m_0$，因此可把两个放样控制点间的边长误差 m_s 看作控制点误差对放祥点位的影响，由此提出最低一级加密网的边长误差 $m_s = \pm 8mm$。

根据经验，用控制点交会放样时，交会边长一般在 $200 \sim 400m$，因此施工控制网最低一级定线网的最弱边相对中误差应为 1/2.5 万～1/5 万。

8.3.3 基本网精度设计

基本网的精度设计可按两种不同思路进行：一种是按传统的测量布网原则，即逐级控制；另一种则是考虑到水利枢纽不同水工建筑物之间仅存在松散联系，而基本网的作用主要是统一整个枢纽的坐标系统，此时，为放样不同建筑物而加密的定线网可以看成是相应建筑物放样的首级控制网。

1. 按逐级控制的原则设计基本网

（1）由基本网用插网（或插锁）方式加密定线网时，基本网必要精度的估算如下：当用基本网分级加密定线网时，则基本网的精度取决于加密级数和精度梯度。根据经验，施工控制网布设梯级以不多于三级为宜，故以三级布网来讨论基本网的必要精度。

若取精度梯度为 0.5，则由最低一级定线网的精度要求，可以对各梯级提出表 8.3 的精度要求。

表 8.3　　　　　　　　　　　　　中 误 差 精 度 要 求

控制网等级	起始边相对中误差	最弱边相对中误差
基本网		1/10 万～1/20 万
一级定线网	1/10 万～1/20 万	1/5 万～1/10 万
二级定线网	1/5 万～1/10 万	1/2.5 万～1/5 万

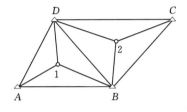

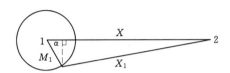

图 8.5　两相邻插点间无直接联系　　　　　图 8.6　对于边长的影响

（2）由基本网用插点方式加密定线网时，基本网必要精度的估算如下：当直接由基本网用插点方式加密定线网时，最不利情况为两相邻插点间无直接联系（图 8.5）。此时，先假设点 2 没有误差而点 1 具有中误差 M_1，则对于边长的影响（图 8.6）可推得如下

$$\Delta = X - X_1 = M_1\cos\alpha \tag{8.4}$$

$$\frac{[\Delta^2]}{n} = \frac{[M_1^2\cos^2\alpha]}{n}, n = \frac{2\pi}{d\alpha} \tag{8.5}$$

$$m_1^2 = \frac{M_1^2}{2\pi}\int_0^{2\pi}\cos^2\alpha\,d\alpha = \frac{M_1^2}{2\pi}\left|\frac{\alpha}{2} + \frac{1}{4}\sin2\alpha\right|_0^{2\pi} = \frac{M_1^2}{2} \tag{8.6}$$

同理可得：当点 1 没有误差，点 2 具有中误差 M_2 时，对边长的影响为

$$m_2^2 = \frac{M_2^2}{2} \tag{8.7}$$

当认为点 1、点 2 的误差独立，且假设 $M_1 = M_2 = M$ 时，则边长误差为

$$m_2 = M = \pm 8mm \tag{8.8}$$

即直接由基本网用插点加密定线网时，应从保证插点点位中误差不大于 8mm 来确定基本网的精度。

用插点方式加密定线网时，插点点位中误差可近似地表示为

$$M^2 = \pm M'^2 + \left(\frac{m_b}{b}s\right)^2 \tag{8.9}$$

式中　M'——插点时的测量误差；

$\dfrac{m_b}{b}$——基本网边长相对中误差；

s——插点时边长。

显然，理想情况是插点在等边三角形的中心 [图 8.7 （a）]，此时

$$s = \frac{b}{\sqrt{3}} \tag{8.10}$$

173

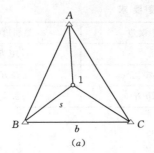
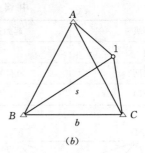

图 8.7　插点点位中误差

插点在三角形外［图 8.7 (b)］较为不利，此时

$$s \approx b \tag{8.11}$$

考虑一般情况，取

$$s = \frac{b}{\sqrt{2}} \tag{8.12}$$

则式 (8.9) 可写成

$$M^2 = \pm M'^2 + \frac{m_b}{2} \tag{8.13}$$

假设

$$\frac{m_b}{\sqrt{2}} \frac{1}{M'} = \frac{1}{2} \tag{8.14}$$

故

$$M' = \sqrt{2} m_b \tag{8.15}$$

代入式 (8.13)

$$M_b = \sqrt{\frac{2}{5}} M = \pm 5 \text{mm} \tag{8.16}$$

表 8.4 为对于基本网平均边长所计算的基本网最弱边边长相对中误差。

表 8.4　　　　　　　　　　　　基本网最弱边边长相对中误差

平 均 边 长 （m）	最弱边边长相对中误差	平 均 边 长 （m）	最弱边边长相对中误差
300	1/6 万	800	1/16 万
400	1/8 万	1000	1/20 万
600	1/12 万	1600	1/32 万

考虑到基本网平均边长大于 1km 是极个别情况，故可以认为，当用插点方式加密定线网时，基本网最弱边边长相对误差应在 1/6 万～1/20 万。

2. 考虑到水工建筑物之间的松散联系来设计基本网

在考虑到水工建筑物之间的松散联系时，则可以把不同类的水工建筑物（如电厂、船闸等）看成是独立的建筑物。当用基本网加密定线网后，定线网可以看成是该独立建筑物的首级控制网，定线网相对于基本网的误差在施工放样中可不予考虑。

按照这一思想设计基本网时，可以从放样建筑物主要轴线点的误差不大于±10mm 考虑。通常放祥主要轴线点的距离不超过 400m，所以可按最弱边边长误差不超过 1/4 万的要求来设计基本网。在实际工作中，也可按主要建筑物附近的基本网边长相对误差不超过 1/4 万进行设计。

分析上述两种基本网的设计方法可知，逐级控制可免去加密的精度分析，给施工放样带来方便，但对基本网要求较高。考虑建筑物间松散联系的设计方法，则要求对施工放样随时作精度分析，必要时还需建立高精度加密网，但对基本网的要求可以降低，且在某些情况下还可以直接用测图阶段建立的控制网直接作为施工控制网之用。表 8.5 为"水利施规"规定的各等级测角网的技术要求。

表 8.5　　　　　　　　　　　　　各等级测角网的技术要求

等级	平均边长（m）	起始边相对中误差	最弱边相对中误差	测角中误差（″）	三角形最大闭合差（″）	测回数	
						J_1	J_2
二	800	1：23 万	1：13 万	±1.0	±3.5	9	
三	600	1：15 万（首级）1：13 万（加密）	1：7 万	±1.8	±7.0	6	9
四	400	1：10 万（首级）1：7 万（加密）	1：4 万	±2.5	±9.0	4	6

若将表 8.5 列各级网的精度要求与按逐级控制的原则设计基本网所推得的精度要求（表 8.4）作一比较，可看到前者低于后者，这是由于"水利施规"制订时考虑了精度相对性的要求（表 8.2）。考虑水工建筑物间松散联系时，则按表 8.5 基本网在满足放样精度上是绰绰有余的。

学习任务 8.4　施工控制网的精度设计

引水式电站的蓄水闸与广房相距较远，当通过隧洞引水且隧洞很长时，施工控制网的主要作用在于确保引水隧洞的贯通，故其精度要求应从隧洞贯通精度出发进行推算。

在隧洞施工中，由于施工控制网、地下导线测量及细部放样的误差影响，使得两相向开挖的工作面中线错开，即产生贯通误差。贯通误差在隧洞中线方向的投影长度称为纵向贯通误差（称纵向误差），在垂直于中线方向的投影长度称为横向贯通误差（称横向误差）；在高程方向的投影长度称为高程贯通误差（称竖向误差）。由表 8.2 有关隧洞贯通误差的要求可知：当隧洞相向开挖长度小于 4km 时，对横向误差的要求为±50mm，纵向为±100mm，竖向为±25mm。

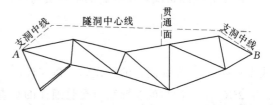

图 8.8　引水隧洞施工控制网

由图 8.8 可知，横向误差包括地面控制网误差的影响 $m_{控}$ 及左边开挖的地下导线测量误差 $m_{左}$ 和右边开挖的地下导线测量误差 $m_{右}$。由误差传播定律知，横向误差 m_q 可表

示为

$$m_q^2 = m_控^2 + m_左^2 + m_右^2 \tag{8.17}$$

由式（8.17）所计算的横向误差 m_q 超过表 8.2 的规定。

综上所述，引水隧洞施工控制网精度设计包括两方面内容，即地面控制网设计和地下导线精度设计。

8.4.1　地面控制网精度设计

在开挖隧洞时测量地下导线只能随开挖过程逐渐延伸，且地下条件比地面条件差。现将左、右两边的地下导线测量误差和地面控制测量误差同等看待，即令

$$m_左 = m_右 = m_控 \tag{8.18}$$

由此得

$$m_控 = \frac{m_q}{\sqrt{3}} = \pm 28.8\mathrm{mm} \tag{8.19}$$

对于河床式电站的水利枢纽，由于主要建筑物轮廓点放样没有方向的特定要求，因此在设计施工控制网时，可从最弱边精度要求出发来考虑施工控制网的设计。

当施工控制网用于隧洞放样时，由于隧洞贯通具有方向要求，因此在设计施工控制网时必须考虑它在贯通要求最高的方向的影响，即施工控制网对隧洞横向贯通误差的影响。

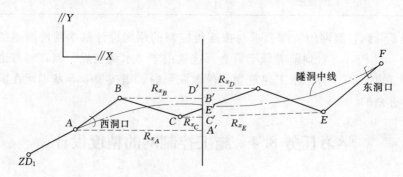

图 8.9　隧洞在地面布设导线测定两洞口

当沿隧洞在地面布设导线测定两洞口点 A 和 F 相对位置时（参见图 8.9），测量误差对横向贯通的影响可按下式表示：

由于导线测角误差而引起的横向贯通误差为

$$m_{y\beta} = \pm \frac{m''_\beta}{\rho''} \sqrt{\sum R_x^2} \tag{8.20}$$

式中　m''_β——导线测角的中误差，以 s 计；

$\sum R_x^2$——测角的各导线点至贯通面的垂直距离的平方和；

ρ''——206265″。

由于导线测量边长误差而引起的横向贯通误差为

$$m_{Y_l} = \pm \frac{m_l}{l} \sqrt{\sum d_y^2} \tag{8.21}$$

式中　$\dfrac{m_l}{l}$——导线边长的相对中误差；

$\sum d_y^2$——各导线边在贯通面上投影长度的平方和。

将式（8.20）、式（8.21）合并，即得导线测量总误差在贯通面上所引起的横向中误差，为

$$M=\pm\sqrt{(\frac{m_\beta}{\rho})^2\sum R_x{}^2+(\frac{m_l}{l})^2\sum d_y{}^2} \tag{8.22}$$

式（8.21）是按支导线的情况考虑的，是近似的，但可以放心应用。当沿隧洞在地面布设三角锁（网）时，则可取三角锁（网）中最靠近隧洞中线的一条线路作为支导线。按三角测量等级相应的测角中误差为 m''_β，三角测量等级相应的最弱边相对中误差为 $\dfrac{m_l}{l}$，再利用式（8.21）估算。显然这比上述导线更为近似，但仍可以放心应用。

为了较严密地估算地面控制网误差对贯通的影响，可利用相对误差椭圆的方法。

如图 8.8 地面控制网，在隧洞相向开挖时，分别从控制网点 A、B 敷设地下导线（一般情况下，A、B 为三角锁中的任意两点），此时通过先求 A、B 两点的相对误差，然后将它投影到贯通面上，则其在贯通面上的投影长度可近似看作控制网误差对横向贯通的影响 $m_{控}$。

为了计算相对误差椭圆元素，可以按间接平差方法进行，即由误差方程

$$V=AX-L \tag{8.23}$$

求得

$$QXX=(A^{\mathrm{T}}PA)^{-1} \tag{8.24}$$

从 QXX 阵中可取出 A 点、B 点坐标的协因数元素，由此可计算 A 点、B 点相对误差椭圆的参数。

式（8.27）为 A、B 点坐标的已知协因数元素。

$$E^2=\frac{\sigma^2}{2}\left[Q_{\Delta X\Delta X}+Q_{\Delta Y\Delta Y}+\sqrt{(Q_{\Delta X\Delta X}-Q_{\Delta Y\Delta Y})^2+4Q_{\Delta X\Delta Y}^2}\right] \tag{8.25}$$

$$F=E^2=\frac{\sigma^2}{2}\left[Q_{\Delta X\Delta X}+Q_{\Delta Y\Delta Y}-\sqrt{(Q_{\Delta X\Delta X}-Q_{\Delta Y\Delta Y})^2+4Q_{\Delta X\Delta Y}^2}\right] \tag{8.26}$$

$$\tan^2\alpha_0=\frac{2Q_{\Delta X}Q_{\Delta Y}}{2Q_{\Delta X\Delta X}-Q_{\Delta Y\Delta Y}} \tag{8.27}$$

其中
$$\left.\begin{array}{l}Q_{\Delta X\Delta X}=Q_{X_BX_B}-2Q_{X_AX_B}+Q_{X_AX_A}\\[4pt]Q_{\Delta Y\Delta Y}=Q_{Y_BY_B}-2Q_{Y_AY_B}+Q_{Y_AY_A}\\[4pt]Q_{\Delta X\Delta Y}=Q_{\Delta Y_B\Delta X_B}-Q_{Y_AX_B}-Q_{X_BX_A}+Q_{X_AX_A}\end{array}\right\} \tag{8.28}$$

式（8.27）右边均为 A、B 点坐标的已知协因数元素。

求得相对误差椭圆后，根据贯通面与坐标轴的关系，可以求得相对误差椭圆在贯通面上的长度（参见图 8.10）。近似地表示控制网误差对贯通的影响 $m_{控}$，当估值 $m_{控}\leqslant$ 28.8mm 时，则表示控制网能满足隧洞放样的要求，否则需考虑改变 A 阵元素，即改变网形和观测类型，或者改变元素，即改变观测精度。

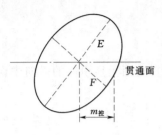

图 8.10　相对误差椭圆

随着电磁波测距仪的普及，用导线方法建立引水隧洞地面施工控制网，由于它比三角锁（网）更容易克服遥视困难，因而得到广泛采用。表 8.6 为"水利施规"对隧洞地面电磁波测距导线规定的技术要求。

顾及隧洞一般为直线型，地面导线对横向贯通误差的影响主要是由测角误差引起的。为了减少测角误差的影响，应尽量减少导线的点数。所以在实地布设导线时，导线的点数绝不应超过表 8.6 的规定，否则应对地面导线的影响值作具体计算，以决定是否需要提高导线等级。

表 8.6　　　　　　　　　隧洞地面电磁波测距导线技术要求

隧洞相向开挖长度（km）	导线等级	闭合或附合导线长度（km）	全长相对闭合差	最多折角个数	转折角测角中误差（″）	垂直角测回数	测距测回数测距仪精度 ≤10mm	方位角闭合差（″）	往返测距离较差相对中误差
1~4	三	6	1:4万	10	±1.8	2	2	±3.6$\sqrt{n}$	1:6.5万
	四	4	1:3万	10	±2.5	2	2	±5.0$\sqrt{n}$	1:4.5万
4~8	三	10	1:4.5万	10	±1.8	2	2	±3.6$\sqrt{n}$	1:7万
	四	7	1:3万	10	±2.5	2	2	±5.0$\sqrt{n}$	1:5万

8.4.2　地下导线精度设计

洞内平面控制测量布置的地下导线，一般分为基本导线和施工导线。施工导线的作用是直接为开挖指出方向，导线点的距离一般为 50m，当隧洞开挖到一定长度时，则敷设边长较长的基本导线，一般每隔 3~5 个施工导线点布设一个基本导线点。即随着隧洞的向前开挖，需要选择一部分施工导线点组成边长较长的基本导线。由此可知，隧洞地下导线精度设计实质上是基本导线的精度设计。

由于地下导线是随隧洞开挖逐步向前延伸的，因此，地下导线以支导线形式向前敷设。对于直线隧洞，地下导线对横向贯通误差的影响可按等边直伸支导线端点横向误差计算式进行估算

$$m_\mu{}^2 = [s]^2 \frac{m_\beta{}^2}{\rho^2} \frac{n+1.5}{3} \qquad\qquad (8.29)$$

式中，$[s] = ns$，s 为地下导线平均长度；显然 m_μ 不应大于 $\frac{m_q}{\sqrt{3}}$。

为了减少地下导线对横向贯通的影响，除提高导线角观测精度外，应增加导线的边长。表 8-7 为"水利施规"对洞内基本导线的技术要求。

表 8.7　　　　　　　　　洞内基本导线的技术要求

洞内基本导线等级	一	二	三	洞内基本导线等级	一	二	三
相向开挖长度（km）	2.5~4	1~2.5	<1	仪器	J_2	J_2	J_2
导线边长（m）	250	200	150	测回数	9	6	3
测角中误差（″）	±1.8	±2.5	±5	边长相对中误差	1:20000	1:15000	1:10000

由于隧洞一般为直线型，在实际测量时施工导线的边长丈量按基本导线边长丈量的精度要求进行，而基本导线的边长则可用间接方法求得。

如图 8.11 中，P_1、P_2、$\cdots$、P_{n+1} 为施工导线点，s 为基本导线边长，β_1、β_{n+1} 为连接角，β_2、β_s、β_n 为施工导线的转折角，s_1、s_2、$\cdots s_N$ 为施工导线边长，则在以基本导线边为 x 坐标轴的假定坐标系中，可求得基本导线边长为

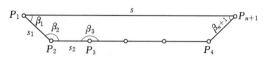

图 8.11 基本导线边长

$$s = s_1 \cos\alpha_1 + s_2 \cos\alpha_2 + \cdots + s_N \cos\alpha_n \tag{8.30}$$

可以证明，当施工导线的边长丈量偶而误差为 μ 时，计算求得的基本导线边长精度 $m_s = \mu \sqrt{\sum s_i}$，所以当按基本导线边长丈量的精度要求来丈量施工导线时，基本导线边长不必另行丈量，可间接求得。

学习任务 8.5 丘陵和平原地区水利枢纽施工控制网布设示例

为了对控制网设计原则的应用有更清楚的了解，现结合不同水利枢纽形式，具体介绍施工控制网的布设方法。

图 8.12 为某大型水利枢纽平面布置图，图中绘出了主体建筑物的布设，除此，整个水利枢纽还包括大坝与两岸连接的土石副坝，坝轴线上下游的人工航道，为施工服务的上下游围堰，施工导流建筑物，为主体施工服务的附属企业，铁路、公路、码头以及临时和永久性住宅区建筑等，形成南北长约 6km，东西宽约 5km 面积约 30km² 的工区，图 8.12 中所绘的主建筑物群，其长度为 2km，宽度为 0.5km，即水利枢纽放样精度要求高的区域的面积约 1km²。

根据水利枢纽工区范围大而各建筑物对放样要求不一的情况，采用在全工区布设一个点位精度较高的首级控制，由它确保各建筑物轴线之间的精度关系，同时为逐级加密定线网提供基准的布网方案。

图 8.12 所绘的主角网是根据当地地形条件与建筑物总平面图并考虑施工方法后布设的基本网。基本网分布在长 5km、宽 3km 的矩形范围内，平均边长为 1.6km；采用一等三角观测，平差后最弱边边长相对中误差为 1/28 万，坝轴线相对中误差为 1/47 万。

在基本网的基础上，根据施工进度采用分区分级逐步布设的方法。

例如，该水利枢纽 2 号船闸的施工放样，由于船闸全长约 900m，从上游进水段到下游泄水段的主体部分长达 478m（图 8.13）。

为了确保船闸结构内部设计的输水廊道、交通廊道、基础廊道、灌浆廊道、管线廊道、观测廊道和纵横交廊，以及阀门井、吊物井、楼梯井、水位计井、观测室、启闭室等必要的放样精度，就应设法创造从船闸主轴线和辅助线进行放样的条件。

顾及船闸施工采用分层分块浇筑，交替上升，根据 2 号船闸的形状布设船闸放样专用

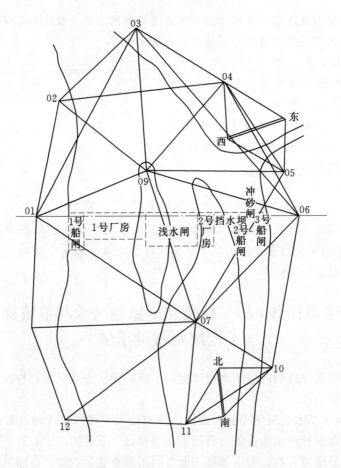

图 8.12　某大型水利枢纽平面布置图

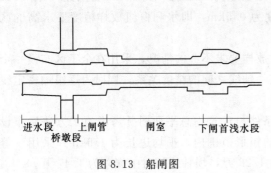

图 8.13　船闸图

矩形方格网是有利的（参见图 8.14）。为此作了三等插点Ⅲ 601～Ⅲ 605；其中Ⅲ 601～Ⅲ 603 与船闸中心线完全吻合，而Ⅲ 604 与Ⅲ 605 的连线则与船闸中心线平行。观测与改正三等插点所需位置后，根据Ⅲ 601～Ⅲ 603 点用钢尺丈量（加改正）引出两条纵缝立模线、左右侧墙边线和输水廊道中心线的控制线；根据Ⅲ 604、Ⅲ 605，用钢尺丈量出各分块立模线的控制线。利用所设置的矩形方格网，即可进行船闸自下而上的分层分块浇筑放样，并在各相应高程根据方向线所放样的点位进一步放样建筑物的细部。为了检核和必要时的交会用，在三角回填区插了四等点Ⅳ 61。

该水利枢纽 2 号厂房的加密控制采用了与 2 号船闸类似的方法。现简述如下：

用插点加密设置二等点Ⅲ 301～Ⅲ 304 与三等点Ⅲ 31～Ⅲ 34，保证了厂房轴线与坝轴线的几何关系。此后，在Ⅲ 33 与Ⅲ 34 之间用因瓦线尺丈量单机顺流方向的机中线距离，通过在这些点上设置直角给出单机顺流方向的机中线。7 台机组的 7 条单机中线与坝轴线，机中线及门槽中心线（图 8.15）构成厂房放样时的基本控制。

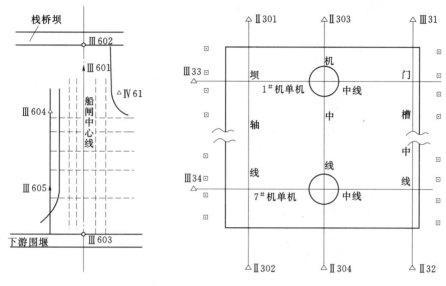

图 8.14　船闸放样矩形方格图　　　　图 8.15　厂房的加密控制

以基本控制的 10 条方向线为基准，视地形情况和需要（廊道中心线、宽槽边线、分仓分缝线、墩中线等）加密形成矩形方格网（图 8.15）。这一矩形控制网既保证了整体位置的正确性，又满足了以建筑物主轴线为依据的相对精度。

上述这种按建筑物分区分级逐步加密的方法在该枢纽其余建筑物施工中均被采用，实践表明这是一种行之有效的好方法。

学习任务 8.6　山区水利枢纽施工控制网布设示例

上节所介绍的是丘陵和平原地区的大型水利枢纽，在这些地区，拦河大坝通常采用混凝土重力坝（一般为直线型），水利枢纽的建筑物多呈矩形。为了细部放样的方便，采用了基本网放样各建筑物主轴线，再根据它设置矩形方格网来放样建筑物细部。对于修建于高山峡谷中的水利枢纽，此时通常建筑拱坝以拦蓄洪水，这类水利枢纽的特点是建筑物高差很大（超过 100m），而放样时一般需直接从控制点用交会法进行。

8.6.1　分层布网示例

某水利枢纽其大坝为双曲拱坝。大坝两岸山坡陡峻，坡比为 $1:0.5$ 至 $1:1$。大坝设计坝高 157m，坝顶中心弧长 438m，底宽 35m，坝顶宽 7m。厂房为坝后式，两岸设有滑雪式溢洪道，在不同高程还设有一、二级放空隧洞。该枢纽水库为年调节，调节库容量 81 亿 m^3。双曲拱坝对称中心线为多圆心多半径，又辅以对称小圆心小半径；对称圆心和半径随高程变化而变化。

为了给工程施工放样创造通视良好、方便、安全、坚固的控制点，同时避免出现过大的倾斜角，在布设控制网时应考虑在不同高程上都要布有足够供选择的控制点。该枢纽将控制点分四层布设，一层约在 300m 高程以上，二层在 270m 左右，三层在 200m 左右，四层在 160m 左右。其中第一、三网为同一条起始闭合边，第二网起于点 2～7 的丈量边，仍闭合于第一、三网的闭合边；第四网则是由第三网加密的（参见图 8.16）。

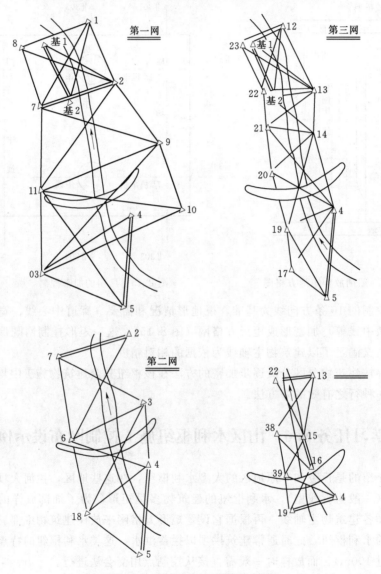

图 8.16　某水利枢纽布设控制网

由图 8.16 可见，在长 1km 多，宽约 500m 的狭长地带（面积约 0.5km²），按不同高程布设的四层控制网，为施工放样提供了可供选择的足够控制点。考虑到最上一层网起着整体联系该枢纽各建筑物的作用；故观测时采用三等三角测量，对第二、三、四层网则采用四等三角测量。各层控制平差后的最弱边边长相对中误差列于表 8.8。由表 8.8 可知，所布设的各层控制网在精度上是完全可以满足主要水工建筑物的轮廓点放样要求的。

表 8.8	点 放 样 精 度 要 求		
三角网层次	双测等级	最弱边边长相对中误差	平均边长（m）
一	Ⅲ	1/10.2 万	370
二	Ⅳ	1/16 万	326
三	Ⅳ	1/19 万	233
四	Ⅳ	1/16 万	174

8.6.2　全面布网示例

将分层布设的控制网联合起来作为一个全面网用计算机进行平差计算，可以提高成果的精度。例如某水利枢纽拦河坝，坝高 102m，坝顶弧长 350.6m，坝底最大宽度 24.6m，顶宽 6m，共计 20 个坝段，坝内设有较多观测设备及金属结构物，上部布设有泄洪和引水建筑物的 10 个孔洞及其相应的附属建筑物的连接设备。

为了确保施工，布设了如图 8.17 所示的施工控制网。该网选点时考虑到建筑物不同高度放样的需要，分 3 个台阶进行了选点。每一台阶 4 个点。即低层点（拱 2、拱 3、拱 7、拱 12）主要为基坑至 135m 高程放样服务；中层点（拱 4、拱 5、拱 10、拱 11）用于

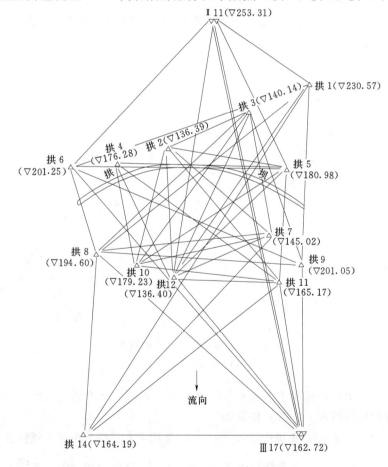

图 8.17　全面布网示例

135~180m 高程处建筑物的放样；高层点（拱 1、拱 6、拱 8、拱 9）用来放样 180~194m 处的建筑物。控制网的外围点（主要是下游的两个点）则为坝区其他建筑物的放样提供了加密的基准。

　　该枢纽之施工控制网采用了二等三角进行观测。平差后最弱点（拱 3）点位中误差为 ±1.4mm，显然，对于放样的精度是足够的（该网设计时按主要建筑物轮廓点放样要求 ±10mm 考虑）。

学习任务 8.7　引水式电站施工控制网布设示例

　　对于落差大、流量小的山区河流，往往建造引水式电站，这时挡水建筑物（坝、闸）往往与发电建筑物相距较远。水库中的水通过引水隧洞到发电站厂房。当引水隧洞很长时（对于河床式电站的水利枢纽，也经常开挖隧洞以作施工导流或泄洪隧洞），这时施工控制网的另一主要作用就是保证隧洞的正确贯通。

　　图 8.18 为一引水式电站，该枢纽位于深山峡谷之中，河床两岸陡峭，坡度达 40°~50°，呈一对称式 V 形河谷，隧洞长达 10km，中间设有 5 个支洞，各支洞施工洞口也大多位于深谷底部，通视不良。各支洞之间开挖间距最长的是 3~4 号支洞，开挖长度为 2.96km。

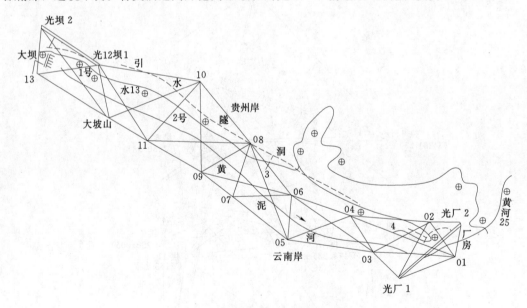

图 8.18　引水式电站施工控制网

注：图中 ⊕ 为二等水准点。

　　根据技术设备情况，初步考虑用三等三角测量施测施工三角锁，则控制网误差对横向贯通的影响近似地可按式（8.21）估算如下：

　　取靠近 3~4 号支洞的三角锁中线路 8-6-4-2 组成支导线，由图上量得各 R_x 与 d_y 值见表 8.9。对于三等三角测量，测角中误差 $m_p = \pm 1.8''$，最弱边相对中误差 $\dfrac{m_s}{s} = 1/7$ 万。

将上述数值代入式（8.21）计算得

$$m = +25.6\text{mm} < \pm 28.8\text{mm}$$

故可认为布设三角锁可以满足隧洞开挖的放样要求。

上述算例中没有考虑三角锁本身的图形，所用测角中误差也不是平差后的数值，且边 8—6、6—4、4—2 也不是锁中最弱边，因此这种估算是很粗略的，但由于它是偏安全的估算，故可以确信布设三等三角对该枢纽的隧洞施工是可以满足贯通要求的。

表 8.9 R_x 与 d_y 的 数 据

项 目	边 8—6 （m）	边 6—4 （m）	边 4—2 （m）
R_x	1720	1450	1450
d_y	390	160	600

学习单元 9　大坝的施工测设

学习任务 9.1　基 本 内 容

水闸、大坝、水电站厂房、船闸和泄水建筑物等，它们的施工放样程序与其他测量工作一样，也是由整体到局部，即先布设施工控制网，进行主轴线放样，然后放样辅助轴线及建筑物的细部。

建筑物的细部放样，包括测设各种建筑物的立模放样线、填筑轮廓点，对已架立的模板、预制或埋件进行体形和位置的检查。立模放样线和填筑轮廓点可直接由等级控制点测设，也可由测设的建筑物纵横轴线点放样。放样点密度以建筑物的形状和建筑材料而不同。例如，混凝土直线形建筑物相邻放样点间的最长距离为 5～8m，而曲线形建筑物相邻放样点间的最长距离为 4～6m；在同一形状的建筑物中，混凝土建筑物上相邻放样点间的距离小于土石料建筑物放样点的间距。例如，当直线形混凝土建筑物相邻放样点的最长距离为 5～8m 时，土石料建筑物放样点间的距离则为 10～15m。对于曲线形建筑物细部放样点，除了按建筑材料不同而规定相邻点间的最长距离外，曲线的起点、中点和折线的拐点必须放出；小半径的圆曲线，可加密放样点或放出圆心点；曲面预制模板，应酌情增放模板拼缝位置点。

放样水工建筑物立模放样线、填筑轮廓点的点位中误差及其平面位置中误差的分配，见表 9.1 的规定。

表 9.1　　　　主要水工建筑物立模、填筑轮廓点点位中误差及其分配

建筑物类别	建筑材料	建筑物名称	点位中误差 (mm)		平面位置中误差分 (mm)	
			平面	高程	测站点	放样
Ⅰ	混凝土	闸、坝、厂房等主要水工建筑物	±20	±20	±17	±10
Ⅱ		各种导墙及井洞衬砌	±25	±20	±23	±10
Ⅲ	土石料	副坝、护坦、护坡等其他水工建筑物	±30	±30	±25	±17
Ⅳ		碾压式坝、堤上下游边线、心墙等	±40	±30	±30	±25
Ⅴ		各种坝、堤内设施定位、填料分界线	±50	±30	±30	±40

以混凝土为建筑材料的水工建筑物，是分段分块浇筑或用预制构件拼装的，为了保证建筑物的整体精度，除点位中误差应当符合规定外，在"施测规范"中，对竖向偏差也有明确规定，见表 9.2。

表 9.2　　　　　　　　　　　　**竖 向 测 量 偏 差 限 制**

工 程 项 目	相邻两层对接中心线相对偏差（mm）	相对基础中心线的偏差（mm）	累计偏差（mm）
厂房、开关站等各种构架、立柱	±3	±H/2000	±20
闸墩、船闸、厂房等的侧墙	±5	±H/1000	±30
拌和楼、筛分楼、堆料高排架等	±5	±H/1000	±35

注　H 为水工建筑物的总高度。

　　水工建筑物除土建部分的放样工作外，还有金属结构与机电设备安装测量，它包括闸门安装、钢管安装、拦污栅安装、水轮发电机组安装和起重机轨道安装测量等。本学习单元将介绍主要水工建筑物的放样和几种闸门的安装测量。

学习任务 9.2　大坝施工控制网测量

　　由于大坝建筑物多（如大坝、水电站厂房、船闸等），且结构复杂，故勘测阶段所布设的测图控制网无论在控制点的密度方面，还是精度方面，都无法满足施工的需要。因此，必须建立施工控制网，以控制整个工程的全局，作为施工放样的依据。

　　大坝施工控制网应根据工程建筑物（大坝）的总体布局、施工计划和工区的地形条件进行布设。为了在施工过程中保存点位和给放样工作创造良好的通视条件，施工控制网的布设应作为整个工程技术设计的一部分，故控制点的点位应标注在施工场地的总平面图上。

　　大坝大部分建筑物位于坝的下游。控制点若像勘测阶段那样均匀布设，则随着坝体的升高，上下游间的通视将受阻挡；另一方面，大坝蓄水后，布设于上游的地势较低的点将被淹没或稳定性受到影响。因此，控制网的布设应以下游为重点，同时兼顾上游，这样有利于放样。

　　从放样使用方便来看，控制点应尽量靠近建筑物，但这样往往容易被施工所破坏，即使点位保存下来，但由于在施工时受到附近的震动、爆破等因素的影响后，也很难保证它的稳定性。因此，控制点的布设又最好是远离建筑区。为了解决这种矛盾，通常将施工控制网进行两级布设。

　　一级网，它提供整个工程的整体控制，其点位应尽量选在地质条件好、离爆破震动远、施工干扰小的地方，以便长期保存和稳定不动，我们将该级网称为基本网。

　　二级网，它是以基本网为基础，用插入点、插入网和交会点的方法加密而成的，其点位靠近各建筑物，直接为放样建筑物的辅助轴线和细部服务。这种网点在施工期间要用基本网点来检测并求算其变动后的坐标。当其点位遭到破坏时，也可用基本网点恢复其点位，我们称这种二级网为定线网。

　　布设施工控制网时，应将坝轴线作为控制网的一条边。

　　1. 大坝施工控制网精度的确定

　　施工控制网的精度应以满足施工放样的要求为原则。当用控制点直接放样某些辅助轴线或大坝细部时，对控制网提出的要求较高，但《水利水电施工规范》规定主要水利工程建筑物轮廓点放样中误差为±20mm。因此，目前大都以能保证放样的点位中误差不超过±（10~20）mm 为确定施工控制网必要精度的起算数据的依据。考虑到控制点误差对放大坝施工控制网样点位应不发生显著影响的原则，控制点的精度 $m_1 \approx 0.4M = \pm 8$mm。这是定线网控制点的精度要求。

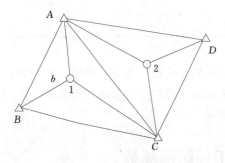

图 9.1 施工控制网精度确定

通过上面的讨论，我们知道通常用于放样的控制点为二级网点即定线网点，它们都是用插入点、插入网和交会点的方法加密而成的。如图 9.1 所示，图中 1、2 点为插入点。而放样建筑物的放样方法通常是前方交会法或极坐标法。最不利的情况是两控制点无直接联系，在这种情况下，设 1、2 点的点位误差为 M_1、M_2，两点间的边长误差为 m_s，则

$$m_s = \sqrt{M_1^2/2 - M_2^2/2}$$

而在基本网内插入的定线网点的点位误差是由基本网控制点的误差和插入时的测量误差造成的，故

$$m_1 = m_2 = M_0 = \pm \sqrt{(M')^2 + (m_s'/s')^2}$$

式中 M'——插点时的测量误差；

m_s'/s'——基本网边长的相对误差；

b——插点至基本网点的距离，如图 9.1 所示。

一般情况下，$b \approx s'/\sqrt{2}$，代入得

$$M_0 = \pm \sqrt{(M')^2 + (m_s'/\sqrt{2})^2}$$

通常情况下，我们取 $(M')^2 = 2(m_s'/\sqrt{2})^2$，则 $m_s = \pm M_0 \sqrt{2/3}$。由此可得基本网的边长误差为

$$M_s' = \pm M_0 \sqrt{2/3} = \pm 6.5\text{mm}$$

这样我们可以根据基本网的平均边长，估算坝轴线附近边长的相对精度要求。由此可见，按这样推算出的基本网精度能够满足使放样点点位中误差为±(10~20)mm 的要求。

2. 测量坐标系与施工坐标系的转换

在图纸上，建筑物的平面位置通常是由建筑物的主要轴线（如坝轴线、厂房轴线等）来表示的，即由一主轴线作为坐标轴而建立起来的局部坐标系，我们通常称为施工坐标系。而勘测阶段所建立的平面控制网的控制点坐标是测量坐标，为了便于计算放样数据和实地放样，必须用统一的坐标。如果采用施工坐标系进行施工放样，则应将控制点坐标转化为施工坐标。

3. 高程控制网的布设

高程控制网一般也分为两级布设，一级水准网与施工工区附近的国家水准点连测，布设成闭合（或附合）形式，称为基本网，基本网的水准点应布设在施工区以外，作为整个施工区高程测量的依据。另一级是由基本水准点引测的临时性作业水准点，它应靠近建筑

物，便于高程放样。基本高程测量通常用二等水准或三等水准测量完成，加密高程控制网由四等水准测量完成。

学习任务 9.3　土坝坝轴线施工测量

土坝的控制测量是根据基本网确定坝轴线，然后以坝轴线为依据布设坝身控制网以控制坝体细部的放样。分述如下。

9.3.1　坝轴线的确定

对于中小型土坝的坝轴线，一般是由工程设计人员和勘测人员组成选线小组，深入现场进行实地踏勘，根据当地的地形、地质和建筑材料等条件，经过方案比较，直接在现场选定。

对于大型土坝以及与混凝土坝衔接的土质副坝，一般经过现场踏勘，图上规划等多次调查研究和方案比较，确定建坝位置，并在坝址地形图上结合枢纽的整体布置，将坝轴线标于地形图上，如图 9.2 中的 M_1、M_2。为了将图上设计好的坝轴线标定在实地上，一般可根据预先建立的施工控制网用角度交会法将 M_1 和 M_2 测设到地面上。放样时，先根据控制点 A、B、C（图 9.2）的坐标和坝轴线两端点 M_1、M_2 的设计坐标算出交会角 β_1、β_2、β_3 和 γ_1、γ_2、γ_3，然后安置经纬仪于 A、B、C 点，测设交会角，用三个方向进行交会，在实地定出 M_1、M_2。

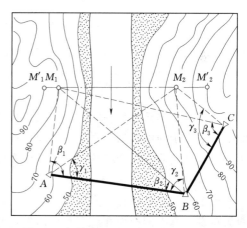

图 9.2　坝轴线测设示意图水利工程测量

坝轴线的两端点在现场标定后，应用永久性标志标明。为了防止施工时端点被破坏，应将坝轴线的端点延长到两面山坡上，如图 9.2 中的 M'_1、M'_2。

9.3.2　坝身控制线的测设

坝身控制线一般要布设与坝轴线平行和垂直的一些控制线。这项工作需在清理基础前进行（如修筑围堰，在合拢后将水排尽，才能进行）。

1. 平行于坝轴线的控制线的测设

平行于坝轴线的控制线可布设在坝顶上下游线、上下游坡面变化处、下游马道中线等，也可按一定间隔布设（如 10m、20m、−30m 等），以便控制坝体的填筑和进行收方。

测设平行于轴线的控制线时，分别在坝轴线的端点 M_1 和 M_2 安置经纬仪，用测设 $90°$的方法各作一条垂直于坝轴线的横向基准线（图 9.3），然后沿此基准线量取各平行控制线距坝轴线的距离，得各平行线的位置，用方向桩在实地标定。

2. 垂直于坝轴线的控制线的测设

垂直于坝轴线的控制线，一般按 50m、30m 或 20m 的间距以里程来测设，其步骤如下。

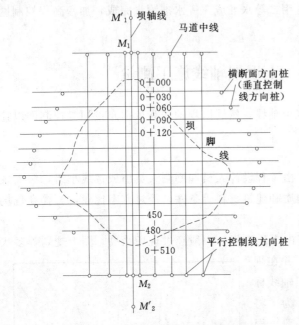

图 9.3 土坝坝身控制线示意图

（1）沿坝轴线测设里程桩。由坝轴线的一端，如图 9.3 中的 M_1，在轴线上定出坝顶与地面的交点，作为零号桩，其桩号为 0+000。方法是：在 M_1 安置经纬仪，瞄准另一端点 M_2 得坝轴线方向，根据附近水准点（高程为已知）上水准尺的后视读数及坝顶高程，求得水准尺上的前视读数 $b（H_{BM}+a-H_{顶}）$，而后持水准尺在坝轴线方向（由经纬仪控制）移动，当水准仪读得的前视读数为 b 时，立尺点即为零号桩。

然后由零号桩起，由经纬仪定线，沿坝轴线方向按选定的间距（图 9.3 中为 30m）丈量距离，顺序钉下 0+030、060、090 等里程桩，直至另一端坝顶与地面的交点为止。

（2）测设垂直于坝轴线的控制线。将经纬仪安置在里程桩上，瞄准 M_1 或 M_2，转 90° 即定出垂直于坝轴线的一系列平行线，并在上下游施工范围以外用方向桩标定在实地上，作为测量横断面和放样的依据，这些桩亦称横断面方向桩（图 9.3）。

3. 高程控制网的建立

用于土坝施工放样的高程控制，可由若干永久性水准点组成基本网和临时作业水准点两级布设。基本网布设在施工范围以外，并应与国家水准点连测，组成闭合或附合水准路线，用三等或四等水准测量的方法施测。

临时水准点直接用于坝体的高程放样，布置在施工范围以内不同高度的地方，并尽可能做到安置一、二次仪器就能放祥高程。临时水准点应根据施工进程及时设置，附合到永久水准点上。

一般按四等或五等水准测量的方法施测，并要根据永久水准点定期进行检测。

9.3.3 清基开挖线的放样

为使坝体与岩基很好结合，坝体填筑前，必须对基础进行清理，为此，应放出清基开挖线，即坝体与原地面的交线。

清基开挖线的放样精度要求不高，可用图解法求得放样数据在现场放样。为此，先沿坝轴线测量纵断面，即测定轴线上各里程桩的高程，绘出纵断面图，求出各里程桩的中心填土高度，再在每一里程桩进行横断面测量，绘出横断面图，最后根据里程桩的高程、中心填土高度与坝面坡度，在横断面图上套绘大坝的设计断面（图 9.4）。从图中可以看出 R_1、R_2 为坝壳上下游清基开挖点，n_1、n_2 为心墙上下游清基开挖点，它们与坝轴线的距离分别为 d_1、d_2、d_3、d_4，可从图上量得，用这些数据即可在实地放样。但清基有一定深度，开挖时要有一定边坡，故 d_1 和 d_2 应根据深度适当加宽进行放样，用石灰连接各断面的清基开挖点，即为大坝的清基开挖线。

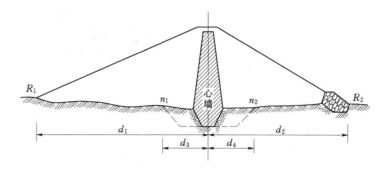

图 9.4　土坝清基放样数据

9.3.4　坡脚线的放样

清基以后应放出坡脚线，以便填筑坝体，坝底与清基后地面的交线即为坡脚线，下面介绍两种放样方法。

1. 横断面法

仍用图解法获得放样数据。首先恢复轴线上的所有里程桩，然后进行纵横断面测量，绘出清基后的横断面图，套绘土坝设计断面，获得类似图 9.4 的坝体与清基后地面的交点 R_1 及 R_2（上下游坡脚点），d_1 及 d_2 即分别为该断面上、下游坡脚点的放样数据。在实地将这些点标定出来，分别连接上下游坡脚点即得上下游坡脚线，如图 9.3 中虚线所示。

2. 平行线法

这种方法以不同高程坝坡面与地面的交点获得坡脚线。在地形图的应用中，在地形图上确定土坝的坡脚线，是用已知高程的坝坡面（为一条平行于坝轴线的直线），求得它与坝轴线间的距离，获得坡脚点。平行线法测设坡脚线的原理与此相同，不同的是由距离（平行控制线与坝轴线的间距为已知）求高程（坝坡面的高程），而后在平行控制线方向上用高程放样的方法，定出坡脚点。

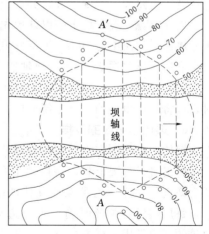

如图 9.5 所示，AA' 为坝身平行控制线，距坝顶边线 25m，若坝顶高程为 80m，边坡为 1∶2.5，则 AA' 控制线与坝坡面相交的高程为 $80-25\times(1/2.5)=70$ (m)。放样时在 A 点安置经纬仪，瞄准 A' 定出控制线方向，用水准仪在经纬仪视线内探测高程为 70m 的地面点，就是所求的坡脚点。连接各坡脚点即得坡脚线。

图 9.5　坡脚线的放样——平行线法

3. 趋近法

清基完工后，应先恢复坝轴线上各里程桩的位置，并测定桩点地面高程，然后，将经纬仪分别安置在各里程桩上，定出各断面方向，根据设计断面预估的距离，沿断面方向立尺，用视距法测定立尺点的轴距 d' 及高程 H'_A，如图 9.6 所示，图中 A 点到 B 点的轴距 d

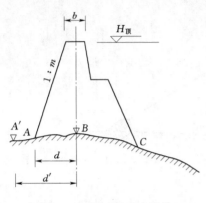

图 9.6　用趋近法测定坡脚
计算的轴距

可计算，即

$$d = b/2 + m(H_{顶} - H'_A)$$

式中　b——坝顶设计宽度；

m——坝坡面设计坡度的分母；

$H_{顶}$——坝顶设计高程；

H'_A——立尺点的 A' 高程。

d 与实测的轴距 d' 不等，说明该立尺点 A' 不是该断面设计的坡脚点。应沿断面方向移动立尺点的位置，重复上述的观测与计算。经几次试测，直至实测的轴距与计算的轴距之差在容许范围内为止，这时的立尺点即为设计的坡脚点。按上述方法，施测其他断面的坡脚点，用白灰线连接各坡脚点，即为坝体的坡脚线。坡脚线的形状类似清基开挖线。

9.3.5　边坡放样

坝体坡脚放出后，就可填土筑坝，为了标明上料填土的界线，每当坝体升高 1m 左右，就要用桩（称为上料桩）将边坡的位置标定出来。标定上料桩的工作称为边坡放样。

放样前先要确定上料桩至坝轴线的水平距离（坝轴距）。由于坝面有一定坡度，随着坝体的升高坝轴距将逐渐减小，故预先要根据坝体的设计数据算出坡面上不同高程的坝轴距，为了使经过压实和修理后的坝坡面恰好是设计的坡面，一般应加宽 1~2m 填筑。上料桩就应标定在加宽的边坡线上（图 9.4 中的虚线处）。因此，各上料桩的坝轴距比按设计所算数值要大 1~2m，并将其编成放样数据表，供放样时使用。

放样时，一般在填土处以外预先埋设轴距杆。轴距杆距坝轴线的距离主要考虑便于量距、放样，如图中为 55m。为了放出上料桩，则先用水准仪测出坡面边沿处的高程，根据此高程从放样数据表中查得坝轴距，设为 53.5m，此时，从坝轴杆向坝轴线方向量取 $55.0 - 53.5 = 1.5$（m），即为上料桩的位置。当坝体逐渐升高，轴距杆的位置不便应用时，可将其向里移动，以方便放样。

9.3.6　坝体边坡线的放样

坝体坡脚线标定后，即可在坡脚线范围内填土。土坝施工时是分层上料，每层填土厚度约 0.5m，上料后即进行碾压。为了保证坝体的边坡符合设计要求，每层碾压后应及时确定上料边界。各个断面上料桩的标定常用下列方法。

1. 轴距杆法

根据土坝的设计断面，计算坝坡面不同高程点至坝轴线的距离，该距离是坝体筑成后的实际轴距。放样上料桩时，必须加上余坡厚度的水平距离，图 9.7 中的虚线即为余坡的边线。

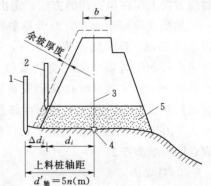

图 9.7　轴距杆法放样上料桩
1—轴距杆；2—上料桩；3—坝轴线；
4—里程桩；5—第一层填土

在施工中，由于坝轴线上的各里程桩不便保存，因此，从里程桩起量取轴距标定上料桩极为困难。在实际工作中，常在各里程桩的横断面上、下游方向，各预先埋设一根竹竿，这些竹竿称为轴距杆。为了便于计算，轴距杆到坝轴线的距离一般应为 5 的倍数，即轴距 $d''_{轴}=5n$（n 取自然整数），以 m 为单位，其数值应根据坝坡面距里程桩的远近而定。

放样时，先测定已填筑的坝体边坡顶的高程，再加上待填土高度，即得上料桩的高程 H_i，计算该断面上料桩的轴距。然后，按下式计算从轴距杆向坝体方向应丈量的距离

$$\Delta d_i = d'_{轴} - d'_i$$

式中　$d'_{轴}$——轴距杆至坝轴线的距离；

　　　d_i——上料桩至坝轴线的距离。

在断面方向上，从轴距杆向坝体内测设 Δd_i，即可定出该层的上料桩位置。一般用竹竿插在已碾压的坝体内，并在杆上涂红漆标明上料的高度。

2. 坡度尺法

坡度尺是根据坝体设计的边坡坡度用木板制成的直角三角形尺。例如，坝坡面的设计坡度若为 $i=1:2$，则坡度尺的一直角边长为 1m，另一直角边长应为 2m，这样就构成坡度为 1:2 的坡度板。在较长的一条直角边上安装一个水准管，若没有水准管，也可在直角边的木板上画一条平行于 AB 的直线 MN，在 M 点钉一小钉，在钉上挂一个垂球，如图 9.8 所示。

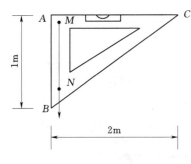

图 9.8　坡度尺

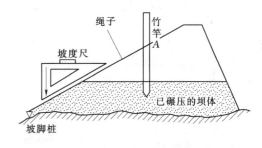

图 9.9　用坡度尺放样边坡

放样时，将绳子的一端系于坡脚桩上，在绳子的另一端竖竹竿，然后，将坡度尺的斜边紧贴绳子，当垂球线与尺子上 MN 直线重合时，拉紧的绳子斜度即为边坡设计的坡度，在竹竿上标明绳子一端的高度，如图 9.9 中的 A 点。由于拉紧的绳子影响施工，平时图 9.9 用坡度尺放样边坡，将绳子取下，当需要确定上料坡度时，再把绳子挂上即可。如果坡度尺上安装有水准管，当水准管气泡居中，坡度尺的斜边紧靠拉紧的绳子时，绳子的斜坡也就是设计的坡度。

9.3.7　修坡桩的标定

坝体修筑到设计高程后，要根据设计的坡度修整坝坡面。修坡是根据标明削去厚度的修坡桩进行的。修坡桩常用水准仪或经纬仪施测。下面介绍测定修坡桩的两种方法。

1. 水准仪法

在已填筑的坝坡面上，定上若干排平行于坝轴线的木桩。木桩的纵、横间距都不易过大，以免影响修坡质量。用钢卷尺丈量各木桩至坝轴线的距离，并计算桩的坡面设计高程。

用水准仪测定各木桩的坡面高程，各点坡面高程与各点设计高程之差即为该点的削坡厚度。

2. 经纬仪法

先根据坡面的设计坡度计算坡面的倾角。例如，当坝坡面的设计坡度为 $i=1:2$ 时，则坡面的倾角为

$$\alpha=\arctan(1/2)=26°33'54''$$

在填筑的坝顶边缘上安置经纬仪，量取仪器高度。将望远镜视线向下倾斜 α 角，固定望远镜，此时视线平行于设计的坡面。然后，沿着视线方向每隔几米竖立标尺，设中丝读数为 L，则该立尺点的修坡厚度为

$$\delta=i-L$$

若安置经纬仪地点的高程与坝顶设计高程不符，则计算削坡量时应加改正数，如图9.10 所示。所以，实际的修坡厚度应按式计算，即

$$\delta'=(i-L)+(H_测-H_设)$$

式中　　i——经纬仪的仪器高度；

　　　　L——经纬仪的中丝读数；

　　　　$H_测$——安置仪器的坝顶实测高程；

　　　　$H_设$——坝顶的设计高程。

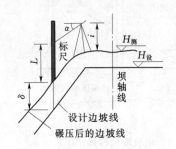

图 9.10　用经纬仪测定削坡量

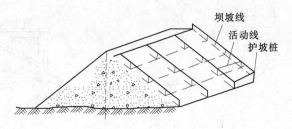

图 9.11　护坡桩的标定

9.3.8　护坡桩的标定

坝坡面修整后，需要护坡，为此应标定护坡桩。护坡桩从坝脚线开始，沿坝坡面高差每隔 5m 布设一排，每排都与坝轴线平行。在一排中每 10m 定一木桩，使木桩在坝面上构成方格网形状，按设计高程测设于木桩上。然后，在设计高程处钉一小钉，称为高程钉。在大坝横断面方向的高程钉上拴一根绳子，以控制坡面的横向坡度；在平行于坝轴线方向系一活动线，当活动线沿横断面线的绳子上、下移动时，其轨迹就是设计的坝坡面，如图9.11 所示。因此，可以活动线作为砌筑护坡的依据，如果是草皮护坡，高程钉一般高出坡面 5cm。如果是块石护坡，应以设计要求预留铺盖厚度。

学习任务 9.4　混凝土坝的施工控制测量

混凝土坝由坝体、闸墩、闸门、廊道、电站厂房和船闸等多种构筑物组成。因此，混凝土坝施工较复杂，要求也较高。不论是施工程序，还是施工方法，都与土坝有所不同。混凝土坝的施工测量，是先布设施工控制网，测设坝轴线，根据坝轴线放样各坝段的分段线。然后，由分段线标定每层每块的放样线，再由放样线确定立模线。

混凝土坝按其结构和建筑材料相对土坝来说较为复杂，其放样精度比土坝要求高。施工平面控制网一般按两级布设，不多于三级，精度要求最末一级控制网的点位中误差不超过±10mm。

9.4.1　基本平面控制网

基本网作为首级平面控制，一般布设成三角网，并应尽可能将坝轴线的两端点纳入网中作为网的一条边（图 9.12）。根据建筑物重要性的不同要求，一般按三等以上三角测量的要求施测，大型混凝土坝的基本网兼作变形观测监测网，要求更高，需按一、二等三角测量要求施测。为了减少安置仪器的对中误差，三角点一般建造混凝土观测墩，并在墩顶埋设强制对中设备，以便安置仪器和觇标（图 9.13）。

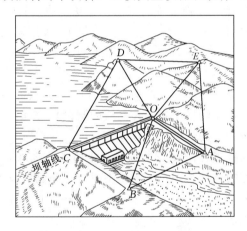

图 9.12　混凝土坝施工平面控制图

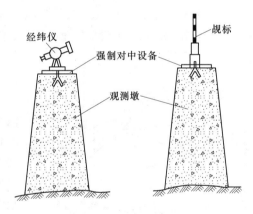

图 9.13　观测墩

9.4.2　坝体控制网

混凝土坝采取分层施工，每一层中还分跨分仓（或分段分块）进行浇筑。坝体细部常用方向线交会法和前方交会法放样，为此，坝体放样的控制网——定线网，有矩形网和三角网两种，前者以坝轴线为基准，按施工分段分块尺寸建立矩形网，后者则由基本网加密建立三角网作为定线网。

1. 矩形网

图 9.14（a）为直线型混凝土重力坝分层分块示意图，图 9.14（b）为以坝轴线 AB 为基准布设的矩形网，它是由若干条平行和垂直于坝轴线的控制线所组成，格网尺寸按施工分段分块的大小而定。

测设时，将经纬仪安置在 A 点，照准 B 点，在坝轴线上选甲、乙两点，通过这两点

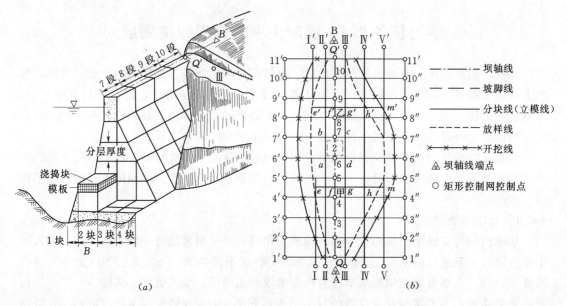

图 9.14　混凝土重力坝的坝身控制

测设与坝轴线相垂直的方向线，由甲、乙两点开始，分别沿垂直方向按分块的宽度钉出 e、f 和 g、h、m 以及 e'、f' 和 g'、h'、m' 等点。最后将 ee'、ff'、gg'、hh' 及 mm' 等连线延伸到开挖区外，在两侧山坡上设置Ⅰ、Ⅱ、…、Ⅴ和Ⅰ′、Ⅱ′、…、Ⅴ′等放样控制点。

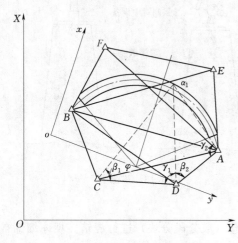

图 9.15　定线三角网示意图

然后在坝轴线方向上，按坝顶的高程，找出坝顶与地面相交的两点 Q 与 Q'（方法可参见土坝控制测量中坝身控制线的测设），再沿坝轴线按分块的长度钉出坝基点 2、3、…、10，通过这些点各测设与坝轴线相垂直的方向线，并将方向线延长到上、下游围堰上或两侧山坡上，设置 1′、2′、…、11′和 1″、2″、…、11″等放样控制点。

在测设矩形网的过程中，测设直角时须用盘左盘右取平均，丈量距离应细心校核，以免发生差错。

2. 三角网

图 9.15 为由基本网的一边 AB（拱坝轴线两端点）加密建立的定线网 $ADCBFEA$，各控制点的坐标（测量坐标）可测算求得。但坝体细部尺寸是以施工坐标系 XOY 为依据的，因此应根据设计图纸求算得施工坐标系原点 O 的测量坐标和 OX 的坐标方位角，按式换算为便于放样的统一坐标系统。

9.4.3　高程控制

分两级布设，基本网是整个水利枢纽的高程控制。视工程的不同要求按二等或三等水准测量施测，并考虑以后可用作监测垂直位移的高程控制。作业水准点或施工水准点，随施工进程布设,尽可能布设成闭合或附合水准路线。作业水准点多布设在施工区内,应经常由基本水准点检测其高程,如有变化应及时改正。

学习任务 9.5 混凝土坝清基开挖线的放样

清基开挖线是确定对大坝基础进行清除基岩表层松散物的范围,它的位置根据坝两侧坡脚线、开挖深度和坡度决定。标定开挖线一般采用图解法。和土坝一样先沿坝轴线进行纵横断面测量绘出纵横断面图,由各横断面图上定坡脚点,获得坡脚线及开挖线如图9.14(b)所示。

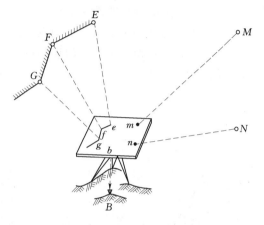

实地放样时,可用与土坝开挖线放样相同的方法,在各横断面上由坝轴线向两侧量距得开挖点。如果开挖点较多,可以用大平板仪测放也较为方便。方法是按一定比例尺将各断面的开挖点绘于图纸上,同时将平板仪的设站点及定向点位置也绘于图上,如图9.16所示。实地放样时,将大平板仪安置在

图 9.16 大平板仪测放开挖示意图

B 点,以图上 bn 定向,用 bm 校核图板方向,用照准仪直尺边贴靠 be,根据图上量得的 BE 距离,由 B 点沿视线方向量取,即得开挖点 E,用同法定出 F、G 等挖点。

在清基开挖过程中,还应控制开挖深度,在每次爆破后及时在基坑内选择较低的岩面测定高程(精确至厘米即可),并用红漆标明,以便施工人员和地质人员掌握开挖情况。

学习任务 9.6 混凝土坝体放样线的测设

9.6.1 测设坝体的放样线

在上、下游围堰工程完成后,直线型坝底部分的放样线,一般采用方向线交会法测设。如图9.17所示,根据坝块放样线的坐标,在围堰上及河床两岸适当地点布设一系列平行和垂直于坝轴线的方向线,这些方向线的端点叫做定向点。在定向点 A_1 和 B_1 分别安置经纬仪,分别照准端点 A_1' 和 B_1',固定照准部,两方向线的交点,即为 f 点的位置,其他角点 g、d、e 同样按上述方法确定。

围堰与坝轴线不平行即相交,只要根据分段分块图测设定向点,就可用方向线交会法,迅速地标定放样线。现根据围堰与坝轴线的关系,分别说明设置定向点的方法。

1. 围堰与坝轴线平行

(1)根据坝体分段分块图,在上游或下游围堰的适当位置选择一点 D。由施工控制网点

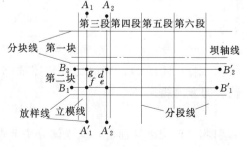

图 9.17 方向线交会法测设放样线

A、B、C 测定 D 点坐标，如图 9.18 所示。

（2）由坝轴线的坐标方位角及 DC 边的坐标方位角，求出两个边的水平角 β，即 $\beta = \alpha_{DE} - \alpha_{DC}$。

（3）在 D 点安置经纬仪，后视 C 点，测设 β 角，在围堰上定出平行于坝轴线的线。

（4）根据 D 点与各定向点的坐标差，求得相邻定向点的间距，从 D 点起，沿 DE 直线进行概量，定出各定向点的概略位置，如图 9.18 中的 1、2、3 点，并在各点埋设顶部有一块 $10\mathrm{cm} \times 10\mathrm{cm}$ 钢板的混凝土标石。

（5）用上述方法精确地在各块钢板上刻画出 DE 方向线，再沿 DE 方向，精密测量定向点的间距，即可定出各定向点的正确位置。定向点的间距是根据坝体分段及分块的长度与宽度确定的。

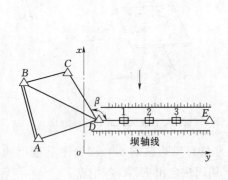

图 9.18　围堰与坝轴线平行时设置定向点　　　　图 9.19　围堰与坝轴线相交时设置定向

2. 围堰与坝轴线相交

如图 9.19 所示，围堰与坝轴线相交。设过围堰上 M 点作一条与坝轴线平行的直线 MN'（实际上地面不标定此线），根据已知控制点 M、A，反算出坐标方位角 α_{MA}，求出 β_1 角，观测 β_2 角，故 MN 与 MN' 直线的夹角为

$$\theta = \beta_1 - \beta_2$$

其中
$$\beta_1 = 90° - \alpha_{MA}$$

取 M'_1、M'_2、M'_3、MN' 为任意整数，解算直角三角形，即可求出相应的直角三角形的斜边 M_1、M_2、M_3、M_N，即

$$M_1 = M'_1 / \cos\theta$$

然后，沿 MN 方向测量距离 M_1、M_2、M_3、M_N，可埋设标石，并精确标定 1、2、3、N 点。放样时，如果将经纬仪安置在定向点 1，照准端点 M 或 N，顺时针旋转照准部，使读数 $\gamma = 180° - (\beta_2 + \alpha_{MA})$，即可标出垂直于坝轴线的方向线。

9.6.2　高程放样

为了控制新浇混凝土坝块的高程，可先将高程引测到已浇坝块面上，从坝体分块上查取新浇坝块的设计高程，待立模后，再从坝块上设置的临时水准点，用水准仪在模板内侧每隔一定距离放出新浇坝块的高程。

模板安装后，应该用放样点检查模板及预埋件安装的质量，符合规范要求时，才能浇筑混凝土，待混凝土凝固后，再进行上层模板的放样。

学习任务 9.7　混凝土重力坝坝体的立模放样

9.7.1　坡脚线的放样

基础清理完毕，可以开始坝体的立模浇筑，立模前首先找出上、下游坝坡面与岩基的接触点，即分跨线上下游坡脚点。放样的方法很多，在此主要介绍逐步趋近法。

在图 9.20 中，欲放样上游坡脚点 a，可先从设计图上查得坡顶 B 的高程 H_B，坡顶距坝轴线的距离为 D，设计的上游坡度为 12m，为了在基础面上标出 a 点，可先估计基础面的高程为 H_a'，则坡脚点距坝轴线的距离可按下式计算

$$S_1 = D + (H_B - H_a')m$$

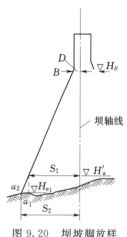

图 9.20　坝坡脚放样示意图

求得距离 S_1 后，可由坝轴线沿该断面量一段距离 S_1 得 a_1 点，用水准仪实测 a_1 点的高程 H_{a_1}，若 H_{a_1} 与原估计的 H_a' 相等，则 a_1 点即为坡脚点 a。否则应根据实测的 a_1 点的高程，再求距离得

$$S_2 = D + (H_B - H_{a_1})m$$

再从坝轴线起沿该断面量出 S_2 得 a_2 点，并实测 a_2 点的高程，按上述方法继续进行，逐次接近，直至由量得的坡脚点到坝轴线间的距离与计算所得距离之差在 1cm 以内时为止（一般作三次趋近即可达到精度要求）。同法可放出其他各坡脚点，连接上游（或下游）各相邻坡脚点，即得上游（或下游）坡面的坡脚线，据此即可按 $1:m$ 的坡度竖立坡面模板。

9.7.2　直线型重力坝的立模放样

在坝体分块立模时，应将分块线投影到基础面上或已浇好的坝块面上，模板架立在分块线上，因此分块线也叫立模线，但立模后立模线被覆盖，还要在立模线内侧弹出平行线，称为放样线，用来立模放样和检查校正模板位置。放样线与立模线之间的距离一般为 0.2~0.5m。

1. 方向线交会法

如图 9.14（b）所示的混凝土重力坝，已按分块要求布设了矩形坝体控制网，可用方向线交会法，先测设立模线。如要测设分块 2 的顶点 b 的位置，可在 $7'$ 安置经纬仪，瞄准 $7''$ 点，同时在 Ⅱ 点安置经纬仪，瞄准 Ⅱ' 点，两架经纬仪视线的交点即为 b 的位置。在相应的控制点上，用同样的方法可交会出这分块的其他 3 个顶点的位置，得出分块 2 的立模线。利用分块的边长及对角线校核标定的点位，无误后在立模线内侧标定放样线的 4 个角顶，如图 9.14 中分块 $abcd$ 内的虚线。

2. 前方交会（角度交会）法

如图 9.21，由 A、B、C 三控制点用前方交会法先测设某坝块的 4 个角点 d、e、f、

g，它们的坐标由设计图纸上查得，从而与三控制点的坐标可计算放样数据——交会角。如欲测设 g 点，可算出 β_1、β_2、β_3，便可在实地定出 g 点的位置。依次放出 d、e、f 各角点，也应用分块边长和对角线校核点位，无误后在立模线内侧标定放样线的 4 个角点。

方向线交会法简易方便，放样速度也较快，但往往受到地形限制，或因坝体浇筑逐步升高，挡住方向线的视线不便放样，因此实际工作中可根据条件把方向线交会法和角度交会法结合使用。

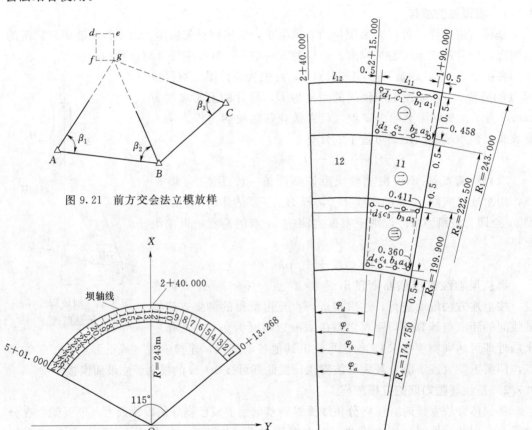

图 9.21　前方交会法立模放样

图 9.22　拱坝分跨示意图

图 9.23　拱坝立模放样数据计算（尺寸单位：m）

9.7.3　拱坝的立模放样

拱坝坝体的立模放样，一般多采用前方交会法。图 9.22 为某水利枢纽工程的拦河大坝，系一拱坝，坝迎水面的半径为 243m，以 115° 夹角组成一圆弧，弧长为 487.732m，分为 27 跨，按弧长编号，从 0+13.2865+01.000（加号前为百米）。施工坐标 XOY，以圆心 O 与 12、13 分跨线（桩号 2+40.000）为 X 轴，为避免坝体细部点的坐标出现负值，令圆心 O 的坐标为（500.000，500.00）。

现以第 11 跨的立模放样为例介绍放样数据的计算，图 9.23 是第 11、12 跨坝体分跨分块图，图中尺寸从设计图上获得，一跨分三块浇筑，中间第二块在浇筑一、三块后浇筑。因此只要放出一、三块的放样线（图中虚线所示 $a_1a_2b_2c_2d_2d_1c_1b_1$ 及 $a_3a_4b_4c_4d_4d_3c_3b_3$）。放样数据计算时，应先算出各放样点的施工坐标，而后计算交会所需的放样数据。

1. 放样点施工坐标计算

由图 9.20 可知，放样点的坐标可按下列各式求得

$$x_{ai} = x_0 + [R_i + (\pm 0.5)]\cos\varphi_a$$

$$y_{ai} = y_0 + [R_i + (\pm 0.5)]\sin\varphi_a$$

$$x_{bi} = x_0 + [R_i + (\pm 0.5)]\cos\varphi_b$$

$$y_{bi} = y_0 + [R_i + (\pm 0.5)]\sin\varphi_b$$

$$x_{ci} = x_0 + [R_i + (\pm 0.5)]\cos\varphi_c$$

$$y_{ci} = y_0 + [R_i + (\pm 0.5)]\sin\varphi_c$$

$$x_{di} = x_0 + [R_i + (\pm 0.5)]\cos\varphi_d$$

$$y_{di} = y_0 + [R_i + (\pm 0.5)]\sin\varphi_d$$

式中，0.5m 为放样线与圆弧立模线的间距；$i=1$、3 时取"－"，$i=2$、4 时取"＋"。

$$\varphi_a = (l_{12} + l_{11} - 0.5) \times 180/(\pi R_1)$$

$$\varphi_b = [l_{12} + l_{11} - 0.5 - 1/3(l_{11} - 1)] \times 180/(\pi R_1)$$

$$\varphi_c = [l_{12} + l_{11} - 0.5 - 2/3(l_{11} - 1)] \times 180/(\pi R_1)$$

$$\varphi_d = [l_{12} + l_{11} - 0.5 - 3/3(l_{11} - 1)] \times 180/(\pi R_1)$$

根据上述各式算得第三块放样点的坐标见表 9.3。

表 9.3　　　　　　　　　　　　第三块放样点的坐标

坐标	a_3	b_3	c_3	d_3	a_4	b_4	c_4	d_4	
x	695.277	696.499	697.508	698.303	671.626	672.700	673.587	674.286	$\varphi_a = 11°40'17''$ $\varphi_b = 9°47'7''$
y	540.338	533.889	527.402	520.886	535.453	529.784	524.084	518.375	$\varphi_c = 7°53'56''$ $\varphi_d = 6°00'45''$

由于 a_i、d_i 位于径向放样线上，只有 a_1 与 d_1 至径向立模线的距离为 0.5m，其余各点（a_2、a_3、a_4 及 d_2、d_3、d_4）到径向分块线的距离，可由 $(0.5R_i)/R_1$ 求得，分别为 0.458m、0.411m 及 0.360m。

2. 交会放样点的数据计算

图 9.23 中，a_i、b_i、c_i、d_i 等放样点是用角度交会法测设到实地的。例如，图 9.24 中放样点 a_4，是由标 2、标 3、标 4 三个控制点，用 β_1、β_2、β_3 三交会角交会而得，标 1 也是控制点，它们的坐标是已知的，如果是测量坐标，应按式换算为施工坐标，便于计算放样数据。在这里控制点标 1 作为定向点，即仪器安置在标 2、标 3、标 4，以瞄准标 1 为测交会角的起始方向。交会角 β_1、β_2、β_3 根据放样点计算的坐标与控制点的坐标用反算求得，如图 9.24 中，标 2、标 3、标 4 的坐标与标 1 的坐标计算定向方位角 α_{21}、α_{31}、α_{41}，与放样点 a_4 的坐标计算放样点的方位角 α_{2a4}、α_{3a4}、α_{4a4}，相应方位角相减，得 β_1、β_2、β_3 的角值。有时可不必算出交会角，利用算得的方位角直接交会。例如一架经纬仪安置在标

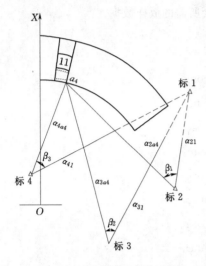

图 9.24 拱坝细部放样示意图

2，瞄准定向点标 1，使度盘读数为 α_{21}，而后转动度盘使读数为 α_{2a4}，此时视线所指为标 $2—a_4$ 方向，同样两架经纬仪分别安置在标 3 及标 4，得标 $3—a_4$ 及标 $4—a_4$ 两条视线，这三条视线相交，用角度交会法定出放样点 a_4。

放样点测设完毕，应丈量放样点间的距离是否与计算距离相等，以便校核。

3. 混凝土浇筑高度的放样

模板立好后，还要在模板上标出浇筑高度。其步骤一般在立模前先由最近的作业水准点（或邻近已浇好坝块上所设的临时水准点）在仓内测设两个临时水准点，待模板立好后由临时水准点按设计高度在模板上标出若干点，并以规定的符号标明，以控制浇筑高度。

学习任务 9.8 水闸的施工放样

水闸是由闸墩、闸门、闸底板、两边侧墙、闸室上游防冲板和下游溢流面等结构物所组成的。图 9.25 为三孔水闸平面布置示意图。

水闸的施工放样，包括测设水闸的轴线 AB 和 CD、闸墩中线、闸孔中线、闸底板的范围以及各细部的平面位置和高程等。其中 AB 和 CD 是水闸的主要轴线，其他中线是辅助轴线，主要轴线是辅助轴线和细部放样的依据。

9.8.1 水闸主要轴线的放样

水闸主要轴线的放样，就是在施工现场标定轴线端点的位置，如图 9.26 中的 A、B、C、D 点的位置。

主要轴线端点的位置，可根据端点施工坐标换算成测图坐标，利用测图控制点进行放样。对于独立的小型水闸，也可在现场直接选定端点位置。

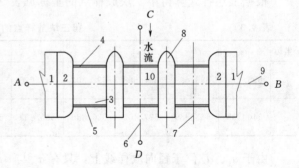

图 9.25 水闸平面位置示意图

1—坝体；2—侧墙；3—闸墩；4—检修闸门；
5—工作闸门；6—水闸中线；7—闸孔中线；
8—闸墩中线；9—水闸中心轴线；10—闸室

主要轴线端点 A、B 确定后，精密测设 AB 的长度，并标定中点 O 的位置。在 O 点安置经纬仪，测设中心轴线 AB 的垂线 CD。用木桩或水泥桩，在施工范围外能够保存的地点标定 C、D 两点。在 AB 轴线两端应定出 A'、B' 两个引桩。引桩应位于施工范围外、地势较高、稳固易保存的位置。设立引桩的目的，是检查端点位置是否发生移动，并作为恢复端点位置的依据。

9.8.2　闸底板的放样

如图 9.26 所示，根据底板设计尺寸，由主要轴线的交点起，在 *CD* 轴线上，分别向上、下游各测设底板长度的一半，得 *G*、*H* 两点。在 *G*、*H* 点分别安置经纬仪，测设与 *CD* 轴线相垂直的两条方向线。两方向线分别与边墩中线的交点 *E*、*F*、*I*、*K*，即为闸底板的 4 个角点。

如果施工场地测设距离比较困难，也可利用水闸轴线的端点 *A*、*B* 作为控制点。假设 *A* 点的坐标为某一整数，根据闸底板 4 个角点到 *AB* 轴线的距离及 *AB* 的长度，可推算出 *B* 点及 4 个角点的坐标，通过坐标反算求得放样角度，在 *A*、*B* 两点用前方交会法放出 4 个角点，如图 9.27 所示。

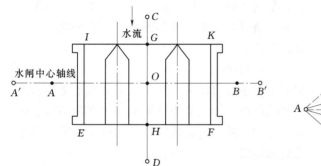

图 9.26　水闸放样的主要点位

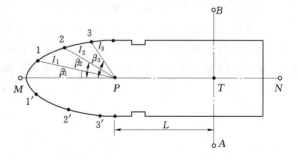

图 9.27　用前方交会法放样闸底板

闸底板的高程放样是根据底板的设计高程及临时水准点的高程，采用水准测量法，根据水闸的不同结构和施工方法，在闸墩上标志出底板的高程位置。

9.8.3　闸墩的放样

闸墩的放样，是先放出闸墩中线，再以中线为依据放样闸墩的轮廓线。放样前，由水闸的基础平面图，计算有关的放样数据。放样时，以水闸主要轴线 *AB* 和 *CD* 为依据，在现场定出闸孔中线、闸墩中线、闸墩基础开挖线以及闸底板的边线等。待水闸基础打好混凝土垫层后，在垫层上再精确地放出主要轴线和闸墩中线等。根据闸墩中线放出闸墩平面位置的轮廓线。

闸墩平面位置的轮廓线，分为直线和曲线。直线部分可根据平面图上设计的有关尺寸，用直角坐标法放样。闸墩上游一般设计成椭圆曲线，如图 9.28

图 9.28　用极坐标法放样闸墩曲线部分

所示。放样前，应按设计的椭圆方程式，计算曲线上相隔一定距离点的坐标，由各点坐标可求出椭圆的对称中心点 *P* 至各点的放样数据 β_i 和 L_i。

根据已标定的水闸轴线 *AB*、闸墩中线 *MN* 定出两轴线的交点 *T*，沿闸墩中线测设距离 *L* 定出 *P* 点。在 *P* 点安置经纬仪，以 *PM* 方向为后视，用极坐标法放样 1、2、3 等点。由于 *PM* 两侧曲线是对称的，左侧的曲线点 1′、2′、3′等点，也按上述方法放出。施工人员根据测设的曲线放样线立模。闸墩椭圆部分的模板，若为预制块并进行预安装，只要放出曲线上几个点，即可满足立模的要求。

闸墩各部位的高程，根据施工场地布设的临时水准点，按高程放样方法在模板内侧标出高程点。随着墩体的增高，有些部位的高程不能用水准测量法放样，这时，可用钢卷尺从已浇筑的混凝土高程点上直接丈量放出设计高程。

9.8.4 下游溢流面的放样

为了减小水流通过闸室下游时的能量，常把闸室下游溢流面设计成抛物面。由于溢流面的纵剖面是一条抛物线。因此，纵剖面上各点的设计高程是不同的。抛物线的方程式注写在设计图上，根据放样要求的精度，可以选择不同的水平距离室。通过计算求出纵剖面上相应点的高程，才能放出抛物面。所以，溢流面的放样步骤是：

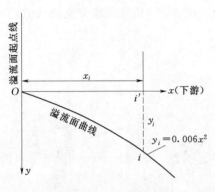

图 9.29 溢流面局部坐标系

（1）如图 9.29 所示，采用局部坐标系，以闸室下游水平方向线为 x 轴，闸室底板下游高程为溢流面的起点，该点称为变坡点，也就是局部坐标系的原点 O。通过原点的铅垂线方向 y 为轴，即溢流面的起始线。

（2）沿 x 轴方向每隔 12m 选择一点，则抛物线上各相应点的高程可按下式计算

$$H_i = H_0 - y_i$$
$$y_i = 0.006x^2$$

式中　H_i——i 点的设计高程；

H_0——下游溢流面的起始高程，可从设计的纵断面图上查得；

y_i——与 O 点相距水平距离为 x_i 的 y 值，由图 9.29 可见，y 值就是高差。

（3）在闸室下游两侧设置垂直的样板架，根据选定的水平距离，在两侧样板架上作一垂线。再用水准仪按放样已知高程点的方法，在各垂线上标出相应点的位置。

（4）将各高程标志点连接起来，即为设计的抛物面与样板架的交线，该交线就是抛物线。施工员根据抛物线安装模板，浇筑混凝土后即为下游溢流面。

学习单元 10　设备安装的施工测设

学习任务 10.1　安装测量的基本工作

在水闸、大坝等主要水工建筑物的土建施工时，有些预埋金属构件要进行安装测量；当土建施工结束后，还要进行闸门、钢管、水轮发电机组的安装测量。为使各种结构物的安装测量顺利进行，保证测量的精度，应做好下列基本工作：布置安装轴线与高程基点，进行安装点的测设和沿垂投点工作等。

金属结构与机电设备安装轴线和高程基点一经确定，在整个施工过程中，不宜变动。

安装测量的精度要求较高。例如，水轮发电机座环上水平面的水平度，即相对高差的中误差为±（0.3～0.5）mm，所以应采用特制的仪器和严密的方法，才能满足高精度安装测量的要求。安装测量是在场地狭窄、几个工种交叉作业、精度要求高、测量工作难度较大的情况下进行的。安装测量的精度多数是相对于某轴线或某点高度的，它时常高于绝对精度。现将安装测量的基本工作介绍如下。

10.1.1　安装轴线及安装点的测设

安装轴线应利用该部位土建施工时的轴线。若原有土建施工轴线遭到破坏，则应由邻近的等级或加密的控制点重新测设。安装轴线的测设方法有单三角形法、两点前方交会法和三边测距交会法等。

在安装过程中，如原固定安装轴线点全部被破坏，应以安装好的构件轮廓线为准，恢复安装轴线。但是，恢复安装轴线的测量中误差，应为安装测量中误差的 $\sqrt{2}$ 倍。

由安装轴线点测设安装点时，一般用 J_2 经纬仪测设方向线。为了保证方向线的精度，应采用正倒镜分中法。照准时，应选择后视距离大于前视距离，并用细铅笔尖或垂球线作为照准目标。

由安装轴线点用钢卷尺测设安装点的距离时，应用检验过的钢尺，加入倾斜、尺长、温度、拉力及悬链改正等。测设的相对误差为 1/10000。

10.1.2　安装高程测量

安装的工程部位，应以土建施工时邻近布设的水准点作为安装高程控制点。若需重新布设安装高程控制点，则其施测精度应不低于四等水准。

每一安装工程部位，至少应设置两个安装高程控制点。各点间的高差，可根据该部位高程安装的精度要求，分别选用二、三等水准测量法测量。例如，水轮发电机有关测点应采用 S_1 级水准仪及因瓦水准尺测定；其他安装测量采用 S_3 级水准仪及红黑面水准尺观测，即可满足精度要求。高程测定后，应在点位上刻记标志或用红油漆画一符号。

10.1.3　铅垂投点

在垂直构件安装中，同一铅垂线上安装点的纵、横向偏差值，因不同的工程项目和构件而定。例如，人字闸门底顶枢同轴性的纵、横向中误差为±1mm。水轮发电机各种预埋管道的纵、横向中误差则为±10mm。铅垂投点的方法有重锤投点法、经纬仪投点法、天顶仪投点法与激光仪投点法等。

学习任务 10.2　设备基础的定位放线

10.2.1　设备基础的定位程序

设备基础施工程序有两种情况：一种是设备基础和柱基础同时施工，采用这种施工方案多数为大型设备基础，这时可根据厂房柱轴线控制桩定位；另一种是厂房围护墙体已完成后才施工设备基础，这时要采用厂房内控系统定位放线。

设备基础有独立基础和联动生产线两种，联动生产线的定位，不仅要按厂房轴线定位，同时必须建立统一的主轴线或控制网，以保证设备安装时能吻合衔接。

有的设备有很多条螺栓组轴线，但决定设备基础在厂房中平面位置的只有纵、横各一条主轴线，它是定位的依据，其他轴线只能根据设备主轴线来测设，不能脱离设备主轴线而按厂房中的其他轴线定位。

在扩建厂房中，若扩建部分的设备和原厂房设备有联动关系，定位时应尽量找出原有设备轴线，作为扩建部分设备。定位的依据，以保证新旧设备安装时能吻合衔接。

10.2.2　厂房内控系统的设置

1. 以柱身轴线为内控系统

对于一般中小型设备，可根据柱身轴线（中线）来测设设备基础的平面位置。预制柱吊装时都存在位移偏差，对于平面位置精度要求较高的设备基础，要把杯型基础顶面的中线引测到柱立面上，作为设备基础定位的依据。图 10.1 (*a*) 是设备基础平面图，图 10.1 (*b*) 定位平面图，定位步骤如下：

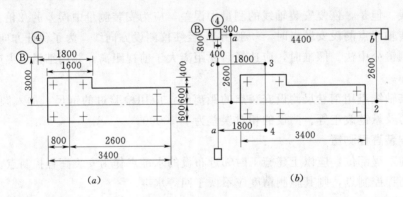

图 10.1　设备基础定位（单位：mm）

（1）先找出柱子轴线（中线），设定位桩距基础边线为 50cm。

（2）在④轴及⑧轴柱间拉小线。在⑧轴沿小线从④轴柱外皮量 300（轴线 500）钉木桩 *a*，标出十字线。再继续量 4400 钉木桩 *b*，标出十字线；在④从⑧轴柱外皮量 700（轴线 1500）钉木桩 *c*，标出十字线。继续量 2600，钉木桩 *d*，标出十字线。

（3）从 *a* 点起用作⑧轴垂线的方法量 2600（轴线 3000）定 1 点，从 *b* 点量 2600 定 2

点，从 c 点起用作④轴垂线的方法量 1800 定出 3 点，从 d 点量 1800 定出 4 点。

（4）检查 1 点距④轴距离应为 500，1、2 点间距离应为 4400，3、4 点间距离应为 2600，3 点距⑧轴距离应为 1100。

2. 建立内部控制网

大型设备基础如电站汽轮机基础、选矿车间生产流水线等不仅占地面积大，且结构复杂，为满足施工的需要，设备基础的定位要像建筑物那样，测设出控制网并建立高程控制点。控制桩要选在土质坚实、不妨碍施工、易于保护的地方，并加以保护。

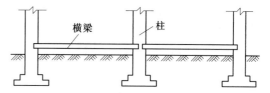

图 10.2　设横梁引测基础轴线

3. 建立基础轴线点

在厂房施工过程中，内部地形环境往往不适合建立控制网，可将设备基础的主轴线引测到柱间设置的横梁上，如图 10.2 所示。方法是在两柱间水平焊一角（槽）钢，厂房砌筑前将设备基础主要轴线投测在角钢的横梁上。如果是混凝土柱，要在设备横梁处预先埋设铁件，横梁高度要适宜，中间产生挠度处可加设支撑。

10.2.3　设备基础的抄平放线

1. 基础放线

设备基础的放线与柱基础的放线方法基本相同。小的设备基础相当于独立柱基础，大的设备基础相当于一栋建筑物，要测设出各轴线控制桩，有的还要设置龙门板，螺栓组较多的要设螺栓中线桩，以满足支模、安装螺栓、安放铁件的需要。

2. 基础上层放线设备

基础上层放线指的是支模过程中利用各轴线桩来确定基础顶面螺栓、孔洞、隔墙、沟道的位置。基础主轴线确定以后，其他各中线都应以主要轴线为依据来划分细部尺寸。

3. 龙门板的设置

如果基础顶面高于定位桩，利用定位桩不便支模投线；或螺栓中线较多，可设置龙门板。

4. 模板及螺栓抄平

混凝土设备基础拆模后的允许偏差坐标位移（纵横轴线）±20mm，平面标高（+0，-20mm）；预埋地脚螺栓标高（+20mm，-0）；中心距±2mm；预埋地脚螺栓孔中心线位置偏移±10mm；深度尺寸（+20mm，-0）；孔铅直度10mm。螺栓平面位置的布置及标高测量是一项细致的工作，因螺栓错位造成设备无法安装的不乏其例。所以在支模后浇筑混凝土前对基础平面尺寸及标高进行检查是一道很必要的工序。

5. 基础拆模后的抄平放线

基础拆模后要及时投线抄平。根据轴线控制桩用经纬仪或拉线的方法把各轴线、中线都测设在基础顶面上，并检查各螺栓位置是否正确，发现超过允许偏差而影响设备安装者要及时处理。

对框架式或平台式设备基础，要将轴线投测到平台上，为设备安装提供依据。

在基础四角立面上测设一条标高线，该标高线宜比基础顶面设计标高低 5cm 或

10cm，并标注标高数值。

对于重要的设备基础，为了在施工过程中能保存好中线标志，应在中线位置埋设标板，然后投线。如联动生产线的基础轴线，重要设备的纵横轴线，结构复杂的工业炉基础，环形设备基础的中心点等轴线位置都应埋设钢质标板。标板形式可参考图 10.3，投线后在标板上用钢冲凿出明显标记。

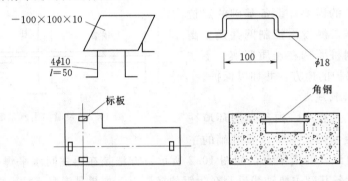

图 10.3　预埋板形式

10.2.4　抄平放线工作中的注意事项

（1）认真熟悉图纸，坚持按图施工。如已完成的工序出现偏差，仍以图示尺寸进行放线。设计若有变更要及时标记在相应的图纸上，防止因遗忘而造成错误。

（2）定位过程出现的废桩、无用的标线要毁掉，防止施工过程中用错。

（3）每次抄平放线后都应进行复查，防止出现错误，各项数据应坚持笔算，避免心算。

（4）各种标桩、标点要加以保护，使用前要检查点位有无变化。

学习任务 10.3　平面闸门的安装测量

平面闸门的安装测量包括底槛、门枕、门楣以及门轨的安装和验收测量等。门轨（主、侧、反轨等）安装的相对精度要求较高，应在一期混凝土浇筑后，采用二期混凝土固结埋件。闸门放样工作是在闸室内进行，放样时以闸孔中线为基准，因此应恢复或引入闸孔中线，并将闸孔中线标志于闸底板上。

平面闸门埋件测点的测量中误差，底槛、主、侧、反轨等，纵向测量中误差为±2mm；门楣测量纵向中误差为±1mm，竖向中误差为±2mm。现将平面闸门有关构件的放样和安装测量介绍如下。

10.3.1　底槛和门枕放样

底槛是拦泥沙的设施，其中线与门槽中线平行。从设计图上可找出两者的关系，或者与坝轴线的关系，根据闸孔中线与坝轴线的交点，在底槛中线附近用经纬仪作一条靠近底槛中线的平行线，在平行线上每隔 1m 投放一点于混凝土面上，注明距底槛中线的距离，以便安装。门枕中线与门槽中线相垂直。放样时，先定出闸孔中线与门槽中线的点，再定出门枕中心。然后，将门枕中线投测到门槽上、下游混凝土墙上，以便安装。

10.3.2 门轨安装测量

平面闸门的门槽高达几米，有时甚至几十米，要求闸门启闭时能沿门轨垂直升降，运行自如。因此，门轨面的平整度和钢轨接头处应保证足够的精度。为了保证安装要求，在安装前，应做好安装门轨的局部控制测量，然后，进行门轨安装测量，其工作程序和方法如下。

1. 门轨控制点的放样

底槛、门枕二期混凝土浇完后，根据闸孔中线与坝轴线交点，恢复门槽中线，求出闸孔中线与门槽中线的交点 A，然后，按照设计要求，用直角坐标法放样各局部控制点，如图 10.4 中的 1、2、3、…、14 点，并精确标志其点位。各局部控制点要尽量准确对称，容许误差为 1mm，但不可小于设计数值。

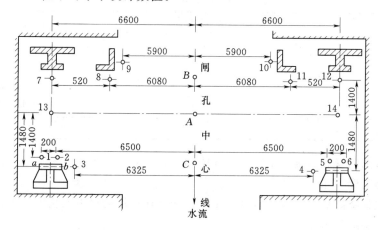

图 10.4 平面闸门局部控制点

2. 门轨安装测量

门轨包括主、侧、反轨，它们是用槽钢焊接成的，每节槽钢长度约为 23m。安装后，要求轨面平整竖直。如图 10.4 所示，安装时将经纬仪安置在 C 点，照准地面上控制点 1 或 2。根据控制点 1 至门轨面 a 及 b 的距离，用钢直尺量取距离，指导安装。门轨安装 1～2 节后，因仰角增大，经纬仪观测困难。再往上安装时，可改用吊垂球的方法，使垂球对准底部控制点 1 进行初步安装。再用 24 号钢丝吊 5～10kg 的重锤，将钢丝悬挂于坝顶的角铁支架上以校正门轨。每节门轨面用两根垂线校正，即在门轨的正、侧面各吊一根垂线，待垂球线稳定后，依据下部安装好的轨面作为起始点，量取门轨至垂线的距离，加上已安装门轨的误差，求出垂线至门轨的应有距离，以指导安装。

如图 10.5 所示，门轨面至控制点 1 的设计距离为 40mm，下部已安装门轨面 a 至控制点 1 的距离为 40.2mm，所以不符值为 +0.2mm，量得门轨面 a 至垂线的距离为 43.7mm，故垂线至控制点 1 的水平距离为 43.7 −40.2＝3.5（mm），待安装门轨面至垂线的距离应为 43.5mm。然后，根据改正的数值，用钢直尺丈量每节门轨的距离。门轨净宽应大于设计数值。当校正后，可将门

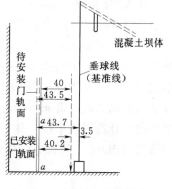

图 10.5 门轨安装图

209

轨电焊固定。检查验收后，再浇筑二期混凝土。

学习任务 10.4　弧形闸门的安装测量

弧形闸门是由门体、门铰、门楣、底槛及左右侧轨组成，其相互关系如图 10.6 所示。弧形闸门的安装测量，先进行控制点的埋设和测设控制线，再进行各部分的安装测量。

弧形闸门由于结构复杂，安装测量必须满足较高的精度。弧形闸门埋件测点安装测量精度要求，见表 10.1。

表 10.1　　　　　　　　　弧形闸门埋件测点安装测量精度

埋件测点名称	测量中误差或相对误差（mm）			说　明
	纵向	横向	竖向	
底槛		±2		竖向测量中误差系指与底槛面的相对高差
门楣		±1	±2	
铰座钢梁中心		±1	±1	
铰座的基础螺中心	±1	±1	±1	

现将弧形闸门安装测量的主要工作介绍如下。

10.4.1　准备工作

（1）闸底板浇好后，要及时将闸孔中线的交点在预埋的钢板上精确标出，作为放样闸室内其他辅助轴线的依据。

（2）当混凝土坝体浇筑到门铰高程时，根据门铰的设计位置，在模板上设置一块带钢筋的钢板，用于精确标定门铰位置。另外，在门槽附近设置临时水准点作为高程放样的依据。

10.4.2　门楣、底槛和门铰中线的放样

根据图上的设计距离，从坝轴线与闸孔中线的交点起，分别放出门楣、底槛和门铰中线。其中门铰中线先用经纬仪投测在闸孔两侧预埋的铁板上，即先在铁板上画一短垂线；再用水准仪观测悬挂的钢卷尺，在短垂线上标定门铰中心的高程位置。

10.4.3　侧轨中线的放样

弧形闸门的左右侧轨，不仅是闸门启闭时的运行轨道，而且是主要的止水部位，因此在安装测量中具有重要意义。下面介绍侧轨中线的放样步骤和工作方法。

（1）在闸室地平面上，采用设置门铰中线的方法，先确定一条基准线和一条辅助线，然后用经纬仪将它们投测在闸孔两侧的混凝土墙上，用细线标出。基准线至门铰中心线的距离最好为一整数，在图 10.6 中，该数值为 7m。采用水准仪观测悬挂钢卷尺的方法，在基准线和辅助线上每隔 0.5m 或 1m 测定一些高程点。

（2）计算侧轨中线上每一个高程点至门铰中线的水平距离。由图 10.6 可见，在直角三角形 ABO 中，门铰中线至侧轨中线起点（门槛）的水平距离为

$$\overline{AB}=\sqrt{R^2-h^2}$$

将图 10.6 中已知数据代入上式，则

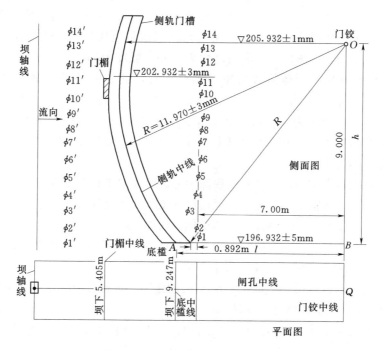

图 10.6　弧形闸门平面与侧面图

$$\overline{AB}=\sqrt{(11.970)^2-(205.932-196.932)^2}=7.892\ (\text{m})$$

（3）放样侧轨中线。设基准线至门铰中心线的距离为 7m，从基准线上 1 点向左丈量 0.892m，即得底槛位置。因此，当测设侧轨中线上其他点时，均应将算得的距离减去基准线至门铰中线的距离。然后，用钢尺从基准线丈量一段短距离，即得侧轨上放样点，连接侧轨中线方向上的放样点，即为侧轨中线。为方便施工放样，可将侧轨中线上放样点至门铰中线、侧轨中线至基准线的水平距离，事前编算成表，供放样时查用。表 10.2 为用已知数编算的放样表。

按照上述方法，可求出侧轨中线上各设计点至辅助线及门铰中线的有关水平距离。放样时，可用辅助线至侧轨中线的水平距离，校核侧轨中线，以提高放样精度。

表 10.2　　　　　　　　弧形闸门侧轨中线放样数据　　　　　　　　单位：m

水平距离	门铰中线上的高程点					
	196.932	198.000	199.000	200.000	…	205.932
侧轨中线至门铰中线（m）	7.892	8.965	9.758	10.397	…	11.970
侧轨中线至基准线（m）	0.892	1.965	2.758	3.397	…	4.970

学习任务 10.5　人字闸门的安装测量

船闸的人字形闸门由上游导墙、进水段、桥墩段、上闸首、闸室、下闸首、泄水段和下游导墙等部分组成，如图 10.7 所示。

闸门是上、下闸首的主要构件，也是船闸的关键部位。人字闸门由埋件部分、门体部分和传动部分组成。我国目前最大的船闸为葛洲坝水利枢纽的 2 号船闸，全长约 900m，宽度百余米。安装的人字闸门，每扇门高度为 34m，宽度为 19.7m，厚度为 2.7m，重量达 600 余 t。按照规定：门体旋转底枢蘑菇头中心，安装测量纵、横向中误差分别为 ±1mm，竖向中误差为 ±2mm，左、右二蘑菇头水平度竖向中误差为 ±1mm，底顶枢同轴性纵、横向中误差分别为 ±1mm。由以上规定可见，为了保证人字闸门的安装精度，必须认真地进行精密测量。现将底顶枢中心点的定位及高程测量介绍如下。

10.5.1　两底枢中心点的定位

底枢中心点就是人字闸门旋转时的底部中心。两底枢中心点位置正确与否，将直接影响门体的安装质量。底枢中心点定位，可根据施工场地和仪器设备而定，一般多采用精密经纬仪投影，配合钢卷尺进行测设，具体操作方法如下：

（1）按照设计坐标，将两底枢中心点投测到闸首一期混凝土平面上，得到初测点 a_1、b_1，要求直线 a_1b_1 应与船闸中心线垂直平分。

（2）用检验过的钢卷尺，丈量 a_1、b_1 点间的距离，进行各项改正后得距离 $d_测$。

（3）根据 $d_测$ 与 $d_设$ 计算 Δd：$\Delta d = d_测 - d_设$。

（4）按 a_1b_1 方向，在 a_1b_1 点上各量 $\Delta d/2$，改正后得 a、d 两点，如图 10.7 所示。

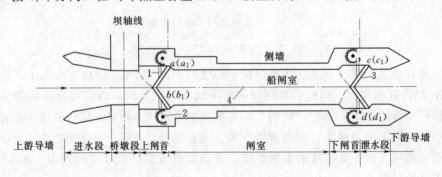

图 10.7　人字闸门平面图

1—拉杆；2—启闭机；3—人字门；4—船闸中心线

（5）丈量 a、b 间的距离 3～4 测回，计算其中误差，若等于或小于容许误差，a、b 两点即为设计底枢点。否则，应反复测设并校正其位置，直至符合精度规定。

10.5.2　两顶枢中心点的投测

顶枢中心点是人字闸门旋转时的顶部中心。底枢与顶枢应位于同一铅垂线上，但是，顶枢中心点是悬空的，因此，定位时难度较大，是影响人字闸门安装测量精度的核心问题。

为了满足底顶枢同轴性的设计要求，可采用天顶投影仪，也可用经纬仪按下述方法投测。

1. 准备工作

两底枢中心点测设后，应根据其中心位置安装底枢蘑菇头，并对中心点间的距离进行最后检查，投测顶枢中心时应以底枢蘑菇头的中心为准。为了标志顶枢中心点投影位置，必须先架非常牢固的投影板，同时，应按规定检核投影用的经纬仪、划线用的直尺。另外，还应准备大头针、投影纸、黄油和磨尖的硬铅笔等物品。

2. 测站点的选择

为了得到较好的投测效果，选定测站点时，首先，应满足经纬仪能同时直接照准底顶枢的要求，这样的点位，一般选在坝顶上。其次，投测时的交会角，以 60°为宜。

3. 投测标定点位

正式投测前，可根据混凝土坝体的分缝线和闸室侧墙，标出顶枢中心的概略位置。正式投测时，先在投影用的钢板上涂一层薄薄的黄油，将投影纸糊在钢板主，严格安置经纬仪，正倒镜分别照准底枢中心点，将方向投测在投影纸上；每一测站均按两测回投测，取两测回正倒镜均值的平均位置。由于仪器误差、标点误差和自然界的影响，3 条平均方向线可能不交于一点，出现示误三角形，其内切圆心即为所求之顶枢点。同上法，可得 4 个顶枢中心点，如图 10.7 中 a_1、b_1、c_1、d 点。

顶枢点不能长期保留在钢板上，应在顶枢附近的坝面上选择 3 个测站点，此 3 点与顶枢点连线的夹角约为 60°，然后，建造 3 个高度约 1m 的混凝土观测墩。将经纬仪分别安置在观测墩上，照准顶枢点，在对面侧墙上用正倒镜分中法投点，去装人字闸门时，可在 3 个观测墩上安置经纬仪，恢复顶枢位置，指导安装方位。

4. 检查底顶枢同轴性

在底枢中心位置上安放一木凳，凳上放一个盛有机油的小桶，将直径为 0.3mm 的钢丝从顶枢中心垂下来，钢丝下端吊 2.5～3.0kg 的垂球，浸入油桶内，待其稳定后，用经纬仪在互成 90°的两个方向上设站，先照准油桶近处的钢丝，再向下投测，将顶枢中心投测于蘑菇头上，然后，丈量两投影点间的距离，并计算顶枢投影点相对于底枢中心点的偏离值，以及底顶枢纵、横向测量中误差。

10.5.3　高程测量

人字闸门各部位间相对高差的精度要求很高，而绝对高程只需与土建部分保持同精度。一般四等水准点或经过检查的工程水准点，即可作为底枢高程的控制点。在安装过程中，为了保证各部位间的高差精度，只能使用同一个高程基点。

门体全部组装后，需从水准基点连测出顶部高程，设为 $H_测$，如果门体的设计高程为 $H_设$，则高程误差为

$$\Delta h = H_测 - H_设$$

高程误差 Δh 的大小，除与底顶枢选用的高程基点精度有关外，还与门体焊接的次数、焊接的工艺有关。

学习任务 10.6　水力发电机组安装测量

图 10.8 是某水电站的剖面图。发电水流冲击水涡轮后经尾水管排入下游河道。尾水管的形状和大小与水流流态相适应。尾水管与水轮机之间的相对位置直接影响水流流态。

对于水力发电机组来说，由于各部分之间均处于发电系统的流程之中，为了保证系统正常运转，各部分之间的相对位置精度要求较高，故从下到上的十几米（有的高达几十

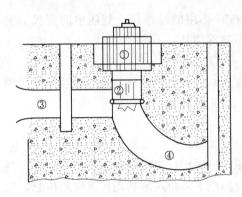

图 10.8　某水电站剖面图
①—发电机；②—水轮机；③—进水口；
④—尾水管

米）高程处的建筑物，在放样时应设法有统一的放样基准。

某水利枢纽施工中，为了保证各机组本身的相对精度，在该枢纽的水力发电机组放样时，采用每台机组依据各自纵横机中线进行。

水力发电机组安装中除了上下高度各建筑物要求外，不同建筑物本身还有其自身的要求，这时放样精度只是相对于各部分建筑物。例如水轮机座环安装时，对座环上水平平面的水平度要求为 0.1～0.5mm，测量人员在进行这一安装测量时，必须区别座环水平度与座环平面高度这两项不同要求。由于安装工作要求的是水平度，所以在高程放样时主要保证座环水平面上各点高度的一致，这时，高程放样基点的误差可以不予考虑。

为了确保座环水平度，在初步放样后可进行如下最终修正操作：

（1）将精密水准仪安置在座环的中心或座环的旁边，并建立专门的仪器墩，观测者所站的地板应与仪器墩隔开。将安置在仪器墩上的水准仪整平并选择一个适中的对光状态，以后在工作中不再改变对光状态。

（2）测定座环坐标轴上 4 个互相对称的点的高程，为此，依次将置放式水准只放于每点上进行读数。

（3）由最近的水准点传递高程，选择最接近设计高程的一点作为依据，指示安装工人抬高或降低座环的其他部分（利用地脚螺丝），使座环严格位于水平位置（这是主要的），同时又接近设计高程且位于限差之内。

当座环上各点的高程及平面位置均已修正后，即可进行座环及地脚螺丝的浇固，在浇固过程中必须进行周期性的检测。

学习单元 11　隧洞的施工测设

学习任务 11.1　洞口投点及线路进洞关系计算

11.1.1　洞口投点的布设形式与平差计算

洞口投点及其相联系的平面控制点，是向洞内引伸导线的起测点，又是洞口及其附近地段施工中线放样的依据，有时可延用到隧道贯通。因此必须全面考虑选点的位置，以便于观测、使用与保存。

1. 投点与主网联结形式

（1）投点直接纳入主网。一般情况，洞口投点可尽量纳入主网（如三角锁的三角点或导线网的导线点），采用同精度观测整体平差，以避免因设插网引起对贯通精度的影响。

（2）用导线联结投点。因受地形条件限制，当主网控制点不能直接与投点通视，以主网点为起测点，向洞口投点布设旁点或由主副导线组成的导线。

（3）单三角形测设投点。这是指主网一条边与投点组成一个单三角形，当主网为三角锁时，投点纳入主网并一起平差。主要应考虑图形强度与有利的观测条件。

（4）固定角内插入投点。利用主网上相邻两边组成一固定角，作为强制符合条件，布设的投点与主网的三个控制点构成有一条对角线的四边形插网。固定角精度应使插网平差时的角度（或方向）改正值不大于插网的测角中误差。

（5）与主网三角形连成大地四边形这是指投点与主网的一个三角形连接，构成大地四边形。

（6）三角形内插入一点在有较好的观测条件的情况下，将投点布设在主网一个三角形内。

2. 坐标转换和线路平面计算

（1）坐标轴的旋转变换。平面控制采用的平面直角坐标系，在计算时可任意选定；为计算和使用方便，需要使洞外控的 x 轴与隧道线路中线的长直线平行或重合（称隧道工程坐标系，下同）。从而使施工中所有点和线路中线点，可由其坐标显示出它们偏离中线方向的偏距值。所以通过坐标转换，对洞内横向贯通误差计算，中线点的测设或移设都会带来极大的方便。

（2）线路平面计算。如图 11.1 所示，计算三角网的坐标时，其坐标轴为 x'、y'。设隧道端为曲线，出口端为直线，且直线段在洞内较长。若按原点动，而将坐标

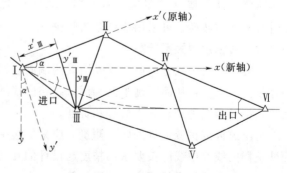

图 11.1　坐标轴的旋转变换

轴顺时针方向转动 α 角，使新的坐标系的 x 轴平行于 Ⅲ～Ⅵ 的直线段方向。转轴后，在线路的直线部分线点的横坐标都应为 $y_{\text{Ⅲ}}$，而大于 $y_{\text{Ⅲ}}$ 值的点位偏于中线右侧；小于 $y_{\text{Ⅲ}}$ 值的，则偏于左侧。此时，网点如Ⅲ在新坐标系中的坐标为

$$x_{\text{Ⅲ}} = x'_{\text{Ⅲ}}\cos\alpha + y'_{\text{Ⅲ}}\sin\alpha \tag{11.1}$$

$$y_{\text{Ⅲ}} = -x'_{\text{Ⅲ}}\sin\alpha + y'_{\text{Ⅲ}}\cos\alpha$$

对长直线隧道测定地面中线时，因用一般穿线法施测，往往因仪器视轴误差与对点偏

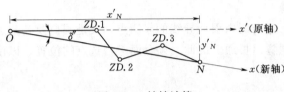

图 11.2 转轴计算

差影响，推算至另一端洞口的中线点时，相对于起始的延伸方向偏离较大。为了使原设计标定的两端洞口位置不做大的变动，需要进行转轴计算。其做法是：把起点（即设定的坐标原点）与终点连成直线，作为隧道的中线，并认定此方向为坐标轴，重新计算控制网的坐标。如图 11.2 所示，x 轴相当于原 x' 轴绕起点 O 转动了角度 δ 后的位置。

转轴角度
$$\delta'' = \arctan\frac{y'_N}{x'_N}$$

或
$$\delta'' = \arctan\frac{y'_N}{x'_N}\rho'' \tag{11.2}$$

由 δ'' 角可重新推算第一条边。$O-ZD.1$ 对于 x 轴的坐标方位角 $\alpha_{O-ZD.1} = 360° + \delta''$。假定原起始边 $\alpha_{O-ZD.1} = 0°00'00''$，$\delta''$ 的正负号依据起始边对新 x 轴的位置来确定。

由于地面控制网是在线路定测的基础上布设的，因此，通常对于以导线控制的长直线隧道坐标轴的选择（图 11.3），是直接以隧道进、出口的两个定测点（如 ZD_1 和 ZD_n）为主导线的起、终点（主1、主n），主1—主n 为 x 坐标的正方向；对于曲线隧道，可取任意切线（一般取进口切线或设计贯通点的切线）为纵轴。这样就不

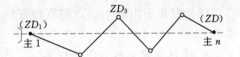

图 11.3 长直线隧道坐标轴的选择

需进行坐标轴转换，可采用移桩办法解决。

11.1.2 线路进洞关系计算

在隧道线路中线进洞前，须先明确两端洞口附近控制线路位置的中线点，并将其联测到地表控制网上，从而明确了两端洞口线路中线间的关系。根据这些精密的关系进行中线计算，指导引线进洞、施工放样和贯通。

为隧道群或桥隧道群的施工测量，应采取包括整群在内的整体控制，统一坐标系，从而使整群的线路中线能按要求的精度与设计的几何形状修建。

11.1.2.1 直线隧道线路进洞关系计算

1. 线路直线方向的标定

当设计部门明确指定两端洞口附近的各一中线点连线为该直线的理论位置后，只须将

这两点纳入洞外平面控制网，取得它的精密坐标值，即可反算出直线的精密方位角与长度。

2. 后视拨角进洞

如图 11.4 所示，对直线隧道的进洞方向，是以两端洞口附近认定的中线点连线（如 A、D）为坐标纵轴。取与端点相邻的控制点（如 B、C），按平差后坐标反算出它们连线的坐标方位角，与纵轴方位角之差即为进洞的拨角，即 β_1 和 β_2（图中 $\beta_1 = \alpha_{AD}$，$\beta_2 = \alpha_{AD} - \alpha_{CD}$）。

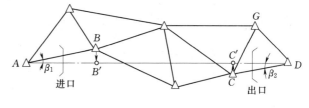

图 11.4　后视拨角进洞

若 B、C 为定测时直线上的转点，为施工方便，在洞内控制未建立前，常移点到直线方向的 B'、C' 上。指导开挖方向时，置镜在两端点 A、D，直接照准 B'、C' 即可。移 $B(C)$ 点时，置镜 A（D），后视 $B(C)$，拨角 β_1（β_2）。因此时 $B(C)$ 点对纵轴 AD 的垂距（$BB' = AB\sin\beta_1$；$CC' = CD\cos\beta_2$）很小，可用三角板找垂线方向，以 2m 钢卷尺量测垂距即可。为减小仪器误差的影响，通常采取正倒镜分中定向的方法。

11.1.2.2　曲线隧道线路进洞关系计算

根据曲线上投点的位置，区别采用切线支距法或极坐标法。先按欲测桩点的里程求出其理论坐标，再依据已测定的控制点，按曲线上的几何关系，测设出置镜点的切线方向，从而标定曲线隧道的线路中线。

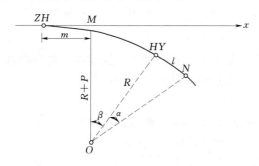

图 11.5　曲线上某里程点的理论坐标

1. 曲线上某里程点的理论坐标计算

当里程点在缓和曲线上，则可先推算出该点距 ZH（或 HZ）的曲线长，然后代入缓和曲线的参数方程，求算出切线支距的一对坐标（x、y）。此时应注意，切线的方向（即切线支距法 x 轴的方向）与原设定坐标轴的相互关系。

对于圆曲线上的里程点 N，宜先通过圆心 O 的坐标推算，再按该点与 HY（或 YH）间的弧长 l 所对应的圆心角 α，求该里程点的理论坐标，如图 11.5 所示。

上图中，切垂距
$$m = \frac{l_0}{2} - \frac{l_0^3}{240R^2}$$

式中　l_0——缓和曲线长；

　　　R——圆曲线半径。

缓和曲线角 $\beta = \dfrac{90l_0}{\pi R}$（°），圆弧 $HY—N$ 对应的圆心角 $\alpha = \dfrac{180°l}{\pi R}$。

推算圆曲线上某里程点的理论坐标的步骤是：$ZH \rightarrow M \rightarrow$ 圆心 $O \rightarrow (HY) \rightarrow N$。

2. 曲线上里程桩点的测设

由里程点的理论坐标与已知控制点的坐标，反算出边长与坐标方位角，用极坐标法，置镜控制点，后视另一相邻控制点可测设出曲线上的里程点。如图 11.6 所示，设 N 为测设的曲线上的里程点，再根据已知点 P 与 K 的坐标，计算 $\angle PKN = \beta$，$KN = d$。置镜 K，后视 P，反拨角 β，沿视线方向量距 d，即可测设 N 点的实际位置。

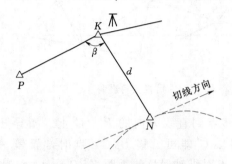

图 11.6　曲线上里程桩点的测设

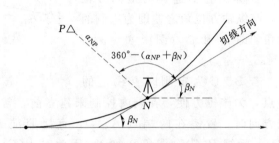

图 11.7　置镜曲线点测设切线方向

3. 置镜曲线点测设切线方向

当曲线点位于缓和曲线上，可按该点到 ZH 点曲线长，先求置镜点 N 的缓和曲线角 β_N，如图 11.7 所示。设过 ZH 点的切线为 X 轴，由控制点 P 的已知坐标，求得 α_{NP}，于是置镜于曲线点 N，后视点 P，正拨角 $360° - (\alpha_{NP} + \beta_N)$，即为置镜点 N 向前测设之切线方向。

图 11.7 中，$\beta_N = \dfrac{90 l^2}{\pi R l_0}$ (°)；其中，l 为弧长 ZHN；l_0 为缓和曲线长。

当置镜的曲线点 N 在圆曲线上，关键要计算出由曲线点至控制点 P 的连线与过该点与圆心 O 的连线间的夹角 γ，如图 11.8 所示。

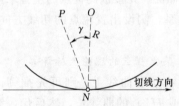

图 11.8　夹角 γ

由 N 与 P、O 已知点坐标反算求出 $\angle PNO = \gamma = \alpha_{NO} - \alpha_{NP}$。测设向前切线方向时，后视 P 点正拨角 $(\gamma + 90°)$ 即可；而向后切线方向应反拨角 $(90° - \gamma)$。

11.1.2.3　辅助坑道进洞关系计算

1. 横洞、斜井交于线路直线上

为施工方便增设的横洞（或斜井），对直线隧道，关键是按地面标定的投点，计算出横洞中线与正洞中线的交点坐标。当在设计中，先给出了交点里程，可根据里程算其坐标。然后按投点和交点坐标可反算出横洞长度与横洞中线的方位角。当只有一个横洞投点 D 时，则须置镜该点，后视控制网上相邻控制点 P，拨角 φ 指导横洞开挖方向，如图 11.9 所示。

图中，$\varphi = \alpha_{DN} - \alpha_{DP}$，$\varphi = \alpha_{AN} - \alpha_{DN}$。

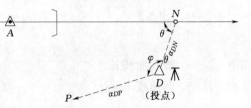

图 11.9　横洞、斜井交于线路直线上

2. 横洞、斜井交于线路曲线上

在隧道设计中，宜先确定交点的里程，特别是交点位于正洞中线的缓和曲线上时，这样可避免横洞（或斜井）中线的直线方程式与缓和曲线方程式联立求解交点坐标的繁琐计算。

曲线上的投点若在正洞中线的曲线上，一般先要计算出圆心坐标，以便以后各项数据的计算。当以该曲线的始端切线为坐标纵轴时，则圆心纵坐标等于 ZH 点纵坐标与切垂距 m 之和，其横坐标为 $(R+P)$；否则应按几何图形关系解算。

当已知里程的交点落在圆曲线上，可按前述方法计算其理论坐标，再与投点坐标反算求出横洞中线的方位角与横洞长度。置镜于横洞投点上，后视相邻控制点拨角 γ 标定横洞中线开挖方向，如图 11.10 所示（图中 $\gamma = \alpha_{DN} - \alpha_{DM}$）。

若在交点 N 处置镜，进测圆曲线中线点，需算出 N 点到圆心的方位角，拨夹角 θ 标定 N 点的切线方向，再按偏角法测设中线，如图 11.11 所示。

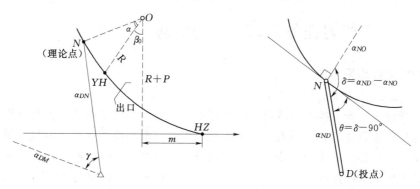

图 11.10　横洞、斜井交于线路曲线上　　图 11.11　在交点 N 处置镜

若交点在缓和曲线上，则先计算圆心坐标，再按交点到 ZH（或 HZ）的缓和曲线长，按前述曲线上里程点理论坐标计算方法求出其理论坐标，与横洞投点坐标一起反算出横洞长度与横洞中线坐标方位角。在正洞交点上置镜，按置镜曲线点测设切线方法，测设出切线方向，即可进测正洞中线。

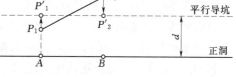

图 11.12　偏移值

3. 平行导坑进洞关系计算

平行导坑与直线隧道的中线关系，只是移桩的计算。平行导坑投点的横坐标与平行间距 d 之差为偏移值，如图 11.12 所示。

若平行导坑与正洞在圆曲线相交时，如图 11.13 所示，则先要求出圆心 O 的坐标，再由 O、P_1、P_2 坐标通过反算，求出交点 E 至 YH 点间弧长，然后根据 YH 点的里程，求交点 E 里程。而 P_1E 可通过解 $\triangle EOP_1$ 求得。

设　　　　　　　　　$P_1O = S = \sqrt{\Delta X_{P_1O}^2 + \Delta Y_{P_1O}{}^2}, \gamma = \alpha_{P_1O} - \alpha_{P_1P_2}$

于是有　　　　　　　$\sin\omega = \dfrac{S\sin\gamma}{R}, \theta = 180° - (\omega + \gamma)$

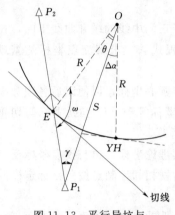

图 11.13 平行导坑与
正洞在圆曲线相交

$$\alpha_{YHO}=180°+90°+\beta_0$$

$$\Delta\alpha=\alpha_{P_1O}-\alpha_{YHO}$$

弧长 $$\widehat{YHE}=\dfrac{\pi R(\theta+\Delta\alpha)}{180°}$$

因此 $$\overline{P_1E}=\dfrac{R\sin\theta}{\sin\gamma}$$

置镜 E，后视 P_1 再反拨角（$\omega-90°$）可得交点 E 的切线方向。

当平行导坑与缓和曲线相交，其进洞关系计算，可比照前述置镜曲线点测设切线方向的方法，计算交点的理论坐标及其切线方向。

学习任务 11.2　隧　道　施　工　测　量

11.2.1　线路中线测设

1. 自导线点用极坐标法测设中线

用精密导线进行洞内控制的隧道，中线是根据导线点测设出来的，所有导线延伸到的地方，其附近都应设立正式中线点。隧道的衬砌工程一般均应根据正式中线放样施工。

随着施工的进展，首先建立临时中线，指导导坑的开挖，当临时中线延长到大于一个或两个正式中线点的间距时（在直线部分不宜短于 200m，曲线部分为 70m 左右），应建立一个新导线点并据以测设正式中线；有时为了施工需要（如扩大工序紧跟导坑），在不足导线点的设计间距时，就要建立正式中线（暂由原中线点放出），待导线跟上时，再根据新建立的导线点进行检测，必要时要移设中线点；当采用全断面开挖时，导线点和中线点都是紧跟临时中线的，这时临时中线点的精度要求也较高，一般必须用经纬仪施测。

利用导线控制点放设中线点，通常采用极坐标法。一般步骤是：根据欲测设中线点和导线点的坐标反算出放样所需的有关数据；进行点位的测设与检核。如图 11.14 所示，P_1、P_2 为导线点，C' 为由正式中线点 A、B 建立的临时中线点，现要测设正式中线点 C。

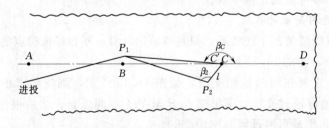

图 11.14　极坐标法

C 点的设计坐标由 C' 点里程和隧道中线的设计方位角 α_{AB} 计算得出；导线平差计算后，P_1、P_2 的实测坐标是已知的。根据这些数据，即可推出放样中线点所需的 β_2、l 及 β_C，如放样距离

$$l = \frac{y_C - y_{P_2}}{\sin\alpha_{P_2}C} = \frac{x_C - x_{P_2}}{\cos\alpha_{P_2}C}$$

将经纬仪置于导线点 P_2，用盘左后视 P_1，顺拨角度 β_2，并在视线方向上以 P_2 点量出平距 l，即得中线点 C_1，再用盘右同方法测得一点 C_2，取 C_1C_2 的分中点钉上小钉即作为 C' 里程的正式中线点 C。如果 C 点在 C' 桩上，新点作上后，老点应扒掉；不在 C' 桩上时，应先打临时木桩标志点位，在点位周围打下 4 个骑马桩，以便在 C 点挖坑埋设与导线点类似的固定桩志。

为了防止错误，C 的中线点位定出后，应作测角或穿线检核。比如在 C 点安置仪器，观测角度 $\angle BCP_1$ 两测回，实测的角与按坐标反算的角应当相符；或安置仪器于 B 点，用正倒镜分中法检查 ABC 点是否在一直线（检测的分中点与原点的点位差不应大于 $\pm5\text{mm}$）。

标定开挖方向时，将仪器置于 C 点，后视导线点 P_1，拨角 β_C 或后视 B 点，用正倒镜或转 $180°$ 的方法，指导开挖。

利用洞内导线点向前延伸导线或进行中线放样时，必须对所用导线点的前两点按要求进行检测，一般检测的精度和原精度相同，检测角值和原测角值之差不超过 $m_{\beta\text{限}}$（$=\pm2\times$ $\sqrt{m_{\beta\text{原}}^2 + m_{\beta\text{检}}^2}$），否则应再向前检测，直至合限的点为止，如发现点位移动，则导线点原坐标不能使用。

对曲线隧道自导线点测设中线的关键是先按曲线隧洞线路进洞关系中的方法计算欲测设中线点的理论坐标，其余做法与直线隧道相同，此不赘述。

2. 置镜中线点后视导线点测设曲线

用导线进行洞内控制的曲线隧道，根据导线设立的正式中线点，其间距一般是随导线点的间距而定（约 70m 左右），且具有洞内导线测量设计所要求的精度，是控制导坑掘进方向和进行隧道结构物施工放样的中线依据；供衬砌用的临时中线点则是根据正式中线点加密，一般间隔 5~10m。加密点直接关系到隧道建筑物及线路位置是否符合设计，故需要经纬仪或光电测距仪按一般测设中线的方法，以定测精度设置。直线一般用正倒镜分中法，曲线一般用偏角法或极坐标法。

用偏角法测设曲线，如在两已知中线点间测设，则与洞外详细设置曲线的做法完全相似。不同的是置镜中线点后视导线点的情况。洞内有时因种种原因，比如连续两正式中线点之一有被运输轨道压着；或者积水不便排干；或者工序紧跟，不到两个正式中线点的建立即要提供衬砌放样的临时中线；以及采用全断面开挖法施工的隧道等，都要置镜中线点后视导线点测设曲线，一般可根据仪器情况选择极坐标法或偏角法测设。

极坐标法适用于有光电测距仪的情况。其步骤为：

（1）设后视点（导线点）I 的坐标为 (x_I, y_I)；置镜点（中线点）J 的坐标为 (x_J, y_J)；待测点 K_i 的坐标为 (x_{Ki}, y_{Ki})。I 点的坐标已知；J、K_i 的坐标是根据里程并按隧道施工坐标推算求得。

（2）由坐标反算放样数据 α_{JI}、α_{JK_i} 和 l_{JK_i}。

（3）置镜 J 点，用方位角 α_{JI} 照准后视点 I，拨各待点 K_i 的方向角 α_{JK_i}，并在视线方向按相应距离 l_{JK}；放桩即得曲线各测点。

用钢尺量距测设曲线宜用偏角法，此法的关键是测定出置镜点的切线方向，一般有两种方法：

（1）同前述假设，按置镜点 J 所在的缓和曲线或圆曲线，计算曲线上待测点 K 的坐标（J、K 点应能通视，以 $20\sim30$m 为宜）。

（2）按 $J\sim K$ 之弧距 l_{JK}（里程差），按下式计算曲线相应之偏角 δ_K

$$\delta_K = (3mn \pm n^2)i_{10}(l_{JK} \text{ 在缓和曲线上})$$

$$\delta_K = \frac{90l_{JK}}{\pi R}(°)(l_{JK} \text{ 在圆曲线})$$

式中　　m——置镜点之顺号，用 ZH（或 HZ）至置镜点 J 之距离除以 10 表示；

　　　　n——置镜点至观测点之距离除以 10，即 $\dfrac{LJK}{10}$，向圆曲线方向用"＋"，向直线方向用"－"；

　　　　i_{10}——缓和曲线基本角，$i_{10} = \dfrac{57295.78}{Rl}$，（$'$）；

　　　　l——缓和曲线长，m；

　　　　R——圆曲线半径，m。

（3）由坐标反算放样数据 α_{JI}、α_{JK} 和 l_{JK}。

（4）置经纬仪于 J 点，用方位角 α_{JI} 后视导线点 I，拨方位角 α_{JK} 并在视线上从 J 量出平距 l_{JK}，定中线点 K，然后变度盘用偏角 δ_K 照准 K 点，则度盘拨至 $00°00'00''$ 即得置镜点 J 的切线方向。若 J、K 点均为缓和曲线整 10m 的分段点，则 δ_K 可按《铁路曲线测设表》第三册第六表直接查得；J、K 点在圆曲线上，δ_K 可查曲线表第三册第九表。

（5）偏角 δ_K 的符号决定于曲线的左偏或右偏和 J、K 的相对位置，如图 11.15 所示。

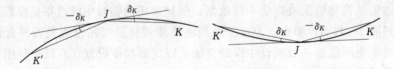

图 11.15　偏角 δ_K 的符号

（6）当 J 点在圆曲线上，也可通过圆心坐标推算 J 点切线与后视方向之夹角，以确定切线方向，如图 11.16 所示。

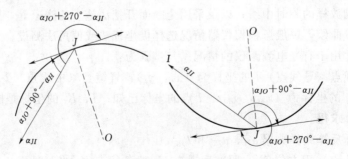

图 11.16　切线方向

11.2.2 施工放样资料准备

1. 平面资料

线路平面图是隧道平面控制和施工放样的设计文件。隧道施工放样的重要内容是测定隧道中线的平面位置，故在施工放样之前须对平面设计图所示的线路几何元素，如直线长度、线路里程、缓和曲线及圆曲线的起点与终点的位置等进行全面校核，校核地段两端各应超出施工范围一定距离；并检查线路平面图、断面图与放样的施工详图上所注设计资料是否一致。

短隧道的施工放样是先将隧道中线在地面上直接标定出来，再精确测量所标定出来的各点间的距离和角度，作为洞内施工时放样隧道中线的依据，这种现场标定法的测量放样和计算工作都比较简单。对于长大隧道则须先在地面建立平面控制网，将隧道中线和切线方向上的主要点包括在网内，用解析法算出控制网点在隧道坐标系中的坐标和隧道中线上的一切几何要素，随着施工的进展，将地面坐标系统由洞外引测到洞内，在洞内用导线测量的方法建立洞内控制系统，再根据洞内控制点放样隧道中线。在放样之前要根据导线控制点和待定中线点间的几何关系，确定放样方法，计算相应的放样资料，所述的线路中线测设方法，随时放出线路中线，并按断面图、施工详图或隧道设计说明中所指定的标准图，将建筑物的特征点在相应的地面上标志出来，即进行结构物的细部放样。

2. 设计坡度及竖曲线计算

施工放样不仅要测定平面位置而且要测定出高程。高程放样包括以下内容。

（1）中线设计高程校核。隧道结构物的高程由线路设计纵断面给出。因此在校核线路平面设计图的同时，还必须校核断面设计图所有设计高程，即要根据某一坡段起点的标高和坡度逐点计算出各中桩（竖曲线地段每 5m，其余地段每 10m）的标高，至百米标和变坡点处与图纸设计标高核对。校核时须保证相邻地段有重叠。

（2）竖曲线高程计算。在纵断面图或设计标高表中，只算出有变坡点及百米标的路肩设计标高，均未考虑竖曲线，对于在竖曲线范围内的路肩设计标高，须以竖曲线的标高为准，故放样前需进行竖曲线高程计算。

11.2.3 断面测量及结构放样

1. 开挖断面测量

开挖断面测量包括断面放样、净空检查、实际断面及断面图绘制，列入竣工文件。

（1）拱部断面。拱部断面用断面支距法控制，即自外拱顶点起，沿断面中线向下每隔 0.5m 量出两侧外拱线的横向支距 $X_右$，各支距端点的连线即为断面开挖的轮廓线，如图 11.17 所示。应注意：直线隧道左、右支距相等；曲线隧道内侧支距比外侧大 $2d$。d 为线路中线至隧道中线的距离。

（2）墙部及底部断面。放样和净空检查采用支距法测量，如图 11.18 所示，曲墙地段自起拱线高程起，沿中线向下每隔 0.5m，向中线左右两侧按设计的尺寸量支距，至轨顶高程为止；直墙地段自起拱线起，沿中线向下每隔 1.0m 量支距，至轨顶高程为止。支距量在标准图上查得，同样，曲线隧道内侧支距比外侧支距大 $2d$。

隧道底部设有仰拱时，仰拱断面的放样及检查，由中线起向左、右每隔 0.5m 由轨顶高程向下量出设计的开挖深度，量测方法如图 11.18 所示。

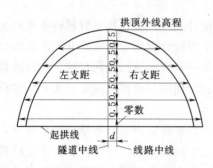
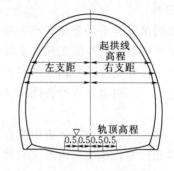

图 11.17　拱部断面用断面支距法测量　　图 11.18　墙部及底部断面支距法测量

2. 各部结构的放样

隧道各部位的衬砌放样，都是根据线路中线、起拱线和轨顶高程，按照断面的设计尺寸掌握的。所以在结构物施工以前，须检查复核要使用的中线点的平面位置和高程，检查要使用的水准点高程以及设立的轨顶高标志，确认无误，才能据以放样。

（1）拱部放样。拱部衬砌一般是按每 5～10m 分段进行（地质不良地段为 1～2m），用经纬仪将每段两端点处的中线点在顶板钉出，并放出中线的垂直方向；用水准仪测出上述端点两侧的起拱线和内拱顶点标高，按方向线和高程点立好两端拱架，然后在拱顶和两侧的起拱线绷上麻线，按规定所要求的间距校正好中间各榀拱架（在直线上拱架中线与线路中线重合，曲线上两中线之间距等于 d 值），固定拱架结构，铺设模板即可衬砌。

（2）边墙及避人（车）洞放样。由检查过的中线点，水准点，用仪器按隧道各部位高程表测出轨顶高、边墙基底和边墙顶高，并加以标志（先拱后墙地段，则应检查起拱线高程）。在直墙地段，从校准的线路中线按规定的尺寸放出支距，即可立模衬砌；在曲墙地段，通常是先按1：1的大样预制好曲墙模型板，然后从校准的中线按计算好的支距安设带有曲面的模型板。

避人（车）洞的中心位置是按设计的里程，在线路中线上放垂线（十字线）决定的，衬砌放样和隧道拱、墙放样基本相同，可参照进行。

（3）仰拱和铺底放样。仰拱的模板是预先按设计尺寸制作的，而且是在已成墙地段施工，放样时先检查轨顶高程的标志，按轨顶高程绷上麻线，麻线向下量支距（图 11.18），将模板定位固定即可。

隧道铺底放样也是以轨顶高程来控制的。在左右边墙上，轨顶标高向下量出设计尺寸弹一墨线，即可掌握铺底标高。

（4）端墙和翼墙放样。端墙如为直立式，洞门里程即是端墙位置。按设计置镜中线上的洞门里程桩，放出十字线或斜交线即确定了端墙位置；如端墙有 1：n 的坡度，则应先求出端墙基底里程：端墙基底里程＝洞门里程±nh，h 为端墙基底与洞门的高差。

然后在基底里程的中线桩上，放出十字线或斜交线，再在两侧按 1：n 的坡度各立上方木或绷以麻线即可据以掌握衬砌。当先拱后墙法施工时，须注意洞门拱圈端面要按端墙的坡面控制，以便将来墙拱坡面一致。

翼墙一般纵向和横向都有坡度，放样时，先放出地面上基底位置，再在端墙上画出翼墙和端墙的交线或在此位置立上方木，然后在 A、B 之间绷紧麻线，如图 11.19 所示，这样翼墙的轮廓就出来了，据此轮廓线即可进行衬砌。

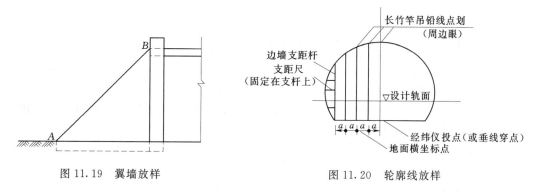

图 11.19　翼墙放样　　　　　　图 11.20　轮廓线放样

3. 全断面掘进轮廓线放样

为了正确掌握隧道开挖轮廓线，在每次全断面爆破前，应测定周边爆眼位置，其他爆眼可根据炮眼布置图，直接定位钻孔。

轮廓线放样目前系按直角坐标法进行（图 11.20），用经纬仪定出地面中线点，水准仪定出设计轨面线，地面测出横坐标点，用长竹竿挂铅锤线定出纵坐标点（即拱部轮廓线或周边孔位），纵坐标从轨面算起，用边墙支距杆定出两侧坐标点（即边墙轮廓线或周边孔位）。

上述轮廓线放样测量，速度慢、精度低、劳动强度大。因此，今后应研制利用激光或电脑控制辐射定位法，向简单、便捷、准确的方向发展。

11.2.4　贯通误差测定及调整

11.2.4.1　用导线法贯通的隧道

用导线作贯通测量的隧道，其贯通误差的测定办法是首先在贯通面附近打一临时桩，然后由进侧的两个方向各自测得该点的坐标，所得坐标差值投影至贯通面及其垂直方向的长度，即为隧道的横向和纵向贯通误差。也就是将坐标轴旋转，使 X 轴垂直于贯通面，则由进侧两个方向同时测得该点的坐标之差 ΔX 和 ΔY，即为纵向和横向贯通误差。横向贯通误差不得超过规定限值。

贯通误差的处理办法：一是把误差（坐标闭合差和方位角闭合差）分配在未衬砌地段，即以贯通面两端衬砌地段的各一导线为固定边，然后按附合导线的平差方法分配闭合差，并根据平差后的坐标进行中线放样。再一个处理办法是将洞内导线和洞线（或三角锁一侧边）看成为一个闭合导线环，然后按简易平配闭合差，按平差后的坐标进行洞内中线放样。如按第一种方法处理，则可减少隧道衬砌为测量误差所给的预留量，对长隧洞较为合适。如按第二种方法处理，调线工作量比较大，如调整大时，易侵入已衬砌地段的隧道净空，但由于是整个隧道整体调线，它对运营后的线路养护或上部建筑的技术改造有一定的好处，如隧道比较短，且在不影响隧道设计净空的原则下，此法较宜。第三种方法是将闭合差由洞内外统一分配，故可大大土地减少洞内调整量，但由于洞内导线精度较洞外测量精度相差较大，用此法是不大合理的，而对于洞内、外均采用光电测距导线控制的隧道还是有一定的实用价值。为避免因调整贯通误差而侵入已衬砌地段的隧道净空，规定贯通误差应在未衬砌地层调整，该段的开挖及衬砌，均应以调整后的中线进行放样。

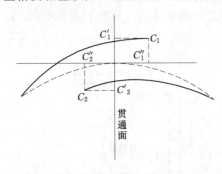

图 11.21　用中线法贯通

11.2.4.2　用中线法贯通的隧道

用中线法施测的隧道，当相向导坑掘进贯通后，由于洞内滑测量误差的存在，中线在贯通面上不可避免地要出现闭合差的测定，是由测量的相向两方向，各自延伸至预定贯通点里程，各钉一临时点，量出两临时点纵向和横向差，即为实际纵向和横向贯通差。如图 11.21 所示，$C_1'C_2'$ 为横向贯通误差，$C_1''C_2''$ 为纵向贯通误差。

在隧道中线贯通后，为确定如何调整中线，应将相向两方向测设的中线，各自向前延伸一相当距离。如贯通面附近有曲线始终点时，则应由曲线始终点向直线端延测一段直线。

贯通误差的调整方法有下列几种：

1. 折线调整法

直线隧道如两端洞身已作永久性衬砌，则中线闭合差可在未衬砌地段用折线调整如图 11.22 所示。很明显，当横向贯通差 C_1C_2 为定值时，则调线地段 AB 越长，转角 r 就越小。因调线而产生的转折角 γ 在 $5'$ 以内时，可作直线考虑；$5'\sim25'$ 时，可按顶点内移量考虑衬砌位置和线路内移量，见表 11.1；当 γ 角大于 $25'$ 时，则应加半径为 4000m 的圆曲线。

图 11.22　折线调整法

表 11.1　　　　　　　　　　　转折角为 $5'\sim25'$ 时顶点内移量

转折角（'）	5	10	15	20	25
内移量（mm）	1	4	10	17	26

2. 按比例调整法

该法又称调整偏角法。当调线地段全部位于圆曲线上时，应根据实际贯通误差，由调线地段两端开始，向中间按长度比例调整中线。假如调线地段 AB 长 200m，横向贯通误差 50mm，则每 20m 的调整量如图 11.23 所示。

3. 调整圆曲线长度和曲线始终点法

贯通面在曲线始点或终点附近，曲线端的延伸线与直线段不平行又不重合时，可先以"调整圆曲线长度法"使两切线平行，然后再用"调整曲线始终点法"使其两切线重合。

（1）用调整圆曲线长度法使切线平行。如图 11.24 所示，DE 和 $D'E'$ 不平行，如要使其平行，圆曲线需缩短 CC_1。

226

$$CC_1 = \frac{EE' - DD'}{ED} R$$

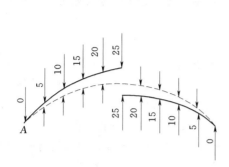

图 11.23 按比例调整法

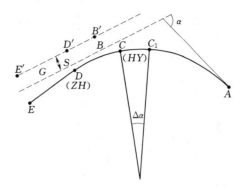

图 11.24 调整圆曲线长度法

圆心角相应的减小值 $\Delta\alpha$ 为

$$\Delta\alpha = \frac{180°}{\pi} \frac{CC_1}{R}$$

调整后 D 移至 B，则 $\qquad\qquad DB \approx CC_1$

而调整后两平行切线之间的距离 S 为

$$S \approx DD' - \frac{l_0 - CC_1}{2} \frac{EE' - DD'}{ED}$$

（2）用调整曲线始终点法使切线重合。经上一步调整，两切线已经平行，如图 11.25 所示，$E'B' /\!/ GB$，但不重合，故可用调整曲线始终点法使 $E'B'$ 和 GB 重合。这时曲线头尾分别由 A、B 移到了 A_1、B_1，而

$$AA_1 = FF_1 == BB_1 = \frac{S}{\sin\alpha}$$

$$B_1 B' = S\cot\alpha$$

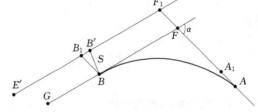

图 11.25 调整曲线始终点法

中线调整的方法除上述几种以外，尚有变更缓和曲线长度法及变更圆曲线半径法。

由于这两种方法与规范的规定不符，且数值零碎将造成养护及恢复测量的麻烦，除极个别情况外，一般不宜采用，故此处不再论述。

学习任务 11.3 隧 道 竣 工 测 量

隧道竣工后，为了检查主要结构物及线路位置是否符合设计要求，为运营中的工程维护和设备安装提供测量控制点和竣工资料，须进行隧道竣工测量。

要求直线地段每 50m、曲线地段每 20m 以及需要加测断面处测绘隧道的实际净空，包括：拱顶高程、半拱宽度、起拱线左右侧宽度、内轨顶面线左右侧宽度、铺底或仰拱顶

图 11.26　净空断面测量

面高程（填充混凝土前测）。测量程序为：中线点，拱顶高程，内轨顶高程，断面支距（以线路中线为准），如图 11.26 所示。

对所测的高程和支距，须作正式记录并绘出断面净空图列入竣工文件。

1. 中线测量

隧道中线基桩应在全隧洞中线测量后，用混凝土包埋金属标志。对有洞内控制测量的隧道，可根据贯通误差调整后的线路中线点埋设，一般利用检测后的施工中线埋设。

直线上，每 200～250m 埋设一个中线基桩；曲线上应在缓和曲线的起、终点各设一个，曲线中部应适当增加，使其前后均能通视。

应在中线基桩两侧边墙上绘出标志，设立标点，以资识别。标志设在高于轨面 50cm 处，标志框内以白油漆打底，红油漆书写，上写中线点名称（例如 ZH 等），中间写统一里程，下写标志距中桩距离。

在中线测量时，还应标校避人（车）洞位置，在洞身变换断面、衬砌类型变换以及其他需要测净空断面的里程处应标志临时中桩，供测绘断面用。

2. 水准测量

洞内水准点每公里应埋设一个，少于 1km 的隧道应至少埋设一个或两端洞门附近各设一个，与中线基桩相似，在隧道边墙上作出标志，注明水准点的编号和标高。

洞内水准点应和两端洞外水准点联测，高程闭合差符合规定精度（五等水准）后，进行平差确定各点高程。

洞内临时中桩的边墙上要标出内轨顶面高度，供净空测量用。

作为竣工资料之一，对洞内中线基桩和永久性水准点，应列出实测成果表并注明里程。

学习任务 11.4　施工和竣工测量新技术

11.4.1　激光指向仪的应用

隧道开挖采用激光导向，是利用激光器射出的可见激光束的方向来代替望远镜视准轴的方向。当测量人员将指向仪配置到所需要的开挖方向后，施工人员根据观察靶（或光电接收靶）上光点的位置即可调整开挖机械的方向和位置。

在直线地段掘进时，将激光束调整在中线上并平行于线路的坡度即可，激光束的光点落在观察靶的固定点上（一般在靶的中心），即表示掘进方向和位置正确。

在曲线地段掘进时，一般将激光束调整在某一割线位置上，如图 11.27 所示，割线与曲

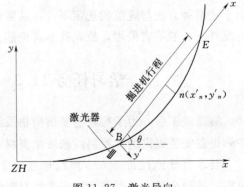

图 11.27　激光导向

线的两个交点为 B、E，假设掘进机由 B 向 E 沿曲线掘进，BE 的曲线长度称为掘进机的掘进行程。在掘进机沿 BE 曲线掘进中，当掘进机观察靶中心准确位于曲线 n 点时，激光投射的光心应位于观察靶十字线中心的左侧，并距十字线中心的水平距离为 y'_n。如果事先按里程将激光投射点的理论轨迹（一般每 $2m$ 一点）分别计算好并标出，贴在掘进机观察靶上，司机按所在位置的里程，看激光投射点是否落在此轨迹的相应位置，即能判断观察中心是否位于线路中线上，并可根据激光投射点的实际位置，纠正掘进机的方向和位置。

11.4.2 采用断面仪测量隧道净空

由于隧道建设数量以及旧线隧道改造的增加，建筑技术的现代化，隧道建筑、运行质量管理日趋完善，对隧道建筑限界的测量不仅日益频繁，而且对量测的精度、速度也提出了更高的要求。

我国隧道断面测量技术比较落后，一般采用梯子爬高、竹竿"钓鱼"法进行测量，测一个断面需要 $4\sim6$ 人，作业 $2\sim3h$，且只能量取 6 个测点。既有隧道则采用多点滑臂测量车或搭架测量。在电气化隧道中，上述人工接触测量方法是根本不容许的。

人工测量方法不仅测量精度无法保证，而且作业繁重、危险，在现场采用十分困难，因此不易对开挖断面进行及时检测。

据估计，我国的隧道开挖由于不能及时进行断面检测而可能造成的超挖经济损失平均约占工程总费用的 5% 左右。$1km$ 隧道就要损失 150 多万元。断面检测数据为评价隧道开挖和衬砌质量提供了科学依据，对建立有效的经济责任制，节省工程投资具有重要意义。

为了改变我国隧道断面测量技术的落后面貌，近年来已开始应用便携式断面仪进行隧道断面和净空测量，收到了良好的效果。

11.4.3 成果整理及技术总结

各测量阶段，测量成果整理必须做到真实、明确、整洁、格式统一，并装订成册，妥善保存。各三角点、导线点、中线点、水准点的名称必须记载正确，同一点名在各种资料中必须一致。

1. 洞外控制测量应交的资料

（1）控制测量说明，包括隧道名称、长度，平面形状，布网情况，施测方法，仪器型号，平差方法，施测日期以及特殊情况与处理等。

（2）布点示意图。

（3）角度、边长和高程的实测精度及其计算方法，平差后的精度。

（4）控制网的边长、坐标和方位角计算成果。

（5）曲线转角、曲线函数的计算以及曲线始终点实测里程。

（6）控测里程与定测里程的关系。

（7）控测水准点高程计算成果及其与定测水准点高程的关系。

（8）洞口投点的进洞关系计算成果。

（9）洞外控制测量误差对贯通精度的影响值以及对洞内测量的要求。

2. 洞内控制测量应交的资料

（1）洞内控制测量说明，包括布点情况、施测日期、测量方法和仪器型号、实际贯通里程、平差方法、特殊情况及其处理。

（2）布点示意图。

（3）角度、边长和高程的实测精度和计算方法。

（4）与洞外控制点联测成果。

（5）导线边长与各点坐标以及洞内水准点计算成果。

（6）在三个方向上的实际贯通误差。

（7）贯通误差的调整方法。

3．竣工测量提供的资料

（1）以隧道进出口轨顶高程处洞门坞工里程为准的隧道长度表。

（2）中线基桩表（应注明统一里程和施工里程）、断链表。

（3）曲线表、坡度表。

（4）水准点表。

（5）隧道净空表和净空断面图。

4．技术总结的编写

凡使用新技术、新仪器和新方法以及通过竖井进行测量的都应编写测量技术总结。其内容包括：

（1）基本情况。

（2）洞外、洞内的施测方法及实测精度。

（3）实测的贯通误差值及其调整方法。

（4）施测过程中发生的重大问题及其处理情况。

（5）引进和使用新技术的经验、教训和体会。

学习单元 12　污水处理构筑物的施工测设

学习任务 12.1　场　地　平　整

场地平整是将自然地面按预定高程和坡度进行平整，以方便交通，利于排水。工程开工之前平整场地，可方便施工运输，降低施工成本，防止土方反复开挖、运输造成的浪费。

平整场地之前应根据情况在场地上布设方格网，一般场地用 20m×20m 的方格，当地面起伏较大时，可用 10m×10m 的方格。

用经纬仪或钢尺实地测设出方格网，在方格网交点打上木桩，并按木桩所在的行和列编号。

依据场内水准点，测量方格交点附近具有代表性的地面高程，将所测高程记录在网格图的相应交点上，记录方法如图 12.1 所示。

场地平整分两种，一种是已知设计高程，根据原地面高程和设计高程计算填挖量，确定现场的填土量或挖土量；另外一种是未知场地设计高程，通过现场高程实测，用加权平均的方法确定场地平均高程，并根据预定坡度确定设计高程的方法，目的是平衡场内土方，避免测量土方运输，降低工程成本。

图 12.1　网格填写方法

12.1.1　已知设计高程的场地平整

（1）填挖数的计算。方格网的面积已知，要计算填挖量，需要计算出方格交点的填挖数。填挖数＝设计高程－原地面高程，填挖数为"＋"时，表示填方，填挖数为"－"时，表示挖方。依次计算出填挖数后，将数据填入相应方格图中。

（2）填挖边界的计算。在方格的挖方点与填方点之间，必有一个不填也不挖的点，即填挖边界点，该点的高程等于设计高程。把相关的填挖边界点连接起来，就是填挖边界线，也叫零线。零点与零线是计算填挖量和场地平整施工的重要依据，如图 12.2 中 3—0 与 4—0 点之间的填挖边界线。

图 12.3 是以 3—0 与 4—0 点为例，计算两点之间的零点 S。零点 S 距 3—0 点的距离为

$$D = Lh_1/(h_1+h_2)$$

式中　D——零点 S 到 3—0 点的距离，m；

h_1、h_2——3—0 点、4—0 点的填挖绝对值，m；

L——方格的边长，m。

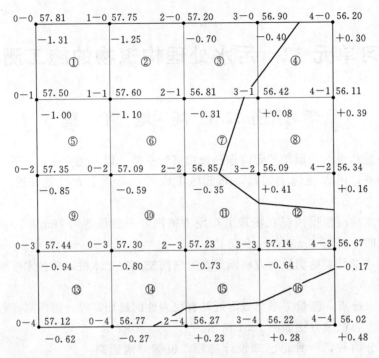

图 12.2　场地平整数据

3—0 点的高程为 56.90m，4—0 点的高程为 56.20m，$L=20$m，则

$$h_1 = 56.90 - 56.50 = 0.40 \text{（m）}, \quad h_2 = |56.20 - 56.50| = 0.30 \text{（m）}$$

$$D = 20 \times 0.4/(0.4 + 0.3) = 11.43 \text{（m）}$$

自 3—0 点沿网格线向 4—0 点量取 11.43m 即为填挖边界点 S，以此计算、连接出各填挖边界点。

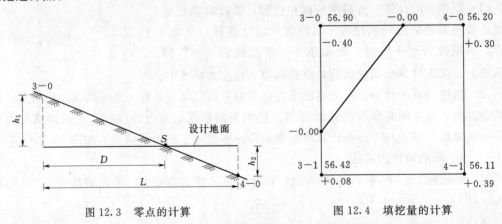

图 12.3　零点的计算　　　　　图 12.4　填挖量的计算

以上工作完成后即可开始计算填挖，当方格全部为挖方或填方时，可平均网格四角高程作为平均填挖数，再利用方格的面积求出填挖量。当方格内既有挖方又有填方时，填挖量应分别计算。如图 12.4 所示，方格内的斜线为填挖边界线，左上侧需要挖方，右下侧需要填方。左侧三角形的平均挖方深度为 $(0.40 + 0.00 + 0.00)/3 = 0.13$（m），面积

$81.6m^2$，挖方量为 $81.6×0.13＝10.61（m^3）$。右侧五边形的平均挖方深度为 （0.00＋ 0.30＋0.39＋0.08＋0.00） /5＝0.15（m），面积 $318.40m^2$，填方量为 $318.40×0.15＝ 47.76（m^3）$。

按上述方法，从方格网的左上角开始，由左至右，由上至下计算出每个方格的填挖量，见表 12.1。

从表 12.1 的合计栏中可以看出，该场地需要挖方 $2830.06m^3$，填方 $255.92m^3$。

表 12.1   填 挖 量 表

序号	平均挖方深度（m）	挖方面积（m²）	挖方量（m³）	平均填方深度（m）	填方面积（m²）	填方量（m³）
1	1.17	400.00	468.00			
2	0.84	400.00	336.00			
3	0.28	388.27	108.72	0.03	11.73	0.35
4	0.13	81.60	10.61	0.15	318.40	47.76
5	0.89	400.00	356.00			
6	0.59	400.00	236.00			
7	0.17	251.08	42.68	0.12	148.92	17.87
8				0.26	400.00	104.00
9	0.80	400.00	320.00			
10	0.62	400.00	248.00			
11	0.34	357.87	121.68	0.14	42.13	5.90
12	0.20	224.94	45.00	0.14	175.06	24.51
13	0.66	400.00	264.00			
14	0.36	377.96	136.07	0.08	22.04	1.76
15	0.34	291.22	99.01	0.13	108.78	14.14
16	0.20	191.44	28.29	0.19	208.56	39.63
合计			2830.06			255.92

12.1.2 未知设计高程的场地平整

如需实测确定场地设计高程，以平衡土方，可用原地面高程的加权平均值作为某点设计高程，再按预定坡度计算出各网格交点的设计高程，从而确定填挖线和填挖量。

图 12.5 也是 20m 的方格网，需要求出场区的平均高程，然后按东西方向 2‰降坡，北南方向 1‰降坡进行高程设计。

由于方格网交点高程所控制的面积不同，如果以一个方格的 1/4 作为单位面积，定其权为 1，则角点的权为 1，边点的权为 2，拐点的权为 3，芯点的权为 4，如图 12.6 所示。加权平均值就是各方格网交点的高程分别乘以各点的权，求得总和后，再除以各点权的总和。

场区高程加权平均值

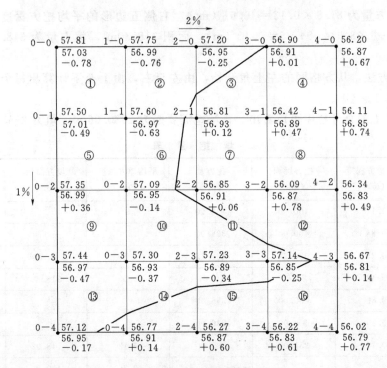

图 12.5　场地平整数据

$$H_P = [(57.81 + 56.20 + 57.12 + 56.02) \times 1 + (57.75 + 57.20 + 56.90 + 57.50$$
$$+ 57.35 + 57.44 + 56.77 + 56.27 + 56.22 + 56.11 + 56.34 + 56.67) \times 2 + (57.60$$
$$+ 56.81 + 56.42 + 57.09 + 56.85 + 56.09 + 57.30 + 57.23 + 57.14) \times 4] / (1 \times 4$$
$$+ 2 \times 12 + 4 \times 9) = 56.911 \approx 56.91 \text{ (m)}$$

12.1.3　场地平整的施工测量

如挖土深度较大，测量人员应现场指挥粗平。当高程接近设计高程时，测量人员应在场区内布置网状控制点供推土机、刮平机找平使用。将地面用铁锹铲平至设计高程，并在该平面上撒上白灰，当推土机、刮平机推出白灰点时即到达设计高程面。

应根据不同土质和填、挖施工的不同预留压实厚度。挖方部位一般不用预留压实厚度，填方部位要根据土质和深浅的不同预留压实厚度，避免反复施工造成浪费。

学习任务 12.2　进 水 构 筑 物

12.2.1　开槽

放线之前，测量人员应熟悉施工组织设计或基坑开挖及支护方案，根据方案要求算出开槽线。进水构筑物的各部分轴线十分复杂，测量人员应仔细研究图纸，找出主要轴线，认真计算各轴线之间的关系，然后根据已知控制桩，用极坐标法测设轴线和开槽线。

污水处理厂构筑物的结构尺寸一般都很大，钢尺测量很难保证精度，建议用全站仪进行轴线测设。

基坑开挖过程中，测量人员应随时监测基坑坡度是否达到要求，并随时纠正。应使用直角边坡样板或坡度尺实时检查坡度情况，边坡样板的水平直角边与垂直直角边的比值应等于设计坡度值。将坡度尺斜边靠在开挖边坡上，如水平直角边的水准管居中，则边坡与设计相同，如偏差较大，应及时修正。

　　边坡样板可用作边坡放样定位，也可用于检验已修筑成的路堤、路堑、沟槽、河渠等边坡的坡度。边坡样板一般由木料按边坡坡度制成，只能专用于一种坡度。

　　相对于边坡样板，坡度尺更灵活、易用，该工具适用于各种边坡的放样和检验。

　　坡度尺由一直角三角形板和一弧形板组成，可用木板或金属板制作。圆弧的圆心必须位于三角形的直角点上，在弧形板上刻划出角度（0°～90°）或坡度值。角度的起点（0°）必须位于直角点到斜边的垂线上，以直角点为轴，悬挂重心在下部的指针，指针所指角度即为该坡度所对应的角度值。指针的轴要灵活，指针应有足够的重量。

　　开挖至槽底时，应预留 100mm 人工清槽。应向槽底引测两个以上水准点，每个水准点应至少测量 3 次，每次高程差不能大于 3mm，并取平均值使用。为保证高程桩稳固，不要将高程桩埋设在边坡上，应将高程桩埋入槽底以下 500mm，并用混凝土浇筑固定。当基坑进行降水时，应加大高程桩的校核频率。

　　为保证施工安全，必须对基坑进行变形观测，观测要求与高层建筑基坑变形观测相同。

12.2.2　基础

　　将构筑物主要轴线投测到槽底，并根据主轴线放出垫层边线。沿边线每隔 5～10m 测设一个高程桩，供支设模板用。模板支设完成后，必须对边线位置和模板高程进行检验。

　　垫层浇筑完成后，将经纬仪或全站仪精确置于轴线控制桩上，后视轴线另一端点，用正倒镜分中法将各主要轴线投测到垫层上，各轴线测设完成后，应做必要几何关系检验，合格后，再弹出轴线和基础模板边线。

　　在轴线上每隔 5～10m 测设一个高程点，在高程桩上标出模板顶平线或在垫层上标出模板顶面的上返数。由于污水构筑物有抗渗要求，墙体与筏板分界处不能有接槎，因此筏板模板完成后，应测设出墙体吊模轴线和边线，如图 12.6 所示。严格检验筏板和墙体吊模模板的位置及高程，不合格的要重新调整。

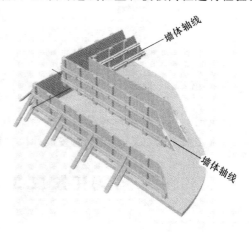

图 12.6　吊模

　　由于基础混凝土的体积比较大，因此，浇筑过程中测量人员应随时监控模板状况，重点监控墙体吊模的水平位置，如果变形超过 8mm，应立即采取纠正。

12.2.3　墙壁

　　用经纬仪将墙体主要轴线投测到筏板上，并根据主要轴线放出其他次轴线的位置，再根据轴线弹出模板边线。

筏板以上的墙体上一般有大量预留洞、预埋管以及预埋件，结构非常复杂。测设前，测量人员要认真熟悉图纸，找出各预埋、预留位置与轴线的关系，并根据这些关系，将其测设于实地。模板制作、安装过程中，测量人员应随时复核预留、预埋位置是否准确，保证高程偏差在±3mm 以内，中线偏差不大于 5mm。

管道类别不同，高程标注方法也不尽相同，测量人员应认真阅读图纸，弄清预埋管高程的标注位置。核对与之对接的管线高程，如果高程值不符，应尽快与设计人员联系。

模板校正、固定后，应在模板上弹出预埋管的中心位置，并重新调整预埋管的位置，使其精确对准中心位置。

进水构筑物中有大量的预留闸槽，槽中有预埋钢板，绝大部分构筑物混凝土是清水混凝土，没有装修，因此混凝土外观尺寸十分重要，尤其是地表以上部分。所以，必须严格控制墙体模板的垂直度、平整度。小于 5m 的墙体，垂直度偏差应在 8mm 以内；5～20m 之间的，垂直度偏差不应大于 $1.5H/1000$。一般墙体表面平整度不应大于 8mm，轨道面平整度不大于 5mm，高程偏差不大于±3mm，垂直度应控制在 $H/1000$ 之内，且不大于 20mm。

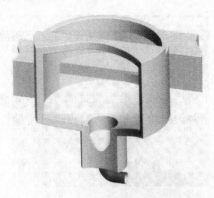

图 12.7　旋流沉砂池

构筑物内复杂的轴线都是根据主要轴线测设出来的，因此必须保证主要轴线的测设精度。其他次轴线测设时，应直接从主要轴线引测，严禁用其他次轴线引测，以防止误差积累。测设完成后，应认真校核。

12.2.4　沉砂池

沉砂池靠重力集砂，锥形池底是集砂的关键。由于混凝土的流态性质，使锥形坡控制比较困难，因此，必须采取一定的控制措施保证坡度。

旋流沉砂池（图 12.7）的上层坡度较小，混凝土浇筑前，应在外墙模板和芯模上测设出高度标志。浇筑时，可在外墙模和芯模之间挂线找坡或用刮板将混凝土表面刮平。下层空间较小，用人工找坡有一定困难，应按设计尺寸制作芯模固定在中心位置上。

学习任务 12.3　沉淀构筑物

12.3.1　锥形池底

污水处理厂的沉淀构筑物有初沉池和二沉池两种类型，两者除功能不同之外，施工工艺基本相同。沉淀构筑物多为圆形，中心进水，周边出水，称为辐流式沉淀池。沉淀池有平底式和锥底式两种，平底沉淀池施工比较简单，锥底式沉淀池施工比较复杂。

沉淀池一般覆土较浅，深度也不大，开槽线测设比较简单，用极坐标法测设出中心点和边线即可，为了测设附属设施，还应测设出方向点。

将锥底按经线和纬圆分成梯形方格，测量过程中主要采用方格交点挂线量取一定数值进行高程控制。

由于实际量测过程中使用的是弧弦，弦和圆弧存在着高程差，这里简称错位误差。

12.3.2 池底管道施工

沉淀池通过地下管道将待处理的污水送入中心导流洞，再通过导流洞将水送入沉淀池。当管道需要现浇包封混凝土时，应对管道采取加固措施，如使用地锚钢筋将管道锚在设计位置，防止浇筑混凝土时将管道浮起。混凝土浇筑的过程中，测量人员应跟踪监测管道的高程情况，发现漂浮应立即采取措施。

计算出管道中线和方向线之间的角度 α，将经纬仪置于池体中心，拨角度 α 或 $360°-\alpha$，测设出管道中线，再根据管道中线、槽底高程、开槽坡度计算出上口开槽线。根据设计坡度，每隔 10m 在开槽线两侧测设成对、等高的高程桩，以控制管道中线、开槽深度和坡度。该高程桩的坡度应与管道相同，即从所有高程桩量取同一个常数就是槽底。

管道与弧形墙壁相贯时，要保证管口全部露出墙壁。

如果管口要与其他管道焊接连接，应预留焊接长度。

由于管道基础较深，为保证池体基础不被后续施工破坏，池外侧应预留 1000～1500mm 的管道。

12.3.3 杯口施工

杯口是浇筑水池底板时为墙体预留的凹槽，目的是在杯口中安装预制墙板或现浇墙体。

12.3.4 墙体施工

沉淀池的墙体有预应力整体墙体和加变形缝的分块墙体。整体墙体必须保证墙体的半径和垂直度，分块墙体除了必须保证半径和垂直度外，还要保证变形缝竖直方向垂直和水平方向向心。沉淀池的半径通常较大，加上有些池体是锥形池底，用钢尺量取池体半径时必须加入高差、温度及尺长改正，测量十分麻烦，建议使用测距仪或全站仪测设距离。池壁直径误差必须控制在 ±20mm 之内，不大于 5m 的墙体，垂直度应控制在 8mm 以内；大于 5m 且不大于 20m 的墙体垂直度应控制在 $1.5H/1000$，用 2m 直尺检验。

如果中心处有障碍物或池体中心与池壁高低悬殊太大，用钢尺测设池壁位置有困难时，可选距离池壁较近的控制桩或与池壁大致等高的已知某点，用三角函数原理测设池壁上的点。

通常情况下，通道板或刮泥机、吸刮泥机轨道与池壁同时浇筑。轨道平面高程要求较高，因此应加大该处高程桩的密度，提高精度，应至少每隔 2m 距离测设一个高程点，为混凝土浇筑和抹面提供依据。当通道板下部土壤比较松散或强度不高时，应预加一定坡度或将通道板高程提高，预加坡度或高度应在 3～5mm。

混凝土浇筑过程中，测量人员应随时复核关键部位，发现问题要及时采取补救措施。

学习任务 12.4 生物处理构筑物

12.4.1 开槽

生物池或曝气池的几何尺寸和深度较大，用钢尺测量比较困难，建议用全站仪进行测设。根据已知控制桩和构筑物轴线坐标，用极坐标法测设出池体的主要轴线，延长轴线并设置临时控制桩。生物池槽底面积很大，因此，应根据轴线位置将槽底划分为 10m 的方格网，在网格交点上打桩，在桩上侧设出等下返数的高程点，供挂线清理使用。

12.4.2 底板

生物处理构筑物一般分为若干个单元，各单元之间设有变形缝。通常采用跳单元施工的方法，因此必须控制好各独立单元的底板、墙体及曝气管槽的轴线，以使它们能准确、直顺地衔接。

应在每个变形缝和导流墙轴线的两侧设临时控制点，以便对这些轴线进行控制。由于面积太大，应根据需要将若干高程点引测至槽底，各高程点高程差值不得大于 3mm，并取平均值使用。底板混凝土浇筑完成后，应及时将高程点引测至底板上。

生物池混凝土有抗渗要求，墙体与底板分界处不能有接搓，因此，浇筑底板时应同时浇筑不小于 500mm 的墙体。

12.4.3 通道板和曝气管槽

为保证分单元施工的通道板、曝气管槽等最终能直顺地连接在一起，每个单元的通道板和曝气管槽都应进行严格的轴线和边线的测设。模板支设前用临时控制桩将通道板、曝气管槽的边线精确地测设出来，模板支设完成后，再用经纬仪进行校核，误差应控制在 ±5mm 之内。测设同一轴线各单元上的通道板和曝气管槽时，应使用相同的控制点，后视长度应不小于前视长度。浇筑过程中应进行必要的监控测量，发现超差应及时纠正，防止边缘呈波浪形，影响美观。在模板侧边缘应每隔 2~3m 测设一个顶面高程点，供混凝土浇筑和抹面使用。混凝土抹面时应跟踪测量，随时控制混凝土顶面高程。

由于模板支设和混凝土浇筑都在通道板模板上活动，动荷载较大，而且通道板脚手架内外地基不同，因此，应在通道板模板和底板之间支设斜撑，或在测设通道板底模时预留沉降高度，但不应大于 2~3mm。

测设通道板和曝气管槽外缘线时，可后视轴线的另一个端点，采用前视、后视同向的方法。

沉淀池、生物池运行过程中往往加载数万吨水，基础荷载很大，因此有必要进行沉降观测，了解其变形过程。除日常的变形观测外，在构筑物加水、泄水后也应进行观测。如某工程初沉池加入 800m³ 水进行闭水试验，24h 后，与紧邻它的小型构筑物相比下沉了 15mm，沉降比较大，这些沉降可能对构筑物造成很大伤害。

学习单元 13　施 工 测 量 管 理

学习任务 13.1　计 量 管 理

13.1.1　法定计量单位的使用

《中华人民共和国计量法》于 1985 年 9 月 6 日第六届全国人民代表大会常务委员会第十二次会议通过，1986 年 7 月 1 日起施行。目的是加强计量监督管理，保障国家计量单位制的统一和量值的准确可靠，促进生产、贸易和科学技术的发展，适应社会主义现代化建设的需要，维护国家、人民的利益。

《中华人民共和国计量法》第一章第三条规定：国际单位制计量单位和国家选定的其他计量单位，为国家法定计量单位，非国家法定计量单位应当废除。法定计量单位是指国家以法律或法令的形式规定的，强制使用或允许使用的计量单位。

国际单位制的基本单位有 7 个，其中长度单位"米"与测量工作有关，用符号"m"表示。国际单位制的辅助单位 2 个，平面角单位"弧度"是其中之一，用符号"rad"表示。国家选定的非国际单位制单位 16 个，其中有平面角单位"度"、"分"、"秒"分别用符号（°）、（′）、（″）表示。面积的单位"平方米"，用符号"m^2"表示。测量工作中常用单位及换算关系见表 13.1。

表 13.1　　　　　　　　测量工作中常用单位及换算关系

量的名称	单位名称	符 号	换算关系
长度	千米	km	1km＝1000m
	米	m	基本单位
	厘米	cm	1cm＝0.01m
	毫米	mm	1mm＝0.001m
面积	平方米	m^2	主单位
体积	立方米	m^3	
平面角	弧度	rad	基本单位
	度	（°）	$1°＝\pi/180$rad
	分	（′）	$1′＝\pi/10800$rad
	秒	（″）	$1″＝\pi/648000$md
	哥恩	Gon	$1Gon＝\pi/200$rad
热力学温度	开［尔文］	K	基本单位
摄氏温度	摄氏度	℃	摄氏度＝开尔文－273.15
压力	毫米汞柱	mmHg	1mmHg＝133.322Pa

日常工作中，测量人员要使用法定计量单位进行相关量的描述，而不应再使用非法定计量单位。

13.1.2 测量仪器的检定

《中华人民共和国计量法实施细则》第二十五条规定：任何单位和个人不准在工作岗位上使用无检定合格印、证或者超过检定周期以及经检定不合格的计量器具。

测量工作中所使用的全站仪、经纬仪、垂准仪、测距仪、水准仪、水准尺、钢卷尺等均应按国家技术监督局发布的有关检定规程的要求定期检定，检定周期一般为一年。仪器必须在国家授权的检定单位进行检定，且应出具合格证。

学习任务 13.2 测 量 管 理 制 度

制度是要求成员共同遵守的规章或准则，起到约束、指导成员的作用。为了更好地贯彻施工测量工作，达到预定的测量管理目标，必须建立测量管理制度。测量管理制度应由测量负责人、技术负责人和行政负责人共同主持制定，管理制度要突出管理性质，强调分工和职责，并应有相应的奖励和惩罚制度。

测量管理制度应包括以下内容：

（1）测量管理机构的设置及职责。测量管理机构应分为放线机构和验线机构两部分，两机构人员不应重叠。放线机构中有测量组长、测量员，验线机构中有技术负责人、质检员、施工员（主管工长）。

（2）各级岗位责任制度及职责分工。对有关人员进行明确分工，确定相关人员的工作范围、工作职责。

（3）人员培训及考核制度。为提高测量管理人员的综合素质，应制定培训制度，定期培训相关人员，保证测量管理人员能胜任所承担的工作。

（4）测量成果及资料管理制度。制定测量资料的分类、保管、归档制度，并应要求责任到人。

（5）自检及验线制度。测量放线的成果是现场施工依据，是基础工作，必须采取措施保证测量结果正确，以顺利开展后续工作。因此，必须制定测量人员自检，其他人员验线的检验制度。

（6）交接桩及护桩制度。制定业主交桩、现场控制桩、水准点的检验和保护制度。这些桩位是施工测量的原始计算依据，是测量工作的根本，应重点强调。

（7）制定仪器定期检定、维护及保管制度。为保证观测精度，延长仪器使用寿命，应制定仪器定期检定、维护及保管制度，并应严格执行，使相关人员逐渐形成习惯。制度中应包含仪器的清洁、防潮、防撞要求。

（8）制定仪器的操作规程及安全操作制度。

学习任务 13.3 测量管理人员的工作职责

项目工程师要负责审核施工测量方案，组织相关人员进行各部位验线，对测量放线工作负技术责任。

测量组长领导测量员实施测量放线工作，组织放线人员学习并校核图纸，编制测量放线方案。

质检员要参加工程各部位的测量验线工作，并参与签证。

施工员（主管工长）对本工程的测量放线工作负直接责任，并参加各分项工程的交接检查，负责填写工程预检资料并参与签证。

学习任务 13.4　测量放线、验线工作的基本准则

1. 测量放线工作的基本准则

认真学习与执行国家法令、政策与规范，一心为工程服务。遵守先整体后局部的工作程序。先测设精度较高的场地整体控制网，再以控制网为依据进行各局部的定位、放线。

严格审核测量起始依据的正确性，坚持测量作业与计算工作步步有校核的工作方法。

测法要科学、简洁，精度要合理。仪器选择要适当，使用要精心，在满足工程需要的前提下，力争做到省工、省时、省费用。

定位、放线工作必须坚持自验、互验合格后，再由有关主管部门验线的工作制度。此外，还应执行安全、保密的有关规定，用好、管好设计图纸及有关资料。实地测设时要当场做好原始记录，测后要及时保护好桩位。

紧密配合施工，发扬团结协作、不畏艰难、实事求是、认真负责的工作作风。要虚心学习，及时总结经验，努力开创新局面，以适应建设工程发展的需要。

2. 测量验线工作的基本准则

（1）验线工作要主动。验线工作要从审核施工测量方案开始，在各主要施工阶段开始前，应对施工测量工作提出预防性要求，做到防患于未然。

（2）验线的原始依据应正确、有效。设计图纸、变更起始点位及已知数据要原始、正确、有效。这些文件、资料是施工测量的基本依据，若其中有错，在测量放线中不易发现。

（3）仪器、钢尺等必须按计量法的有关规定进行检定。

（4）验线的精度应符合规范要求。仪器的精度要适应验线要求，并校正合格。要按相关规程进行操作，采取必要措施改正观测中的系统误差。观测过程中必须采取附合措施，保证观测误差小于限差。

（5）验线人员及所使用的仪器和观测线路必须独立，尽量与放线工作不相关。

（6）验线部位。要对关键环节和最弱部位进行重点检验，主要包括：

1）定位依据及定位条件。

2）场区平面控制网、主轴线控制桩。

3）场区高程控制网及±0.000m 高程线。

4）控制网及定位放线中的最弱部位。

（7）验线方法及误差处理。应根据平差计算结果评定平面控制网和工程定位最弱部分

的精度，并实地检验，精度不符合要求时应重新测量。

细部验线时，精度不应低于原测量放线的精度，验线成果与原放线成果之间的误差用下面方法处理。

两者之差若小于 $1/\sqrt{2}$ 倍限差时，放线质量较好；若两者之差略小于或等于 $\sqrt{2}$ 倍限差时，放线合格，不必改变放线成果；若两者之差超过 $\sqrt{2}$ 倍限差时，原则上不予验收，尤其是要害部位更不可随其过关。

学习任务 13.5 测 量 资 料

13.5.1 内业资料

依据正确、方法科学、计算有序、步步校核、结果可靠是测量计算的基本要求。

外业观测成果是计算工作的依据之一。对外业数据计算之前，应认真、仔细地逐项审阅、校核外业记录、草图，以熟悉情况并及早发现和处理记录中可能存在的遗漏、错误等。

计算过程一般在规定表格中进行，应认真按外业记录在计算表格中填写原始观测数据，严防抄错。填好以后，应换人校对，以免产生转抄错误。这一点必须特别注意，因为原始数据错误，不易在以后的计算与校核中发现。

计算过程中，必须做到步步有校核。各项计算前后联系时，前者校核无误后，后者才能开始。要以科学、简捷为原则选定校核方法。校核方法有复算校核、总和校核、几何条件校核、变换计算方法校核等。

（1）复算校核。复算校核即按原计算方法再重新计算一次，条件许可时，最好换人校核，以免因习惯性错误而再次失误，使校核失去意义。

（2）总和校核。水准测量中，终点对起点的校核就属于总和校核，例如：$\sum h = \sum a - \sum b = H_{\text{终}} - H_{\text{始}}$。

（3）几何条件校核。例如，闭合导线计算中，调整后的各内角之和，应满足下面条件：

$$\sum \beta_{\text{理}} = (n-2) \times 180°$$

（4）变换计算方法校核。如可用计算器分步计算坐标方位角，也可用计算机的 Excel 软件一步完成坐标方位角的计算。

以上几种校核方法一般只能发现计算过程中的问题，不能发现原始观测数据中的错误，因此，应认真观测、准确记录。

计算中所用数字的数位应与观测精度相适应，在不影响精度的情况下，要及时删除多余数字，以提高计算速度。删除多余数字时，宜保留到有效数字后一位，以使最后成果中的有效数字不受删除数字的影响。删除数字应遵守"四舍六入，奇进偶不进"的原则。当尾数数字等于或小于"4"时舍去；尾数数字大于或等于"6"时进位；当尾数数字正好等于"5"，如前一位数字为奇数则进位，例如，已知 A、B 两点坐标如下：

$$X_A = 30667.1459$$

$$Y_A = 47856.6355$$

$$X_B = 30804.9157$$

$$Y_B = 48123.1303$$

计算 A、B 的水平距离 D_{AB}，精确到"cm"。

据以上坐标计算得出 $D_{AB} = 300.00$ m，而将 A、B 点坐标舍入后变为：

$$X_A = 30667.146$$

$$Y_A = 47856.636$$

$$X_B = 30804.916$$

$$Y_B = 48123.130$$

再根据舍入后的坐标计算，依然得出 $D_{AB} = 300.00$ m，可见该次舍入并不影响计算结果的精度。

内业资料是测量人员实施控制和测设的依据，进行测设工作之前必须准备好测设所用资料，保证测设工作的顺利进行。这些资料包括控制数据，道路中、边线坐标，道路中线高程，道路横坡，图纸等。公路测量需要计算大量数据，因此测量人员应掌握使用计算机和计算器进行快速计算的技能。如可利用高级编程语言及 Microsoft Office Excel 软件两种方法计算测量数据，由于编程需要掌握高级程序设计语言，如 VB，实施比较困难，因此建议使用操作相对简单的 Excel 软件计算内业数据。通过认真学习，可以很快掌握 Excel 软件的操作技巧，明显地提高计算的自动化程度和工作效率。使用 Excel 时要注意该软件的特点，如该软件的角度使用弧度制等。

1. 控制资料

测量人员应将计算出来的控制数据制成表格并随身携带，方便使用。

表 13.2 是导线数据表，将导线的点号、坐标填入该表格，并将相邻导线点的方位角计算出来填入表中，目的是减少观测过程中的计算，避免出现非技术性错误，提高工作效率。

表 13.2　　　　　　　　　导 线 数 据 表

点　号	坐　标		方 位 角 (° ′ ″)	备　注
	X(m)	Y(m)		

表 13.3 是相对简单的水准点数据表，应将水准点和加密高程点的高程填入表 13.3

中，并注明水准点的级别。"备注"栏主要用于描述控制桩和水准点的位置和特点。

表 13.3　　　　　　　　　水 准 点 数 据 表

点　号	高程(m)	备　注

2. 测设数据

由于道路中线、边线的坐标和高程计算复杂，数量庞大，需要提前计算。并制成表格，以方便测设，缩短测量时间，提高工作效率。表 13.4 和表 13.5 为道路坐标与高程数据表。

表 13.4　　　　　　　　　道 路 坐 标 数 据 表

里程(m)	中　线		左 边 线		右 边 线		备　注
	X(m)	Y(m)	X(m)	Y(m)	X(m)	Y(m)	

注　"备注"栏主要用于注释和说明点的性质，如 ZH、HY 点。

表 13.5　　　　　　　　　道 路 高 程 数 据 表

里程 (m)	中线高程 (m)	左边线高程 (m)	右边线高程 (m)	纵坡	横坡	路 宽 (m)	备　注

由于数据表的数据量很大，且各行、列之间又没有明显界限，测设工程中经常会看错数据。为防止误用、错用测量数据，应对测量数据表采取防误读措施。可对相邻行或列的数据进行不同颜色、不同字体、不同字号的格式处理，也可将表格的相邻行或列之间的分格线作虚实设置。

表 13.6 将相邻行数据作了加粗处理，以区别邻行数据。

表 13.6　　　　　　　　　数 据 表 的 格 式 处 理　　　　　　　　单位：m

里　程	中线坐标		左边线坐标		右边线坐标	
	X	Y	X	Y	X	Y
22+170.00	45733.775	36954.623	45742.568	36946.457	45724.982	36962.789
22+190.00	45747.385	36969.278	45756.178	36961.112	45738.593	36977.444
22+210.00	45760.996	36983.932	45769.789	36975.766	45752.203	36992.099

续表

里 程	中线坐标		左边线坐标		右边线坐标	
	X	Y	X	Y	X	Y
22+230.00	45774.606	36998.587	45783.399	36990.421	45765.813	37006.753
22+250.00	45788.217	37013.242	45797.009	37005.075	45779.424	37021.408
22+270.00	45801.827	37027.896	45810.620	37019.730	45793.034	37036.063
22+290.00	45815.437	37042.551	45824.230	37034.385	45806.644	37050.717
22+310.00	45829.048	37057.206	45837.840	37049.039	45820.255	37065.372
22+330.00	45842.658	37071.860	45851.451	37063.694	45833.865	37080.026
22+350.00	45856.268	37086.515	45865.061	37078.349	45847.475	37094.681
22+354.14	45859.086	37089.548	45867.878	37081.382	45850.293	37097.715

计算内业资料时至少需要两个人，边计算边复核。复核无误后，将数据誊抄到表格并核对无误后，供实地测设使用。为防止重复使用错误数据，发现问题数据或资料后应及时采取措施，在明显位置盖"作废"章或标识"作废"标记，防止他人误用。

根据需要将一些复杂部位绘制成 CAD 详图，供测设使用。AutoCAD 默认的是数学坐标系，而不是测量坐标系，绘图之前应对该坐标系进行设置，使之与设计图纸使用的坐标系相吻合。如果能将整个工程的平面图、纵断图全部按 1∶1 的比例绘制出来，便可以随时捕捉任何位置的精确数据。

13.5.2 观测记录

测量人员必须如实记录观测数据，观测完毕后要对数据进行复核，发现问题要及时确认和纠正，避免或减少因测量错误给工程造成损失。

记录应填写在表格中的规定位置，观测之前应先填好表头所列各项内容，并熟悉表格的各项内容和相应的填写位置。

记录应在现场及时填写清楚，不允许先写在草稿纸上再转抄誊写，以免转抄错误，保持记录的"原始性"。采用电子记录手簿时，应打印出观测数据。记录数据必须使用法定计量单位。

记录字体要工整、清楚。相应数字及小数点应左右成列、上下成行、一一对齐。记错或算错的数字，不准涂改或擦去重写，应在错误数字上画一道或两道删除线，并将正确数字写在错误数字的上方。修改数字应稍小一些，以免和其他记录数字混淆。

记录数字的取位应反映观测精度，当要求水准读数精确到毫米时，若某读数为整 3.12m 时，应记录成 3.120m，不应记作 3.12m。

记录过程中的简单计算，如取平均值等，应及时计算，并认真校核。

记录人员应及时根据观测数据与现场情况，随时目估校对观测数据，以及时发现观测数据中的明显错误，如水准测量中读错整米数等。

草图、点志记图等应现场勾绘，方向、有关数据和地名等应一并标注清楚。

测量记录具有可追溯性，有的记录甚至有保密内容，应妥善保管。工作结束后，观测记录应及时上交。

记录本不宜过大，应采用 A4 纸的一半大小，方便携带和记录。应使用 2H 铅笔、黑色钢笔或签字笔记录，以便永久保存。

表 13.7 为高程观测记录表，观测之前，要认真填写观测者、日期、天气及仪器编号等表头项。

表 13.7　　　　　　　　　　　高 程 观 测 记 录

观测者：_____　　日期：2006.6.12　　天气：晴　　仪器编号：361740

后视点	后视高程 (m)	后视 (m)	里程 (m)	前视(m)			备 注
				左	中	右	
BM_5	596.663	1.475	0+100.00	1.885	1.837	1.882	

注　"备注"栏主要用来记录观测点的特征以及观测简图，起注释作用。

高程测设主要用视线高法，前视读数的数量比较大，因此应突出表格的前视部分。"前视"列分为 3 个子列，用于同一横断面上不同高程点的观测或测设。观测时必须记录后视高程和后视读数，并在观测完毕后再次观测后视点或其他水准点，以检验观测结果的精度。根据图纸计算出待测点的设计高程，根据后视和后视读数计算出视线高和待测点的应读前视，指挥人员在待测点上垂直移动水准尺，直到十字丝横丝的读数十分接近应读前视为止，将实际观测数据记入表中的"前视"栏中。

13.5.3 报验资料

测量人员完成控制测量或测设工作，准备好相应的报验资料和附件后，应向项目监理报请验收，取得监理工程师的认可，以便进行后续施工。

1. 报验单

在表头"工程名称"栏填写工程全称，并根据单位、分部、分项工程的性质、特点分类编号。如某污水处理厂生物池基础定位线报验单的编号可写为 SWC‑JC‑DW‑001。编号中的字母在当前工程中要有唯一性，且含义固定，序号要按一定规则排序。要按既定原则对报验单进行统一、严格的编号，保证测量资料的完整性，方便今后归档和查询。

"监理单位"栏内填写监理单位的全称，并与项目监理机构章的监理单位名称相符。在文字叙述部分的空白位置填写放线部位，如生物池基础。

详细填写专职测量人员岗位证书编号和测量设备鉴定证书编号，以证明该次测量工作的合法性。

在"工程或部位名称"栏内填写"生物池基础"，在"放线内容"栏内填写"轴线定位"或"高程"以说明测设类别和性质。

报验单填写完毕后要经项目经理审核盖章后才能上报监理单位，并约请监理工程师验收。测量放线报验申请表见表 13.8。

表 13.8　　　　　　　　　　　　　　**测量放线报验申请表**

工程名称：　　　　　　　　　　　　　　　　　　　　　　　　　　　　　编号：

致　　　　　　　　（监理单位）：

我单位已完成　　　　　　　　（工程或部位名称）的放线工作，经自检合格，请予以审查和验收。

专职测量人员岗位证书编号：

测量设备鉴定证书编号：

附件：测量放线依据材料及放线成果表

工程或部位名称	放线内容	备注

承包单位（单）：　　　　　　　　　　　　　　

项目经理：　　　　　　　日期：　　　　　　　

专业监理工程师审查意见：

□ 查验合格

□ 纠正差错后再报

项目监理机构（章）：　　　　　　　　　　

专业监理工程师：　　　　　　　日期：　　　　　　

2. 放线依据材料

报验资料的附件包括放线依据材料和放线成果表，放线依据材料是指经过监理单位或业主单位验收、认可的平面控制及水准点资料。将该次放线涉及到的依据材料复印后附在报验单后面。

3. 放线成果表

放线成果表用于说明放线方法、结果和记录测设数据。如用极坐标法测设，可用表 13.9。

表 13.9　　　　　　　　　　　　　**放 线 成 果 表**

测　站		后　视	
F		C	
X(m)	Y(m)	X(m)	Y(m)
45756.652	58974.221	45603.372	58974.221

点号	X(m)	Y(m)	夹角	距离(m)
1	45641.359	59081.466	42°55′44″	157.461
2	45741.359	59081.466	81°53′5″	108.330
3	45741.359	59011.466	67°40′38″	40.262
4	45641.359	59011.466	17°54′11″	121.159

极坐标测设需要计算出各测设点与导线边的夹角和测站点到测设点的距离，并按这些数据进行测设。该表中的"前视"栏应填写实际观测数据，而不是计算数据，可根据需要在表中加入前视点的计算数据。

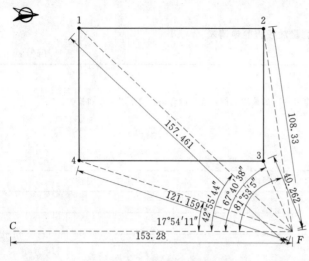

图 13.1　桩位测设图

为更清楚、明白地表达测量成果，还应绘制测设简图，在图上标出观测夹角和前视距离，该图可直接绘制在《工程定位测量记录》中。图 13.1 为桩位测设图示意图。

将附件资料统一编码，由测量人员和监理工程师签字或盖章。监理工程师验收合格并签字、盖章后，测量人员应将资料归档。工程定位测量记录见表 13.10。

表 13.10　　　　　　　　　　　工 程 定 位 测 量 记 录　　　　　　　　年　　月　　日

工程名称		使用仪器	
坐标依据		高程依程	
施测人		施测日期	
复测人		复测日期	
闭合差		测量负责人	
定位示意图			
测量结果			

13.5.4　存档资料

测量技术资料包括以下内容：

（1）红线桩坐标及水准点资料。

（2）交接桩记录表。

（3）工程定位图，包括总平面图、场地地形图等。

（4）设计变更文件及图纸。

（5）现场平面控制网与水准点成果表及验收单。

（6）工程位置、主要轴线或中线、高程预检单，见表 13.11。

（7）必要的原始测量记录。

（8）竣工验收资料、竣工图。

（9）变形观测资料。

表 13.11　　　　　　　　　　　预检工程检查记录表　　　　　　　年 月 日　　编号：

工程名称						
施工队		检查		时间		
预检内容	预检部位		说明			
检查意见						
复查意见						
	复查人：　年　月　日					
	参加检查人员会签					
施工技术负责人	质检员		工长		班、组长	

学习任务 13.6 其　　他

13.6.1 测量人员的素质要求

施工测量工作是测量专业与建筑专业的结合，是施工中各道工序之间的结合，更是体力劳动与脑力劳动的结合。测量工作技术性很强，对工程建设有重要和普遍的影响，测量质量的好坏将直接影响工程成本、外观及质量。测量工作的一个小失误可能造成重大损失，因此，要求工程测量人员应具备以下能力：

（1）识图、审图、绘图能力。测量人员根据图纸进行实地测设，图纸是依据，测量人员只有理解、看懂图纸才能正确测设。测量人员还应具备一些手工和计算机绘图的能力，做为测量工作的辅助手段。

（2）掌握不同工程类型、不同施工方法对测量放线的不同要求。

（3）了解仪器构造、原理，掌握仪器的使用、检校及一般维修能力。

（4）为顺利开展测量工作，保证测量成果的准确性和正确性，要求测量人员精通计算方法、熟知计算公式，能熟练地使用计算机和计算器，尤其是 Microsoft Office Excel 数据处理软件，以提高计算速度和精度。

（5）了解误差理论，能针对误差产生的原因采取措施，并能熟练地处理各种观测数据。

（6）了解工程测量理论，能针对不同工程采用不同的观测与校核方法，具备高精度、高速度的实测能力。

（7）能针对不同工程情况，综合分析、处理问题。

目前，许多工程使用一些临时测量人员，多数是农民工，素质比较低。要加强这类人员的岗前培训，讲授一些基本测量知识，并固定岗位使用，使其执行一些简单的重复性工作。

测量人员应配备必要的短距离通信工具，如对讲机等。如不具备这些条件，测量人员应了解一些手势的具体含义，方便测量人员之间互相沟通。这些手势是约定俗成的，没有统一规定，测量人员可以根据需要规定手势的含义，以便在较远距离或嘈杂的环境中使用。下面一些手势具有比较固定的含义，供读者参考。

（1）小距离移动，如图 13.2 所示。测量过程中，当水准尺、棱镜、花杆等距目标的距离非常小时，观测人员应用左右手的食指指向移动方向，指挥司尺或司镜人员左右、上下慢慢移动，到达目的后，停止指示。

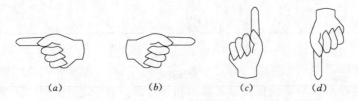

图 13.2　小距离移动手势
(a) 向左；(b) 向右；(c) 向上；(d) 向下

（2）大距离移动，如图 13.3 所示。

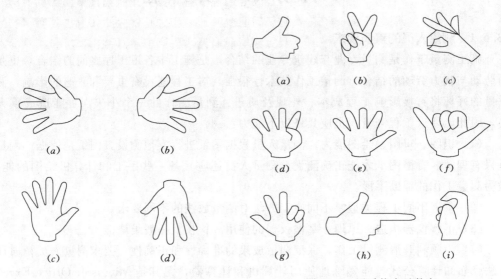

图 13.3　大距离移动手势
(a) 向左；(b) 向右；(c) 向上；(d) 向下

图 13.4　用手势表示数字

需要移动较大距离时，测量人员可张开五指指向移动方向，接近目标后停止指示，如还需要小距离移动，可以继续使用小距离移动手势。

（3）用手势表示数值。如图 13.4 所示为表示数值的手势。要告知距离较远的测量人员具体移动数值，可将移动手势和数字手势结合起来，达到更复杂的目的。例如，向右移动 2cm，可以使用组合；向上移动 1cm，用组合手势。

完成观测目的后，观测人员可同时张开双臂，以肩为轴对向或反向画弧表示观测完成，如图 13.5 所示。

13.6.2　测量人员的行为要求

测量人员应有强烈的责任心，认真做好自己的本职工作。测量人员要经常与项目经理和技术负责人沟通，根据领导要求认真准备下一步工作。

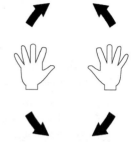

内业计算时，要认真熟悉图纸，发现问题要及时告知项目经理或技术负责人。认真贯彻观测、计算复核制度，减少或降低错误发生的几率。

需要进行下一道工序时，测量人员要及时测设，保证进度计划的顺利实施。

图 13.5　观测结束

测量人员应做好日常工作记录，做到当天的事情当天记，不能向后拖。

平时要注意保养测量仪器，防止受振、受潮，经常清理测量工具上的尘土。

参 考 文 献

[1] 《水利水电工程施工测量规范》（SL 52—93）. 北京：水利电力出版社，1993.

[2] 周建郑. 工程测量. 郑州：黄河水利出版社，2006.

[3] 放线工手册. 北京：中国建筑工业出版社，2005.

[4] 张正禄. 隧洞工程测量. 北京：测绘出版社，1998.

[5] 张幕良. 水利工程测量. 北京：中国水利水电出版社，1994.

[6] 赵泽平. 建筑施工测量. 郑州：黄河水利出版社，2005.